U0315517

超快光谱表征半导体异质结纳米材料光电化学性能

邵珠峰　著

北　京
冶 金 工 业 出 版 社
2024

内 容 提 要

本书主要介绍利用超快光谱技术表征半导体异质结纳米材料中的电荷转移与光电化学性能。具体内容包括制备 $Cu_2O/Au/TiO_2$-NTAs 三元异质结纳米复合材料，以及 m&t-$BiVO_4/TiO_2$-NTAs 和 MoS_2/TiO_2-NTAs 二元异质结纳米复合材料，并利用稳态和纳秒时间分辨瞬态光谱技术分析所制备材料的光生载流子分离与复合过程，并探索氧空位缺陷态对 TiO_2 基异质结纳米复合材料光电化学性能的影响及其机理。

本书可供从事半导体材料制备和超快光谱原理研究的科研人员及高校相关专业师生参考。

图书在版编目(CIP)数据

超快光谱表征半导体异质结纳米材料光电化学性能 / 邵珠峰著. -- 北京 : 冶金工业出版社, 2024. 9.
ISBN 978-7-5024-9982-2

Ⅰ. TN304; TB383

中国国家版本馆 CIP 数据核字第 2024G8T322 号

超快光谱表征半导体异质结纳米材料光电化学性能

出版发行 冶金工业出版社 **电　　话** (010)64027926
地　　址 北京市东城区嵩祝院北巷 39 号 **邮　　编** 100009
网　　址 www. mip1953. com **电子信箱** service@ mip1953. com

责任编辑 姜恺宁 美术编辑 彭子赫 版式设计 郑小利
责任校对 范天娇 责任印制 窦 唯
北京印刷集团有限责任公司印刷
2024 年 9 月第 1 版，2024 年 9 月第 1 次印刷
710mm×1000mm 1/16；10. 75 印张；206 千字；163 页
定价 75. 00 元

投稿电话 (010)64027932 投稿信箱 tougao@ cnmip. com. cn
营销中心电话 (010)64044283
冶金工业出版社天猫旗舰店 yjgycbs. tmall. com
(本书如有印装质量问题，本社营销中心负责退换)

前　言

随着纳米科技的迅速发展，半导体异质结纳米结构作为一种重要的功能材料体系，激发了研究人员广泛的兴趣。在光电化学领域，半导体异质结纳米结构的电荷转移（CT）和光电化学（PEC）性能是关键的研究方向之一。为了深入理解和探索其电荷转移和光电化学性能，超快光谱成为一种重要的表征工具。

超快光谱技术具有极高的时间分辨率和灵敏度，能够提供有关光激发过程中电子和空穴动力学行为的详细信息。通过超快光谱技术，可以分析半导体异质结纳米结构中载流子的生成、分离和复合过程，以及界面电荷转移和传输等关键过程。此外，超快光谱还可以揭示半导体异质结纳米结构中的光激发能量转化和传递机制，以及与光催化活性和光电化学性能之间的关联。

因此，通过对超快光谱在半导体异质结纳米结构中的表征进行深入探讨，可以揭示电荷转移和光电化学性能之间的关系，为设计和优化高效光催化剂和光电化学器件提供理论指导和实验基础。本书旨在通过超快光谱技术，深入剖析电荷转移和光电化学性能，帮助读者理解电荷转移机制，探索光电化学性能优化途径，提高光催化和光电化学器件的效率，推动纳米科技的发展和应用。

本书的出版得到了辽宁省教育厅的资助（LJKMZ20221494）。在编写过程中，程建勇硕士、张永龙硕士和张壹曼硕士给予了充分支持和帮助。同时，本书的编写得益于广大科研人员的辛勤工作和研究成果，受益于相关领域专家学者的指导和支持。在此，对所有为本书提供帮助和支持的人表示衷心的感谢。

由于作者水平所限，书中不妥之处，敬请各位读者不吝赐教。

作　者

2024 年 5 月

目　　录

1 绪　　论

1.1 半导体异质结光电化学基础

1.1.1 半导体异质结光电化学基本原理

当前影响人类生存和发展的亟待解决问题之一是环境污染。半导体光催化技术具有催化活性高、性能稳定、成本低廉、无二次污染等特点，因此在治理环境污染方面极具潜力。然而，量子产出效率低和不能有效吸收可见光等缺点，限制了 TiO_2半导体光催化剂进一步广泛应用。半导体异质结复合结构的内建电场能够有效抑制光生载流子的复合，进而提高量子效率；宽带隙 TiO_2半导体与窄带隙半导体构成异质结纳米复合体系，依靠窄带隙半导体的敏化作用，能够拓展 TiO_2基复合异质结的光谱响应范围至可见光乃至近红外区域，有望克服单一 TiO_2半导体光催化材料的上述缺点。2007 年，Robert 等人对 TiO_2半导体与金属硫化物或金属氧化物构成的异质结纳米复合体系光催化材料进行了综述性报道，异质结纳米复合结构显示出增强的光催化效果；Gray 等人概述了 TiO_2半导体不同晶相之间构成的异质结光催化材料，并与单一晶相 TiO_2光降解率作了对比；同时，也有研究人员综述介绍了 P 型半导体材料与 N 型 TiO_2半导体构成的异质 P-N 结光催化材料，以及 TiO_2半导体和贵金属纳米粒子构成的肖特基异质结光催化材料[1-2]，均表现出增强的光电化学特性。然而，半导体异质结纳米复合体系所涵盖的内容不仅包括 TiO_2基复合异质结，例如非 TiO_2半导体之间，半导体与碳材料均能构成光生载流子有效分离的复合异质结光电化学材料。

异质 P-N 结形成机制与同质 P-N 结相同，我们以同质 P-N 结为例说明内建电场形成机理，如图 1-1 所示。如图 1-1（a）所示，半导体内有两种运动载流子——电子和空穴，对于P 型半导体而言，空穴的数量远大于电子，由于P 型半导体内还有不可自由移动的负电荷，其数量刚好等于多出的空穴数量，因此使得 P 型半导体整体呈现电中性；同样的，N 型半导体内电子数目多于空穴，多出的电子数目由不可自由移动的正电荷来中和，因此，N 型半导体也是整体显电中性的。如果把 P 型和 N 型两块半导体结合在一起时，如图 1-1（b）所示，在 P 型和 N 型半导体接触界面处，由于两侧半导体存在电子、空穴载流子浓度差，P 型半导体中的多数载流子空穴数目远远多于 N 型半导体，N 型半导体中多数载流子自由电子数目多于P型半导体，因此P型半导体中的空穴和N型半导体中的电子，在浓度差驱动下分别向彼此扩散。N型半导体自由电子扩散后，留下不可自由移动的正净电荷，同理P型半导体空穴扩散后，留下不可自由移动的负电荷。这些不可自由移动的净电荷所在区域称为空间电荷区，空间电荷区的电场称为内建电场，内建电场的方向，是从N型指向P型。内建电场的建立抑制了由于浓度差导致的载流子扩散运动，当两者电场强度达到动态平衡时，P-N结就形成了。

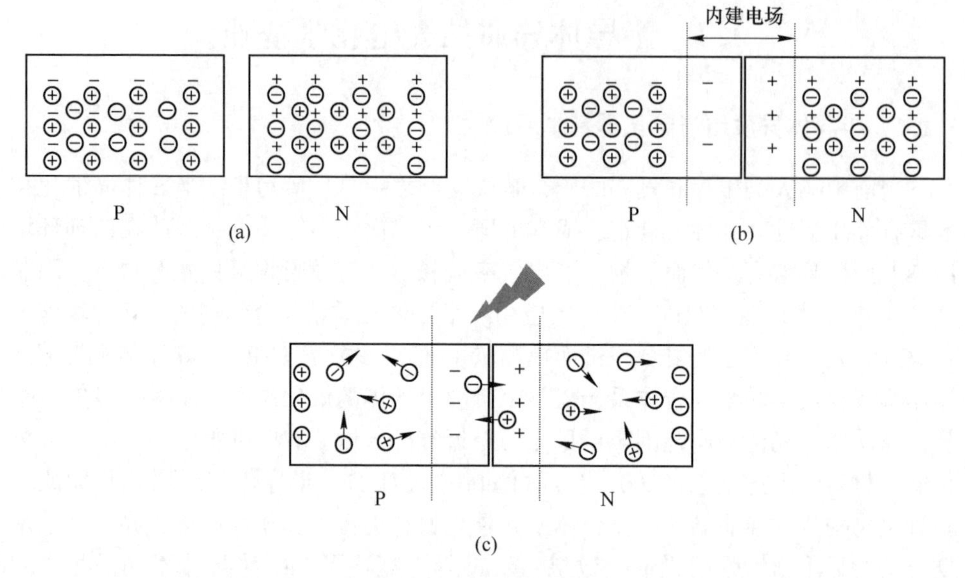

图 1-1 P-N结示意图

(a) 单一半导体；(b) 半导体互相接触形成P-N结；(c) 光照时P-N结的电荷转移过程

+正电荷；-负电荷；⊕空穴（h^+）；⊖电子（e^-）

图1-1（c）表示当入射光子能量大于半导体禁带宽度时，若入射光子能够到达P-N结区，则由于半导体本征吸收在P-N结的两侧均产生e^--h^+对。在光激发下产生的e^--h^+对，对半导体中多数载流子浓度影响很小，但对少数载流子浓度影响很大。光生载流子在P-N结内建电场力（从N型指向P型）作用下，结两边的少数载流子会向相反方向漂移：P型半导体中少数载流子自由电子穿过P-N结进入N型半导体，N型半导体中少数载流子空穴穿过P-N结进入P型半导体，进而实现光生载流子的分离。单一半导体在大于半导体禁带宽度光照下也能激发光生e^--h^+对，但由于没有内建电场，光生载流子随机运动，最终导致e^--h^+对的复合。

需要补充说明的是，只有空间电荷区内的光生载流子才能受到P-N结内建电场力的驱动；只有当空间电荷区外的光生载流子随机扩散到空间电荷区内以后，才能受P-N结内建电场力的驱动定向漂移。受到P-N结内建电场力驱动的光生电子，漂移进入N型半导体空间电荷区之外的区域后，便不受任何电场力的作用，开始随机扩散，但由于受到内建电场力驱动的光生电子，源源不断地从空间电荷区注入，导致靠近空间电荷区一侧的电子浓度逐渐增大，在浓度差的作用下，光生电子逐渐向远离N型半导体空间电荷区的一端迁移，因为没有足够的空穴与之复合，光生电子便开始慢慢聚集，导致远离N型半导体空间电荷区的一端电势降低；同理，由于光生空穴在P-N结内建电场力的驱动下，向远离P型半导体空间电荷区的一端慢慢迁移聚集，导致P型半导体电势升高。最后，在整个半导体P-N结的两端，形成P型半导体电势高、N型半导体电势低的光生电动势。光生电动势的形成，抑制了光生载流子在空间电荷区的继续迁移累积，最后使得光生载流子的定向漂移与扩散运动达到了动态平衡。

上述P-N结内建电场建立过程也可以用能带理论解释，如图1-2所示。图1-2（a）表示两种不同类型半导体形成P-N结前，费米能级E_F不在同一位置上，主要是由于P型半导体的多数载流子是空穴，N型半导体的多数载流子是自由电子，导致P型半导体内E_F位置低于N型半导体；两者相互接触后，如图1-2（b）所示，P型半导体的能级结构整体上移，N型半导体的能级结构整体下移，直到两者E_F拉平，P-N异质结形成。这一过程中形成的势垒（能级差）对应于上述P-N结内建电场的场强。如图1-2（c）所示，当大于半导体禁带宽度入射光辐照空间电荷区时，在势垒作用下，光生电子从P型半导体向结区N型半导

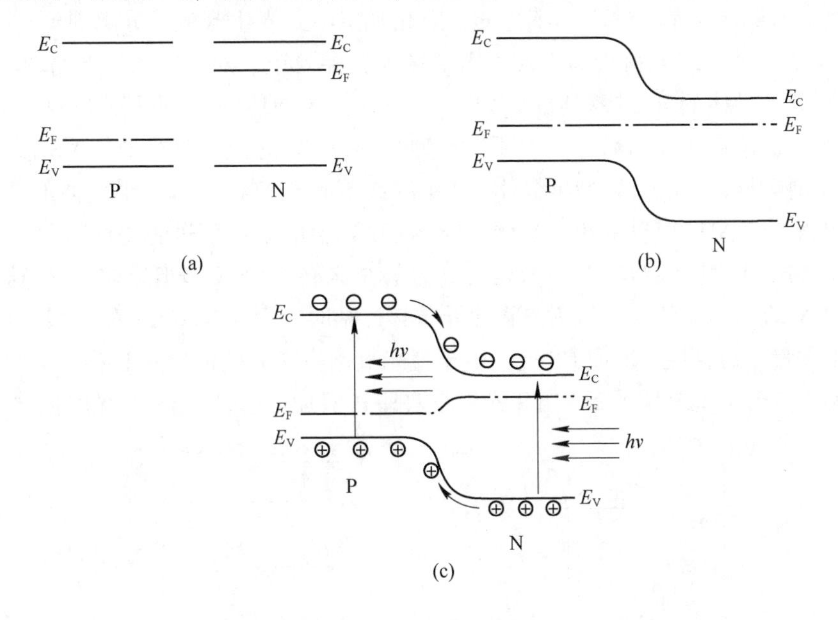

图1-2 P-N结能带图

（a）单一半导体；（b）半导体相互接触形成P-N结；（c）光照时P-N结的电荷转移过程

E_C—导带底能量；E_V—价带顶能量

体一侧转移，光生空穴从N型半导体向结区P型半导体一侧转移，导致E_F不再处于同一位置上，其差值对应于上述P-N结的光生电动势。

异质P-N结的能带种类较繁杂，但基本原理相似，首先都是由浓度差引起载流子扩散形成内建电场，然后在内建电场驱动力作用下分离光生载流子。图1-3所示为四种典型的能带结构，以此来说明异质P-N结光照时的光生载流子分离过程。假定构成异质P-N结之前，N型半导体的E_F高于P型半导体；构成异质P-N结之后，随着P型半导体能带结构整体上移，在界面处向下弯曲，N型半导体的能带结构整体下移，在界面处向上弯曲，两者E_F拉平。

图1-3（a）能带结构表示，异质P-N结形成时，P型半导体的导带（Conduction Band，CB）位置高于N型半导体，同时P型半导体的价带（Valence Band，VB）位置也高于N型半导体；大于禁带宽度的光入射时，P型半导体中CB光生电子（e^-_{CB}）向N型半导体传递，N型半导体中VB光生空穴（h^+_{VB}）向P型半导体传递。图1-3（b）能带结构表示，异质P-N结形成时，P型半导体的CB低于N型半导体，因此在P型半导体内形成电子势阱，N型半导体内形成电子势垒，且P型半导体VB位置高于N型半导体；入射光辐照异质P-N结时，半导体CB光生电子传递受到限制，均在各自一侧聚集而不能越过结界面，然而空穴可由N型半导体VB向P型半导体VB转移。图1-3（c）能带结构表示，异质P-N结形成时，P型半导体的CB和VB都低于N型半导体；入射光辐射时，光生电子和空穴的转移都是热力学禁止的，因此观察不到光生载流子分离现象。图1-3（d）的异质P-N结电荷转移方式利用了量子隧穿效应。对于重掺杂半导体而言，单一N型半导体的E_F进入其自身CB，单一P型半导体的E_F进入其自身VB。两者接触形成异质P-N结后，E_F拉平，N型半导体CB底比P型半导体VB顶还低，因此N型半导体CB和P型半导体VB中存在能量重叠量子态。半导体的重掺杂导致P-N结势垒区厚度减小，N型半导体CB光生电子可穿过势垒区转移至P型半导体VB，P型半导体VB空穴也可穿过势垒区转移至N型半导体CB，这就是所谓P-N结的隧穿效应。入射光辐照异质P-N结时，因为N型CB和P型VB有能量重叠的量子态存在，N型CB光生电子就能直接隧穿势垒传递到P型VB，与VB光生空穴复合，最终留下N型VB光生空穴和P型CB光生电子参与光电化学反应。

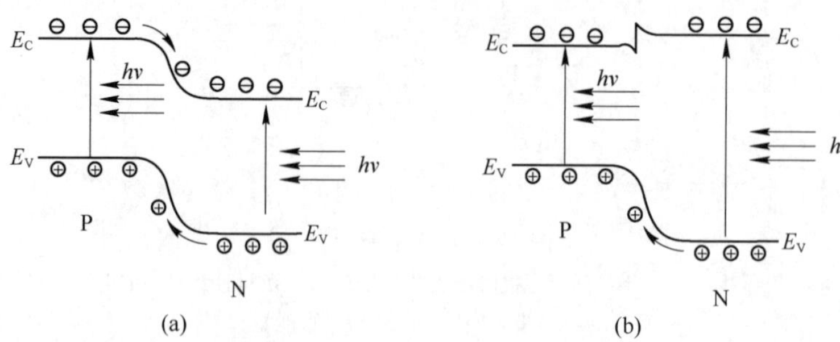

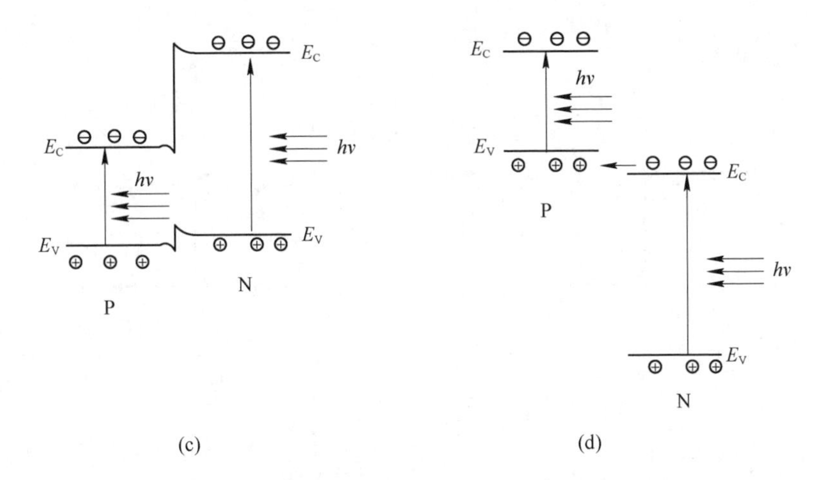

图 1-3 光照时不同能带结构的半导体 P-N 结的电荷转移过程

(a) 光生电子-空穴对转移过程；(b) 仅光生空穴转移过程；

(c) 光生电子-空穴对无分离过程；(d) 光生电子隧穿过程

由于构成异质 P-N 结的两种不同半导体禁带宽度不同，入射光照方向对异质 P-N 结电荷转移过程影响很大，如图 1-4 所示。图 1-4（a）表示模拟太阳光源（包含可见光和紫外光）从宽禁带半导体一侧入射时，空间电荷区光生载流子转移情况，由于宽禁带半导体只能被能量大于其带隙的紫外光激发，导致入射光中紫外光大部分被宽禁带半导体吸收；而能量小于宽禁带半导体禁带宽度，同时大于窄禁带半导体禁带宽度的入射光（可见光区域），被用来激发窄禁带半导体光生载流子。在内建电场力作用下，窄禁带半导体 CB 光生电子向宽禁带半导体 CB 传递，宽禁带半导体 VB 光生空穴向窄禁带半导体 VB 转移。因此光生载流子被有效分离，抑制了半导体的本征复合。图 1-4（b）表示当包含可见光和紫外光的模拟太阳光源从窄禁带半导体一侧入射时，空间电荷区光生载流子转移情况，入射光能量大于窄禁带半导体带隙的光，均被窄禁带半导体吸收，因此透过窄禁带半导体而到达宽禁带半导体的光，不能激发宽禁带半导体光生电子-空穴对。在内建电场力作用下，窄禁带半导体 CB 光生电子传递到宽禁带半导体 CB，窄禁带半导体 VB 光生空穴无法传递给宽禁带半导体 VB。图 1-4（c）表示，当仅用可见光源辐照异质 P-N 结时，无论从宽禁带半导体还是窄禁带半导体一侧入射，都只能激发窄禁带半导体光生电子-空穴对，光生载流子传递方向与图 1-4（b）相同。

由于异质 P-N 结内建电场力，只对进入到空间电荷区的光生载流子具有电荷分离作用，也就是说，光生载流子在未扩散进入空间电荷区之前，随时有可能复合。因此，制备的异质 P-N 结（或肖特基结）厚度，也是光生电荷有效分离的重要因素。对在硅片基底上沉积 TiO_2 薄膜或采用阳极氧化钛片制备 TiO_2 纳米管

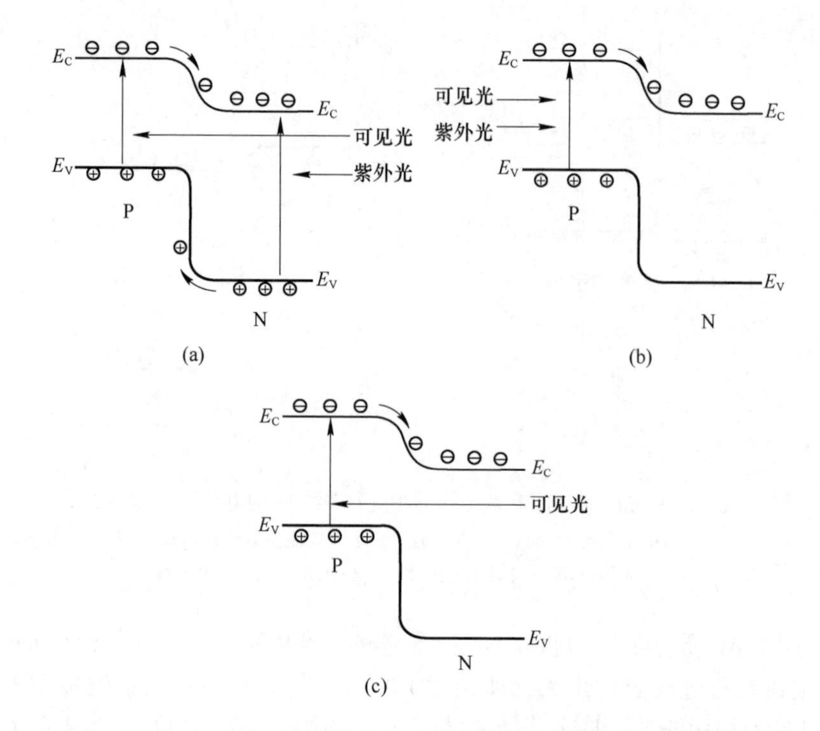

图 1-4　紫外光和可见光不同入射方向对异质 P-N 结电荷转移过程的影响
（a）从宽禁带半导体一侧入射时电荷转移过程；（b）从窄禁带半导体一侧入射时电荷转移过程；
（c）仅有可见光入射时电荷转移过程

而言，TiO_2薄膜层太厚，入射光不能照射到 P-N 结内建电场，此种异质结不能有效分离光生载流子；若 TiO_2薄膜太薄，此种异质结具备光生电荷分离能力，但光生载流子强度太弱。

1.1.2　TiO_2基异质结纳米复合材料电荷转移过程

不同类型纳米半导体构成异质结用于光电化学反应的有利因素是：半导体的禁带宽度直接决定了光谱范围，选择不同带隙半导体构成异质结，能够充分拓展太阳光谱的有效利用范围，从而促进光生载流子有效分离，提高光催化能力。TiO_2属于宽带隙半导体，禁带宽带为 3.2 eV 左右，也就说大于 388 nm 的太阳光谱不能被 TiO_2半导体直接吸收，这也就直接限制了 TiO_2可见光催化应用。由于窄带隙半导体能够有效吸收太阳光谱中的可见光谱，因此窄带隙氧化物和硫化物分别与 TiO_2构成的纳米异质结复合体系，近几年成为人们争相研究的热点。

2008 年，Brahimi 等人[3]合成了 PbS/TiO_2异质结纳米复合结构，这是典型的窄带隙硫化物与 TiO_2半导体构成的异质结复合体系，因为 PbS 半导体 CB 和 VB 分别在-1.19 eV 和-0.78 eV，禁带宽度为 0.41 eV，能够充分利用太阳光谱中可见光谱，最后通过实验发现其光电化学活性比单一 TiO_2 提高了 20 倍。同年，Biswas 等人[4]，首先在玻璃基底上沉积 CdS 薄膜，高温真空煅烧结晶后，然后在 CdS 薄膜上溅射 TiO_2 薄膜，构成 CdS/TiO_2 叠层异质 P-N 结复合结构。CbS 半导体的禁带宽带为 2.5 eV，能够吸收太阳光谱中可见光波长；在真空煅烧过程，温度能够影响 CdS 半导体 Cd 与 S 元素之比，进而影响到 CdS 整体能带结构，显示出对光降解甲醇很高的光催化活性。同时，由于 TiO_2 覆盖在 PbS 薄膜上面，可以抑制金属硫化物半导体易发生的光腐蚀，防止光催化能力的不稳定性。Zhang 等人[5]采用电化学方法，制备了 Cu_2O/TiO_2 异质结纳米复合结构光催化剂。由于 Cu_2O 为窄禁带 P 型氧化物半导体，Cu_2O/TiO_2 复合异质结的光生电子，由 Cu_2O 的 CB 在势垒作用下传递给 TiO_2 的 CB，然后与吸附在催化剂表面的 O_2 反应生成超氧自由基，进而生成具有较强氧化作用的 H_2O_2，在亚甲基蓝光催化实验中证实了 Cu_2O/TiO_2 复合异质结光电化学活性的提高。上述纳米异质结复合结构均为 P 型半导体与 TiO_2 基构成，其光生载流子分离过程机理，均可用图 1-4（a）解释。

氮元素掺杂 TiO_2 能够增强太阳光谱的可见光吸收，因此氮化 TiO_2 基异质结纳米复合光催化材料成为研究热点。Kang 等人[6]采用研磨方法制备 N-TiO_2/TiO_2 复合异质结，用于可见光降解氮氧化合物。其主要电荷转移机理是，在可见光辐照下，氮化二氧化钛（N-TiO_2）CB 光生载流子，传递给 TiO_2 的 CB 底之下 0.8 eV 处的电子诱捕态，而 TiO_2 的 VB 光生空穴传递给 N-TiO_2 中由 N 2p 轨道构成的杂质能级，氮氧化合物在可见光辐照下有效降解的主要原因是光生载流子的有效分离。

Georgieva 等人[7]采用电沉积方法，制备了以 WO_3 为基底的 WO_3/TiO_2 异质结纳米复合结构。WO_3 为禁带宽度 2.8 eV 的 N 型半导体，能够吸收波长小于 440 nm 的太阳光谱；重掺杂 WO_3 的 E_F 高于 TiO_2 的 E_F，并且 WO_3 的 CB 和 VB 位置均低于 TiO_2 的位置，WO_3 和 TiO_2 构成异质结时，由于两者 E_F 拉平后，形成如图 1-5 所示能级结构。此时 N-N 结被大于禁带宽度入射光激发后，光生电子从

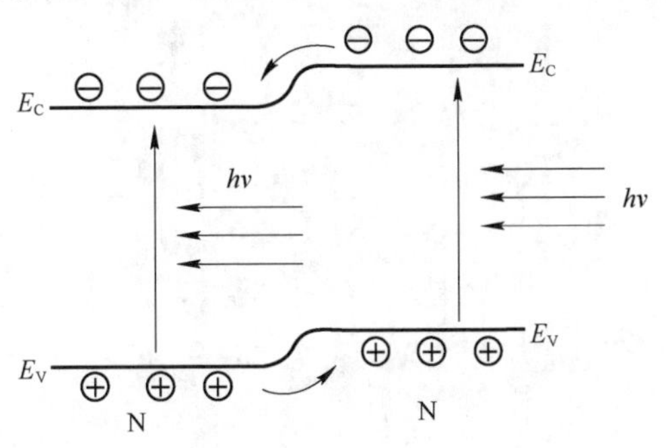

图 1-5 N-N 型异质结电荷转移过程

TiO_2半导体的 CB 传递到 WO_3半导体的 CB，空穴从 WO_3半导体的 VB 传递到 TiO_2半导体的 VB。与单一 TiO_2半导体相比，这种结构的异质结氧化能力明显增强。

同时，TiO_2与其他半导体构成的异质结纳米复合体系，也纷纷被各国研究人员制备出来，并呈现出比单一 TiO_2半导体较高的光催化活性。例如，尚静等人[8]制备出 SnO_2/TiO_2叠层型异质结复合结构（SnO_2在下，TiO_2在上）；Ye 等人[9]采用溅射方法制备了 Fe_3O_4/TiO_2异质结纳米复合体系；Xiao 等人[10]分别制备了 $InTaO_4$、$InNbO_4$和 $InVO_4$系列氧化物半导体与 TiO_2半导体的异质结复合体系，并发现 $InVO_4$与 TiO_2构成的异质结复合体系光催化活性最高。

1.1.3　氧空位异质结光电化学材料研究现状

近年来，大量的理论计算和实验结果表明[11-14]，TiO_2的光催化活性受到各种缺陷态的影响，尤其是氧空位缺陷态，而 TiO_2光催化主要包括光吸收、电荷输运、表（界）面电子转移和表面吸附等过程，也都与各种缺陷态息息相关[15]，因此，氧空位缺陷态对于 TiO_2的可见光吸收、电子能带结构和光催化活性的影响，是我们重点研究内容之一，这对后续 TiO_2基异质结纳米复合体系氧空位可控性研究具有深远意义。

氧空位是指氧原子从半导体晶格中逸出后，而留下的缺陷态，如图 1-6 所示，根据氦原子模型，可以将 TiO_2中的氧空位分为三种类型：束缚双电子型氧空位（F 中心）、束缚单电子型氧空位（F^+中心）和无束缚电子型氧空位（F^{++}中心）。

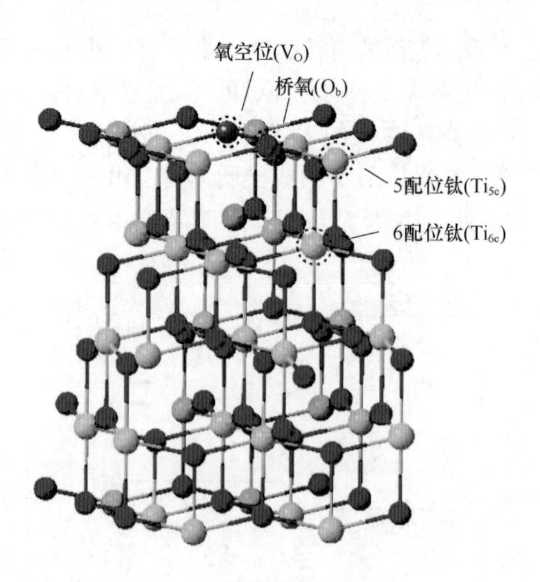

图 1-6　TiO_2晶格中氧空位的位置

诱生 TiO_2氧空位缺陷态的方法主要包括：氢化法[16]、掺杂非金属或金属离子法[17]、高温诱导法[15]和低频超声法[18]。

TiO_2光催化活性主要受以下因素影响：光吸收能力、光生载流子参与氧化还原过程的数量和载流子迁移到反应物表面需要的时间。因此，除了适当的浓度，氧空位在纳米 TiO_2中的位置，直接决定了 TiO_2光生 e^--h^+对复合速率。Kong 等人[19]通过调节 TiO_2半导体内部氧空位和界面氧空位之间的相对数量比例，区分了表面缺陷态和体内缺陷态对 TiO_2光电化学过程的作用，发现表（界）面氧空位缺陷态有利于 TiO_2光生载流子的分离和转移，内部缺陷态只是有利于 TiO_2的光吸收，对提高光催化活性并没有实际意义。所以，氧空位缺陷态对 TiO_2光催化活性的影响主要体现在以下两个方面：

首先是氧空位对 TiO_2半导体电子能带结构的影响。氧空位的产生和浓度大小不仅会改变 TiO_2半导体的带隙宽度，而且能够产生新的缺陷能级和浅施主能级，因此，完全可以通过调控氧空位的浓度来改善 TiO_2的能带结构。Liu 等人[20]通过对 TiO_2高温退火后生成氧空位缺陷态，并发现氧空位在 TiO_2的 CB 底引入了额外的电子施主能级，正是这些额外的电子施主能级使得 TiO_2可见光催化活性得到明显增强。

其次是氧空位对 TiO_2半导体光吸收能力的增强。扩大 TiO_2半导体光谱响应范围，是其光催化活性增强的必要前提条件。氧空位缺陷态的产生会使 TiO_2带隙变窄或者产生新的缺陷能级，从而使得 TiO_2可见光区域光吸收增强。2011 年，Chen 等人[21]通过氢化诱导氧空位的方法，使得 TiO_2半导体的光吸收范围从紫外区域延伸到可见光范围甚至近红外区域。但在此需要提醒的是，增强的光吸收能力并不一定转化为高的光催化活性，因为最终半导体的光降解能力是由参与氧化还原光催化光生载流子的相对数量（或称量子产额）决定的。在本书后面章节，我们将做详细的讨论。

因此，富含氧空位缺陷态氧化物半导体的研究成为人们关注的焦点。

忆阻器（Memristor）与电阻、电容和电感并称为现代电路系统的四大基本元器件。忆阻器在人工神经网络、混沌电路、非易失性存储、逻辑运算及信号处理等领域巨大的应用价值，使其成为当代电子学器件范畴的一个重要研究对象。在作为光源和显示等领域具有较长应用历史的电致发光（Electroluminescence）现象，是指电流或电场在半导体材料中诱导的 e^--h^+对复合发光现象。通常，由于忆阻器和电致发光器件具有截然不同的结构构造和工作原理，在同一电路系统中，能够同时实现记忆存储和电致发光功能的电子器件很难见到。

2012 年，Nagashima 等人[22]利用 TiO_{2-x}、NiO_x和 CoO_x氧化物半导体材料结构中的氧空位制作成忆阻器；2014 年，Hong 等人[23]同样利用 WO_{3-x}氧化物半导体中富含的氧空位表面缺陷态应用在电阻开关上面。一直把忆阻器的研究作为一个重要方向的张光宇课题组，于 2012 年报道了基于石墨烯-氧化物平面异质结纳米间隙复合结构的忆阻器中的多阻态存储现象[24]；该课题组在石墨烯-氧化物复合半导体器件中发现了和阻变相关联的可调制电致发光现象，并与光物理实验室课题组李志远研究员合作，对该器件结构中的发光光谱和发光机制进行了系统的研究[25]。

经过研究发现，石墨烯-氧化物平面异质结纳米间隙复合结构忆阻器的电致发光光谱范围，对应于可见光谱及近红外光谱区域（400~1100 nm）。该忆阻器件处于电阻态高阻态时，对应的电致发光峰位于 550 nm；当处于电阻态低阻态时，对应的电致发光峰位于 770 nm；且电致发光峰位于 550 nm 时（高阻态）的发光强度比位于 770 nm 时（低阻态）的发光强度要低一个数量级。石墨烯-氧化物平面异质结纳米间隙结构中形成的硅纳米晶材料，是造成这种可调制电致发光现象的主要原因，在外界电场作用下，注入到硅纳米晶材料中 e^--h^+对的复合导致了辐射发光现象。上述推论在对忆阻器件的形貌结构表征中得到了验证。研究人员通过采用高分辨率透射电子显微镜（TEM），观察到忆阻器件处于高或低不同阻态时，平面异质结纳米间隙结构中形成了不同尺寸大小的硅纳米晶。众所周知，不同尺寸大小的硅纳米晶对应不同的带隙结构，从而激发出不同的电致发光波长。此外，上述忆阻器件在阻变过程中的响应和衰减时间分别为 0.7 μs 和 17.7 μs，充分说明器件的电致发光响应时间在 μs 量级。基于上述简单的石墨烯-氧化物平面异质结纳米间隙复合结构，展示了此类忆阻器件产生的 μs 量级光脉冲，完全可以用来制作大面积、低成本集成光源，从而用于屏幕显示以及光开关等相关领域。另外，由于忆阻器件结构中，高、低电阻态和电致发光态是互相关联的，因此，可以通过施加不同的偏置电压，调控忆阻器件结构处于不同的电阻态，从而调制器件发射不同波长颜色的光；反过来，还可以通过接收到的光谱，来判定忆阻器件的高、低电阻态。总之，石墨烯-氧化物平面异质结纳米间隙复合结构忆阻器件的制备，为新型多功能纳米光电器件的开发提供了一种可行途径，并且在信息存储、传输和光互联等领域具有极大的潜在应用价值。

1.1.4　异质结纳米光电化学材料的应用

异质结纳米光电化学材料在多个领域中具有广泛的应用潜力。以下是一些异质结纳米光电化学材料的常见应用：

（1）光催化。1）光解水产氢。异质结纳米光电化学材料可用于光解水产生氢气，通过光照激发光生电荷并促进水的分解反应，从而实现可持续的氢能源生产。2）光催化降解有机污染物。异质结纳米光电化学材料可用于降解有机污染物，通过光催化反应将有害的有机化合物转化为无害的物质，用于环境治理和水处理。

（2）光电池。1）太阳能电池。异质结纳米光电化学材料在太阳能电池中被广泛应用，用于转换光能为电能。这些材料具有高效的光吸收和载流子分离特性，提高了太阳能电池的光电转换效率。2）光电化学电池。异质结纳米光电化学材料可用于光电化学电池，如光电解水产氢和光电池储能系统。它们能够吸收光能并将其转化为化学能或储存为电能。

（3）传感器和光电器件。1）光传感器。异质结纳米光电化学材料可用于制造高灵敏度的光传感器，用于检测光强度、光谱特性或其他环境参数。这些传感器在光学通信、生物医学和环境监测等领域具有广泛应用。2）光电器件。异质结纳米光电化学材料可用于制造光电晶体管、光电调制器和光电开关等光电器件。这些器件可用于光学通信、光电子学和光信息处理等领域。

（4）能源存储与转换。1）锂离子电池。异质结纳米光电化学材料可用于改善锂离子电池的性能，包括增加电池容量、延长循环寿命和提高充放电速率。这些材料在可穿戴设备、电动车和储能系统中具有潜在应用。2）超级电容器。异质结纳米光电化学材料可用于制备高性能超级电容器，具有高能量密度、高功率密度和长循环寿命等优点。这些超级电容器在储能、电动车和可再生能源系统中具有重要作用。

这些只是异质结纳米光电化学材料应用的部分示例，随着研究的不断深入，还会涌现出更多新的应用领域和创新应用。

1.2 稳态和纳秒时间分辨瞬态光致发光光谱探测技术

我们利用实验室搭建的稳态和纳秒时间分辨瞬态光致发光（Nanosecond time-resolved transient photoluminescence spectra，NTRT-PL）光谱测量系统，对 Au/TiO_2 异质结纳米复合结构稳态和瞬态光致发光特性进行测量。采用美国光谱物理公司制造的掺钛蓝宝石飞秒激光脉冲作为激发光源。如图 1-7 所示，按照功能整个飞秒激光系统由四部分组成：绿光激光器（Millennia）、振荡器（Tsunami）、再生放大器（Spitfire）和泵浦源（Evolution）。在飞秒激光器工作过程中，首先由绿色激光器产生高功率的连续绿光来泵浦振荡器中的宝石晶体，其受激发后，发射出波长为 800 nm 的荧光，并在系统谐振腔内反复振荡。当脉冲锁模后，系统可输出重复频率为 82 MHz 低功率单脉冲飞秒激光，经泵浦源系统泵浦，然后在再生放大器中经过脉冲展宽、放大和压缩后可输出重复频率为 1 kHz、脉冲宽度大约为 130 fs 的单脉冲飞秒激光。

图 1-8 所示为实验装置总体布局示意图。飞秒激光激发样品 BBO（beta-BaB_2O_4，偏硼酸钡）产生的荧光，经光纤探头接收后首先进入光谱仪，在光谱仪内部分光后到达 ICCD（增强型电荷耦合器件）探测器。ICCD 探测器的快

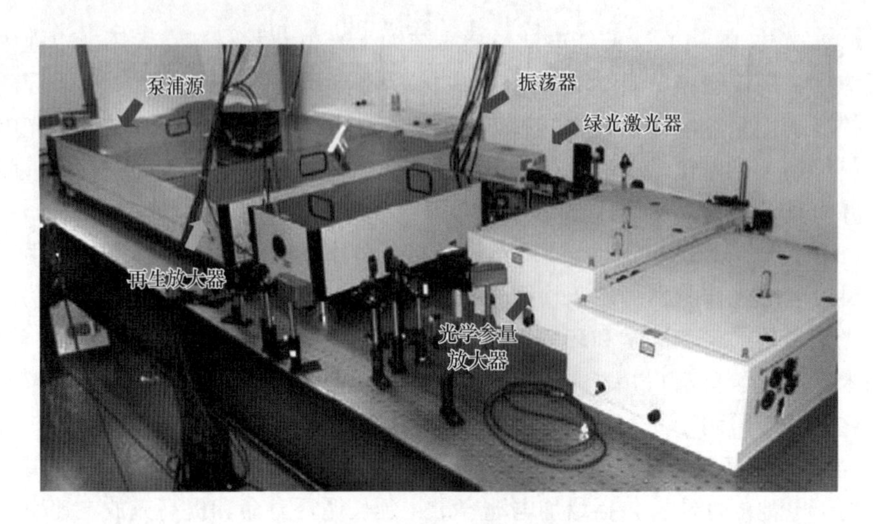

图 1-7　飞秒激光系统

门触发过程如下：先由飞秒激光器分出的一部分光触发 SDG（种子激发器）产生延时信号，然后延时信号触发 DG535（延迟发生器）产生 ICCD 的快门触发信号，待 ICCD 快门打开后，对样品光致发光进行稳态和纳秒时间分辨瞬态的探测。理论上进行稳态光致发光测量时，利用 ICCD 的快门控制软件，只要将快门开启时间大于样品的荧光衰减时间即可，因为稳态光致发光光谱是在荧光衰减时间内的积分信号。为了得到信噪比更好的稳态光致发光光谱信号，通常设置快门时间远大于荧光衰减时间（不小于 100 ms），让荧光信号在多个衰减周期内积分[26]。

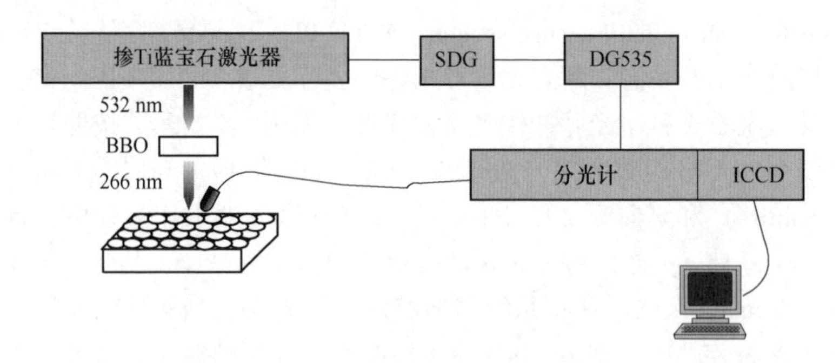

图 1-8　实验装置布局示意图

在对样品纳秒时间分辨瞬态光致发光光谱的测量中，也是利用 ICCD 系统控制快门延迟时间。ICCD 快门最小时间间隔可达到 0.5 ns，这对于纳秒量级荧光衰减时间的样品完全可以测量。ICCD 时间分辨瞬态光致发光探测过程如下：首先由飞秒激光脉冲触发 SDG 和 DG535，产生延时信号并传送给 ICCD，通过进一步设置快门延迟时间和步长，便可以人为控制快门开启时间与触发脉冲的时间间隔。ICCD 的信号触发与激光脉冲的输出是同步的，随后样品的荧光衰减过程便可以在等间隔的不同时间点被 ICCD 快门记录下来，最后将它们按照时间采集顺序依次排列，就得到了样品的荧光瞬态衰减过程。把每个瞬态光致发光光谱峰值做成与采集时间关联的函数，就得到了样品的荧光衰减动力学曲线。

2 半导体异质结纳米复合材料的制备及表征

2.1 引言

局域表面等离子体共振特性（LSPR）是贵金属纳米粒子在光学方面的重要应用基础，导致贵金属纳米粒子对特定波长光极大增强的吸收和散射效应。表面等离子体共振光吸收特性与贵金属纳米粒子的尺寸、形状和周围介质均有关系，所以可以通过调节贵金属纳米粒子的粒径和形状，实现对其表面等离子体共振光吸收峰的调节，进而实现金纳米粒子修饰的 TiO_2 纳米管阵列薄膜可见光波长范围内光电化学活性的增强。

人们已将稳定性高、价格低廉、环境友好的 TiO_2 光催化技术，视为解决当前能源和环境危机的最佳途径之一。但常见的 TiO_2 光催化剂存在光电化学活性低以及不能有效吸收可见光催化降解等缺点。利用 TiO_2 基异质结纳米复合结构的内建电场能够有效抑制光生载流子的复合，从而提高光催化效率。因此 TiO_2 基异质结纳米复合光催化材料，由于结合了纳米材料与不同带隙半导体光吸收两方面优势，在治理环境污染领域得到快速发展。

2.2 TiO_2 纳米管的制备、形成机理及表征

研究 TiO_2 纳米管以来，国内外众多科学家用多种方法成功地制备了 TiO_2 纳米管。最常用的制备方法有模板法、水热合成法和电化学阳极氧化法三种，用不同方法制备的 TiO_2 纳米管的形貌特征、晶体结构以及形成机理等方面都有所不同。经过对比，用模板法制备的 TiO_2 纳米管的结构完全取决于模板的结构，由于受模板的影响，TiO_2 纳米管的管壁比较厚，比表面积较小，阵列形貌比较好，属于锐钛矿相。但是这种方法比较复杂，操作起来难度大，尤其是在用碱液去除模板时容易破坏 TiO_2 纳米管。用软模板法[27]制备 TiO_2 纳米管阵列与硬模板法相比，管径和管的长度等表面特征不完全取决于模板的形状，但是，在去除模板时仍然需要用高温，这样也无法避免破坏 TiO_2 纳米管。用水热法[28-29]合成的 TiO_2 纳米管管径小、管壁薄、比表面积大，管的晶体结构受温度的制约。这种方法简单，价格低廉，易于实现工业化生产，但是用这种方法合成的 TiO_2 纳米管只能以粉末状存在。

采用电化学阳极氧化法[30-33]制备 TiO_2纳米管时，可以通过调节电解液的种类、氧化时间、氧化电压等实验条件，在较大范围内控制所形成纳米管阵列薄膜的结构（管壁厚度、管径大小、管的长度或薄膜厚度等）。由于用这种方法制备的 TiO_2纳米管阵列是无定形态的，可以通过将其在不同温度下退火来实现 TiO_2纳米管向不同晶向的转变。因此，基于以上考虑我们采用电化学阳极氧化法制备 TiO_2纳米管阵列。

2.2.1 TiO_2纳米管的制备

TiO_2纳米管制备所用材料和仪器：工业纯钛片，电解池（自制，如图 2-1 所示），DF1731SD2A 直流恒压电源（江苏金坛儒林电子仪器厂），VC-3021 指针万用表（深圳市胜利高电子科技有限公司），DT-830B 数字万用表（深圳市先霸电子仪器有限公司），DL-120D 智能超声波清洗器（上海之信仪器有限公司），传感器温度系数测定仪（涿州市长城教学仪器厂），SB2 超人电吹风（上海超人电气有限公司），异丙醇（分析纯）（天津市富宇精细化工有限公司），丙酮（分析纯）（莱阳市康德化工有限公司），无水乙醇（分析纯）（莱阳市双双化工有限公司），氟化铵（分析纯），（莱阳市双双化工有限公司），氢氟酸（分析纯）（莱阳市双双化工有限公司），定性滤纸（杭州新华纸业有限公司）。

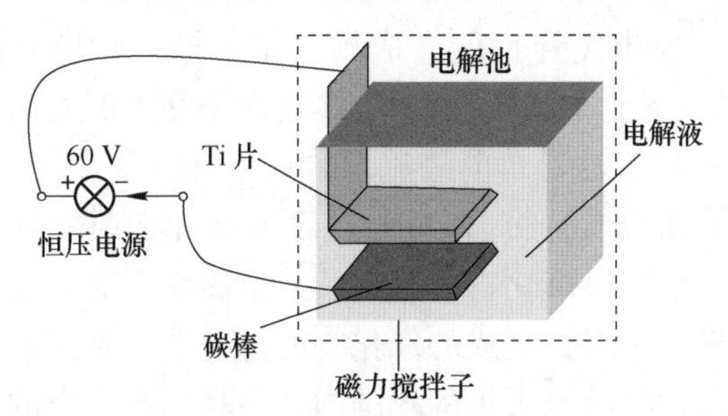

图 2-1 TiO_2纳米管阳极氧化实验装置图

实验过程：实验中的阳极是工业纯钛片，将它裁剪成 3.5 cm^2的规格，以使它能够方便地固定在图 2-1 中的阳极位置，金属钛片的固定方法是将钛片固定在塑料板上，使需要被氧化的部分与阴极平行，其余部分用胶棒密封好；阴极是碳棒，对着金属钛片的一面被磨成光滑的平面；电解液是含氟离子的有机溶液，实验过程中将电解液盛放在电解池中，以完全没过阳极金属钛片为标准，本实验选用两种电解液。

在实验开始前，对钛基片进行了预处理。将裁剪好的钛基片依次放在丙酮、异丙醇、无水乙醇、去离子水中超声清洗 10 min，以除去钛基片表面的油污等污染物。选择这样一种次序来清洗金属钛片，是因为后一种清洗液恰能够溶解前一种清洗液，以保证清洗后的钛基片表面没有清洗液的残留物。将清洗好的钛基片在空气环境中吹干，待用。

实验中的电解液是两种含有氟离子的有机溶液，第一种电解液是0.2 mol/L的氢氟酸的有机溶液，第二种电解液的溶剂是含有2%（体积分数）去离子水的乙二醇溶液，溶质为氟化铵，浓度为0.45%（质量分数）。选用不同的电解液所需要的氧化电压是不一样的，本实验中，如果选用第一种电解液即氢氟酸的有机溶液，相应的氧化电压是较低的，在此选用20 V的氧化电压；而如果选用第二种电解液即氟离子的含水有机溶液，相应的氧化电压则是较高的，在此选用60 V的氧化电压。众所周知，氧化时间的长短也会对纳米管的形貌产生影响，最直观的表现是氧化时间对纳米管的长度的影响。本实验针对两种不同的实验条件分别选择不同的氧化时间。

实验过程中先将钛基片固定在阳极位置，然后打开电源，实验中采用逐步升压法加电压。实验过程中，利用磁力搅拌子对电解液进行搅拌。

2.2.2 TiO_2纳米管的形成机理

TiO_2纳米管的形成是一个涉及物理、化学和电化学的复杂的过程。很多研究者提出了几种关于TiO_2纳米管的形成机制的模型，但是一直没有一个定论的说法。最近，对多孔纳米孔（管）的形成提出了这样一种模型：等场强模型[34]，即电场增强了电解液/氧化物和氧化物/金属这两个交界面处的电化学反应，保证了纳米孔（管）的形成，这是目前最流行的一种模型。

在氧化反应的最初阶段，O^{2-}和OH^-与金属钛片迅速发生反应生成一层氧化物薄膜，此后，阴离子穿过氧化物薄膜继续与金属钛反应，继续生成氧化层。如果金属表面绝对光滑、平坦，生成的氧化物的薄膜的厚度是一致的，但是，钛片上有很多缺陷，所以钛在纳米量级的范围内并不是完全光滑的，也就是各处的电场强度是不一致的，在电场强度大的地方，氧化反应快即氧化物层的生长速度大。同时，在氧化物与电解液的交界处，氧化物在氟离子的刻蚀下会发生溶解，在氧化物薄膜的上下表面为了保持场强的一致性，会在场强强度较大的垂直方向上溶解速率较大而出现凹陷。随着时间的推移，凹陷也会随之增大，形成纳米孔。通常，人们将金属与氧化物、氧化物与电解液这两个交界面上发生的反应称为场助溶解和湿化学溶解。当场助溶解和湿化学溶解的速率平衡时，孔的长度就不会再增长。

TiO_2纳米管形成过程中涉及的化学反应主要有：

$$Ti - 4e^- \rightleftharpoons Ti^{4+} \tag{2-1}$$

$$Ti^{4+} + 2H_2O \longrightarrow TiO_2 + 4H^+ \tag{2-2}$$

式（2-2）也可以写为：

$$Ti^{4+} + 4H_2O \longrightarrow Ti(OH)_4 \downarrow + 4H^+, \ Ti(OH)_4 \longrightarrow TiO_2 + 2H_2O \quad (2\text{-}3)$$

$$TiO_2 + 6F^- + 4H^+ \rightleftharpoons TiF_6^{2-} + 2H_2O \quad (2\text{-}4)$$

从上述反应式可以看出，金属钛被氧化后生成的不仅仅是 TiO_2，而且会生成一部分 $Ti(OH)_4$，而 $Ti(OH)_4$脱水形成 TiO_2所需要的能量是比较大的，每摩尔需要的能量是 118 kcal（1 kcal = 4.186 kJ）。在 $Ti(OH)_4$脱水形成 TiO_2的过程中，相邻的两个孔会发生分离，形成管，而且由于应力的作用向同一方向生长，从而形成取向均一、互相平行的 TiO_2纳米管。

纳米管的制备过程大体可以分为三个部分：（1）电路在接通的瞬间电流急剧下降，这可以看作第一部分。在这个过程中，在金属钛片上迅速地生成一层致密的氧化层。（2）接下来的 30 s 中，电流开始上升，并达到了一个较高的电流密度值。在这个过程中，发生了这样几个变化：已经生成的氧化层/电解液界面上的每一个点与和它们相对的互相垂直的方向上氧化层/金属钛界面上的每一个点，为了保持相对应的每个点处的电场强度一致，开始形成凹坑，并且凹坑开始向下延伸，使得凹坑底部弧形上的氧化层/电解液界面上的每个点和与之相对应的氧化层/金属钛界面上的每个点的电场强度相等，凹坑底部的弧形为圆弧的一部分。这个过程是纳米管形成的第二部分。（3）在第三部分，电流密度随着时间的延长而逐渐下降，一致趋于零，但是没有达到零。在这个过程中，已经形成的凹坑继续向下延伸，形成纳米孔，并且在相邻的两个孔之间，钛的氢氧化物失水形成氧化物，纳米管结构逐渐形成。

在管壁形成的过程中，始终朝着管的内外壁上相对的两个点的电场强度相等的方向发展，因此最终形成的纳米管的管壁厚度一致，并且管壁竖直向上生长，最终形成互相平行与界面垂直的 TiO_2纳米管结构。电流强度密度值一致逐步减少并趋于零，是因为管的长度越来越大；但是电流强度密度值一直没有达到零，是指在实验记录的时间范围内，管的长度一直在增长。

图 2-2 是 TiO_2纳米管阵列形成的示意图，图 2-2（a）是电路接通的瞬间在钛基底上形成了一层致密的氧化层，对应前文中的第一部分；图 2-2 中（b）和（c）表示的是凹坑开始形成，并且向下延伸，为了保持电场强度的一致，凹坑底部的弧形为圆弧形，对应前文中的第二部分；图 2-2（d）~（f）是凹坑继续向下延伸，并且相邻的纳米孔之间钛的氢氧化物由于失水变为氧化物，而使相邻的孔分离变成管，并且在应力的作用下以及保持各处电场强度的一致性，管始终保持竖直向上生长，对应前文中的第三部分。

2.2.3 TiO_2纳米管的表征

采用 Hitachi S-4800 冷场发射扫描电子显微镜对 TiO_2纳米管阵列膜进行表面形貌分析。

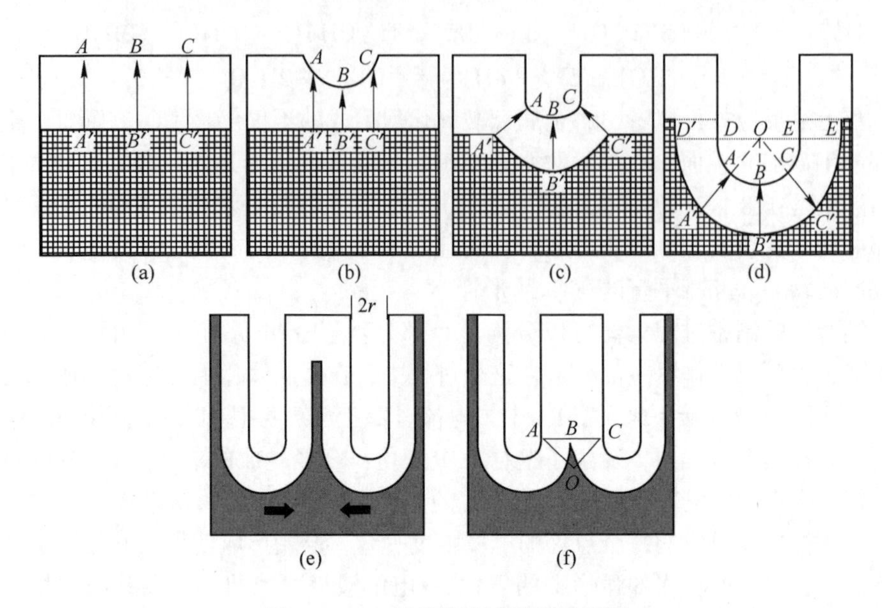

图 2-2 TiO_2纳米管阵列形成示意图

从图 2-3 可以看出用第一种电解液（氢氟酸的有机溶液）阳极氧化金属钛得到的是管状结构，并且管与管之间相互平行且紧密排列，管的有序性非常好。从图 2-3（a）可以看出，用这种电解液制备的纳米管阵列的上表面管与管之间并不是平整的紧密排列，管径和管壁也不是严格一致，而是在一定的区间范围内变动，管径一般为（55±15）nm，壁厚为（17±2）nm。从图 2-3（b）可以得出 TiO_2纳米管的长度约为 1.75 μm，图中 TiO_2纳米管是金属钛在氧化电压为 20 V，氧化时间为 120 min 的条件下制得的。从图 2-3（b）可以看到部分纳米管是不完

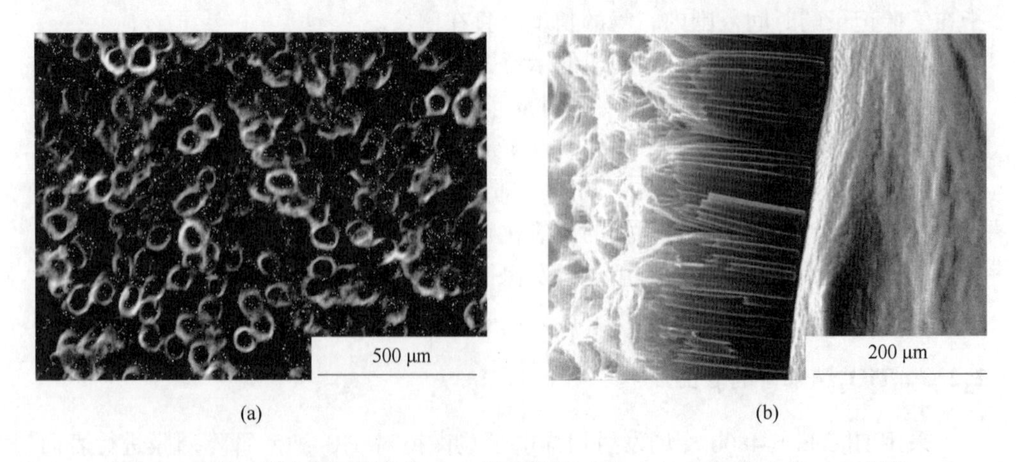

图 2-3 用第一种电解液制备的 TiO_2 纳米管的正面（a）和侧面（b）SEM 图像

整的，说明氧化时间 120 min 时，场致溶解与湿化学溶解已经达到了平衡，并且此时已经形成的纳米管阵列有一部分已经被电解液所溶解。经过多次的试验，把氧化时间控制在 30~420 min，发现纳米管的长度始终在 2 μm 以下。如果所用的金属钛的厚度较小（30 μm），会发现当氧化时间超过 2.5 h 后，已经形成的 TiO_2纳米管阵列膜以及钛基底会发生消融现象。由于实验条件的限制，对这种实验现象没有进行更进一步的研究。

从图 2-4（a）可以看出用第二种电解液（含氟离子的乙二醇含水溶液）制备的 TiO_2也是管状结构，也能形成纳米管阵列。与第一种电解液相比，用这种电解液制备的 TiO_2纳米管结构管径要大一些，为（110±20）nm，壁厚为（15±3）nm；图 2-4（b）表示的是金属钛在氧化电压为 60 V，氧化时间为 24 h 的条件下制备出的 TiO_2纳米管的侧面图，这时管的长度约为 59 μm；图 2-4（c）表示的是金属钛在氧化电压为 60 V，氧化时间为 96 h 的条件下制备出的 TiO_2纳米管的侧面图，此时管的长度约为 75 μm，是用第一种电解液制备出的 TiO_2纳米管长度的几十倍。图 2-4（b）和（c）表明用氟化铵的乙二醇含水溶液制备出的 TiO_2纳米管的长度比较长，并且随着氧化时间的延长而增长，只是时间越长，管生长的速率越小。由于氧化层/电解液交界处湿化学溶解的作用，TiO_2纳米管阵列的上表面并不是平整的。从图 2-4 也可以看出 TiO_2纳米管阵列膜靠近钛基底的部分和上部的形貌是不一样的，底部呈现致密结构，并不是管状结构，表明 TiO_2纳米管在形成的初期先要生成一层致密的氧化层。图 2-4（d）是 TiO_2纳米管的背面图，可以看出 TiO_2纳米管并不是两端通透的管，它背面形貌和多孔氧化铝膜的背面是一致的，为紧密排列的六边形。说明管的形成初期和多孔氧化铝的形成是一致的，即先生成纳米孔结构。这个结论也和前文提到的 TiO_2纳米管的形成机理不谋而合。与图 2-3 相比，图 2-4 表示的纳米管排列更为规整，有序性更好。因此，本章主要采用第二种电解液来制备 TiO_2纳米管。

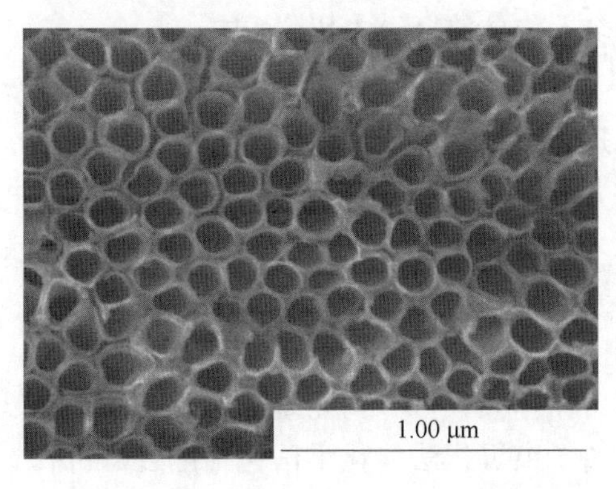

(a)

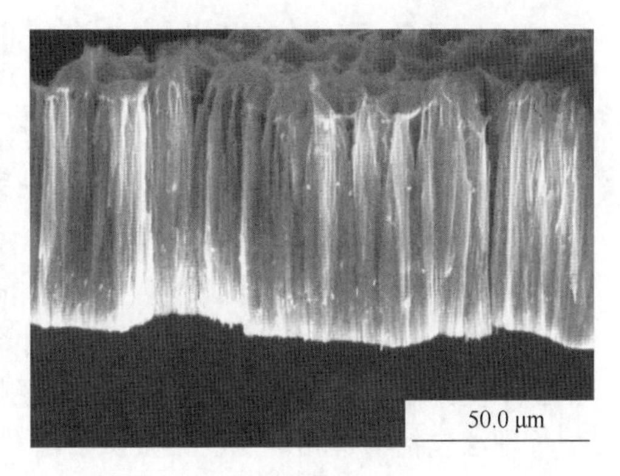

(b)

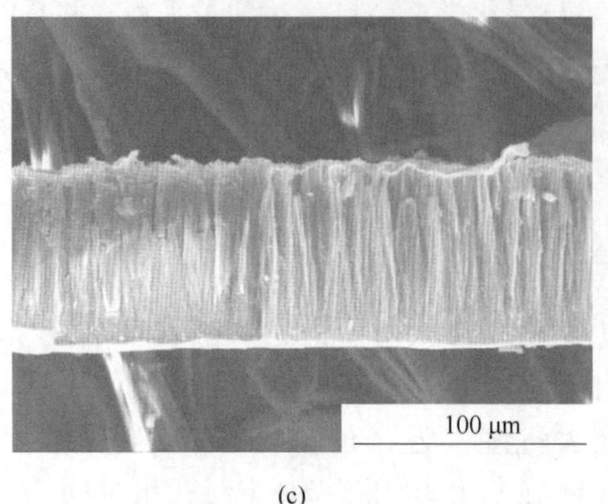

(c)

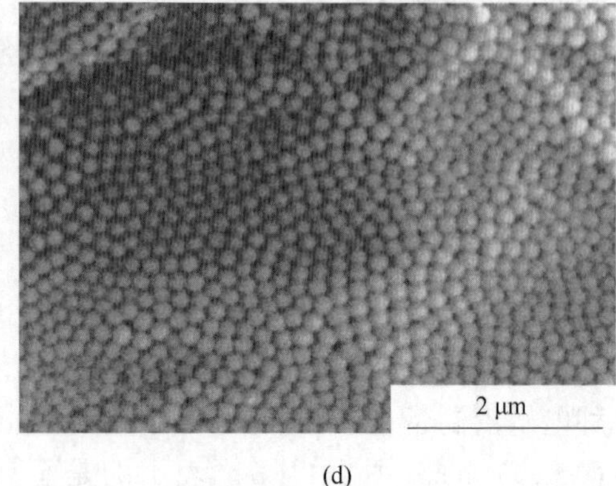

(d)

图 2-4 用第二种电解液制备的 TiO_2纳米管的正面（a）、侧面（b）（c）和背面（d）SEM 图像

用这两种电解液制备的 TiO_2 纳米管的长度之所以不同，主要是由于以下原因：

（1）氢氟酸的有机溶液酸性大，H^+浓度大，从而对 TiO_2纳米管的湿化学溶解作用较大；而氟离子的含水有机溶液中 H^+的浓度很低，湿化学溶解作用很小。

（2）用氢氟酸的有机溶液做电解液时，需要的氧化电压低，生成氧化层的速率小；而氟离子的含水有机溶液做电解液时，需要的氧化电压很高，氧化层的形成速率大。

在这两个原因的综合作用下，用氢氟酸的有机溶液做电解液时，场助溶解和湿化学溶解很快就能达到平衡，管的长度也就不能增加；而用氟离子的含水有机溶液做电解液时，场助溶解和湿化学溶解需要很长的时间才能达到平衡，因此管的长度可以随着时间的延长而增加，只是由于 F^- 的消耗，管长度增长的速率逐渐变小。

2.3 金纳米粒子的制备、表征及特性调节

纳米材料的制备技术在对材料本身物理化学性质的研究中，一直占据着重要地位。纳米材料的物理化学特性与其组装方式以及形状、大小等表面状态有着紧密联系，而制备技术与条件直接决定了纳米材料的表面状态。因此，可以通过纳米材料的表面形貌、分布方式以及纳米单元的排列组装方式来调控纳米材料的物理化学性能。随着时间的推移，纳米材料制备方法也在不断的创新与完善过程中，不同的制备方法各有其特点，按照制备原理大致可分为物理法和化学法。其中物理法包括物理粉碎法、磁控溅射法和离子束沉积法；化学法包括电化学沉积法、溶胶-凝胶法、化学液相法和气相沉积法。

具体到贵金属纳米粒子制备方面研究，其主要目标是控制金、银纳米粒子的尺寸和表面形貌。制备金纳米粒子的主要方法有模板法[35]、湿化学合成法[36]、电化学法[37]、光化学还原法[38]、声化学合成法[39]和物理气相沉积法[40]。其中，物理气相沉积法以其制备工艺简单、样品无污染、易操控性以及便于实现大面积镀膜要求等优点，发展成为近几年应用最广泛的纳米材料制备方法。其中，真空磁控溅射法是物理气相沉积法的一种，是应用广泛且技术较为成熟的薄膜生长技术，即利用高电压等离子体辉光放电过程使氩原子电离，氩离子在强电场的作用下加速并轰击靶材表面，溅射出大量的气相靶原子，靶原子飞溅到基底片上沉积形成膜的方法。

2.3.1　金纳米粒子的制备

在制备金纳米粒子膜的过程中，实验装置采用的是 JCP-500 型真空磁控溅射镀膜机（北京泰科诺科技股份有限公司）。磁控溅射镀膜机由镀膜腔、真空抽气系统、提升系统和电气控制系统四部分组成，如图 2-5 所示。镀膜腔由不锈钢钟罩制成，前方和左右两侧配有观察窗，钟罩与提升系统相连接。基板由表面镀铬的碳钢制成，基板上面有电极和旋转器件，下面连接真空抽气系统。三对蒸发电极共同连接在同一地极上，电极与镀膜腔基板绝缘。镀膜腔的上方是高压轰击和烘烤电极。电机经皮带轮减速系统减速后，带动组件旋转系统，通过旋转密封轴引入镀膜腔内，再通过主动轮带动装在大滚轮之上的样品基底台旋转，从而提高样品镀膜的均匀性。真空抽气系统采用的是 XK-200A 型真空机组，并配有真空阀和真空度测试仪表。电气控制系统是由分子泵、机械泵、扩散泵、轰击、烘烤、工件旋转和安全保护装置组成。真空磁控溅射镀膜机的主要技术参数见表 2-1。

图 2-5　真空磁控溅射系统

表 2-1 真空磁控溅射镀膜机的主要技术参数

技术指标	参 数
真空腔室尺寸	ϕ500 mm×H420 mm
真空腔室结构	立式前后门，后抽气系统，双层水冷
极限真空	优于 5×10^{-5} Pa
可镀膜尺寸	3 in/片（1 in=2.54 cm），散片若干
工件烘烤温度	室温~600 ℃，可调可控
工件运动方式	基片旋转：0~20 r/min，可调可控
膜厚不均匀性	≤±5%
电源	直流溅射/射频溅射/双极脉冲溅射电源可选
控制方式	手动按钮控制
报警及保护系统	对泵、靶、电极等缺水、过流过压、断路等异常情况进行报警并执行相应保护措施

实验中用到的轰击金靶纯度高达 99.99%，溅射之前，首先用薄砂纸轻轻打磨金靶表面，去除靶材长期放置表面生成的氧化薄层；然后用棉球蘸酒精擦拭干净，固定于靶台。由于 ITO（氧化铟锡）导电玻璃表面平整度好，表面起伏低于 20 nm，因此，选用 ITO 导电玻璃为溅射基底。溅射之前对 ITO 导电玻璃用浓硫酸浸泡至少 12 h，氧化去除表面杂质；然后用丙酮、乙醇和去离子水超声清洗，进一步去除基底表面有机杂质，增加溅射薄膜的附着度；最后用吹风机吹干，放置在镀膜腔的样品夹上。溅射开始时，放置好钟罩，并在钟罩密封垫周围涂抹好密封脂；启动抽真空系统，待真空度达到 5×10^{-3} Pa 以下时，电极两端电压缓慢加到 70 V，控制基底台每分钟转速为 6 圈，这时溅射基底形成的金膜较为均匀。

真空磁控溅射镀膜机配有膜厚监控仪，用来显示镀膜的厚度变化。膜厚监控仪主要由单片机、监控探头和晶体振荡器三部分组成。探头内安装一枚频率 6 MHz 测厚石英晶片，通过同轴电缆将频率振荡信号传送至晶体振荡器输入端。振荡信号被晶体振荡器放大后，再通过同轴电缆传送至主机的探头座。主机将传输过来的频率振荡信号转换成对应的厚度参量。当溅射实际厚度与设置厚度一致时，膜厚监控仪就会停止对频率信号的采集，并在显示屏上显示“镀膜结束”。

振荡法测膜厚是利用石英晶体本身的压电效应和质量负荷效应，通过测量石英晶体固有谐振频率以及有关参数的变化，来监测沉积薄膜厚度的一种方法。当薄膜厚度在十几甚至几十纳米时，石英晶体的固有谐振频率变化 Δf_Q 与薄膜厚度变化量 Δd_f 之间为线性关系[41]：

$$\Delta f_Q = \left(-\frac{f_Q^2 \rho_f}{N \rho_Q}\right) \Delta d_f \tag{2-5}$$

式中 f_Q——石英晶体固有谐振频率，Hz；

ρ_Q——石英晶体密度，g/cm^3；

ρ_f——膜密度，g/cm^3；

N——频率常数，为 1670 kHz · mm。

这种计算膜厚的方法，前提是沉积薄膜并没有使石英晶体固有谐振频率发生变化，而实际上薄膜的沉积，已经对石英晶体的固有谐振频率产生影响，并从单一晶体的振荡模式变化为两种材料的耦合振荡模式，基于这一事实，膜厚监控仪采用声阻抗法测膜厚公式：

$$\Delta d_f = \frac{\rho_Q}{\rho_f} N \frac{\tau}{\pi R_Z} \arctan\left[R_Z\left(\pi \frac{\tau - \tau_Q}{\tau}\right)\right] \tag{2-6}$$

式中 τ——沉积薄膜后石英晶体谐振周期，s；

τ_Q——石英晶体固有谐振周期，s；

R_Z——石英晶体与膜层声阻抗的比值。

在 ITO 导电玻璃基底表面沉积一层均匀金膜后，把基底放置在钼舟上（熔点 2160 ℃），采用 OTX-1200X 真空管式炉高温退火，利用玻璃基底热胀冷缩的表面张力作用，得到分布均匀且形状规则的金纳米粒子。真空管式炉集真空系统和供气系统于一体，最高加热温度为 1200 ℃，升温速率为 10 ℃/min。当达到提前设置好的温度时，手工推动载有金纳米粒子样品的钼舟到恒温区，在设定温度下退火 30 min，并通入氮气作为保护气。经过真空磁控溅射和恒温退火处理过程的 ITO 导电玻璃基底表面会制备出离散均匀的金纳米粒子。

2.3.2 金纳米粒子的表征

通过利用上述真空磁控溅射系统，在 ITO 导电玻璃基底上，制备了溅射时间分别为 20 s、30 s、40 s、50 s、60 s 和 80 s 的金膜，并在高温管式炉中 400 ℃温度条件下，退火 30 min。对制备出来的金纳米粒子，采用扫描电子显微镜（Scanning Electron Microscopy，SEM）进行了表面形貌的分析。SEM（Hitachi，S4200）在加速电压 15.0 kV 条件下，得到的金纳米粒子表面形貌如图 2-6 所示。

通过 SEM 照片可以明显看出，所制备的金纳米粒子的粒径大小，随着溅射时间的增加而变大：当溅射时间 20 s 时，制备的金纳米粒子平均粒径为 30 nm；

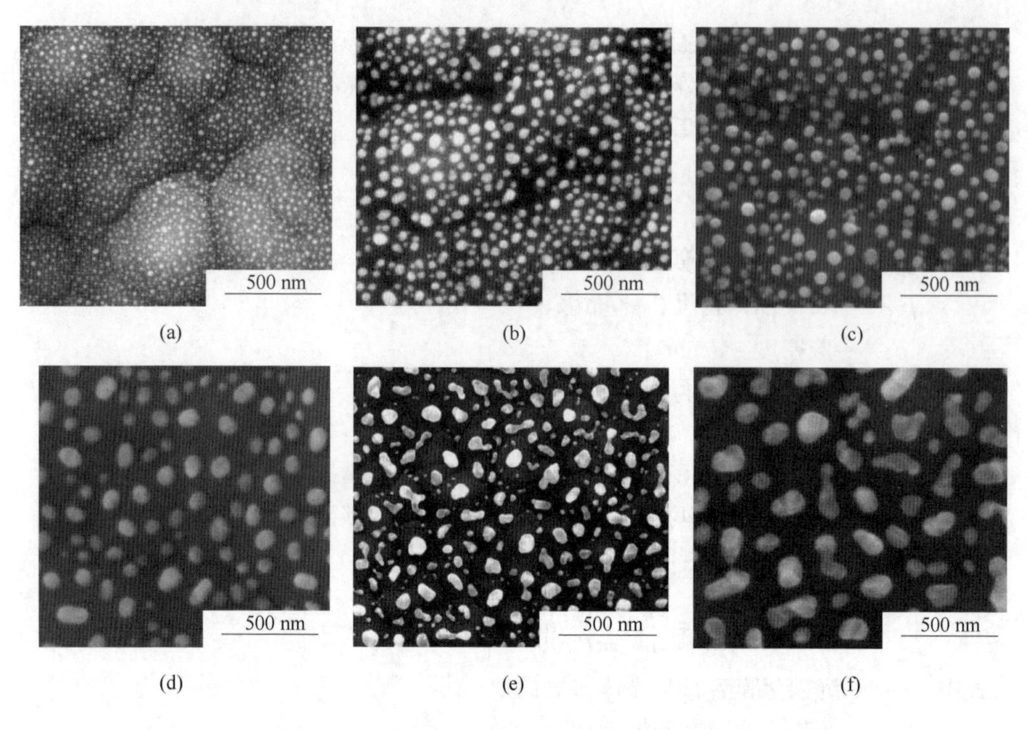

图 2-6 不同溅射时间下所制备金纳米粒子的 SEM 图像

（a）溅射 20 s，$d=30$ nm；（b）溅射 30 s，$d=48$ nm；（c）溅射 40 s，$d=78$ nm；（d）溅射 50 s，$d=102$ nm；（e）溅射 60 s，$d=163$ nm；（f）溅射 80 s，$d=256$ nm

溅射时间 30 s 时，制备的金纳米粒子平均粒径为 48 nm；溅射时间 40 s 时，制备的金纳米粒子平均粒径为 78 nm；溅射时间 50 s 时，制备的金纳米粒子平均粒径为 102 nm；溅射时间 60 s 时，制备的金纳米粒子平均粒径为 163 nm；溅射时间 80 s 时，制备的金纳米粒子平均粒径为 256 nm。并且制备的金纳米粒子形状在 20~50 s 时，可近似视为离散分布的球形；60 s 和 80 s 时，由于溅射时间的增加，金纳米粒子的形状逐渐呈现离散分布的多变形。最后运用粒径分析软件 Image Pro Plus 6.0，对上述不同溅射时间条件下制备的金纳米粒子粒径大小进行了统计分析，具体结果如图 2-7 所示。

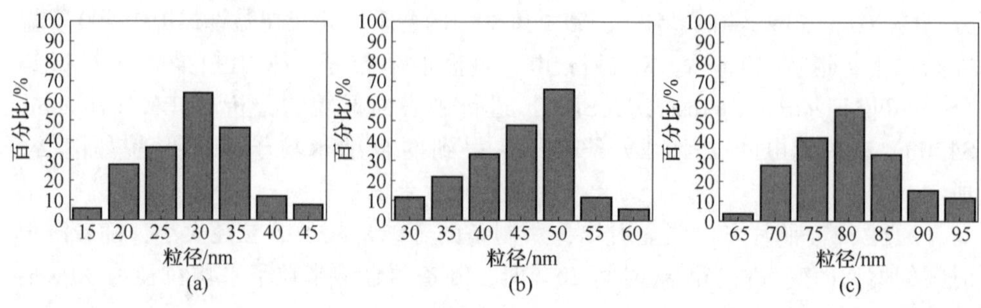

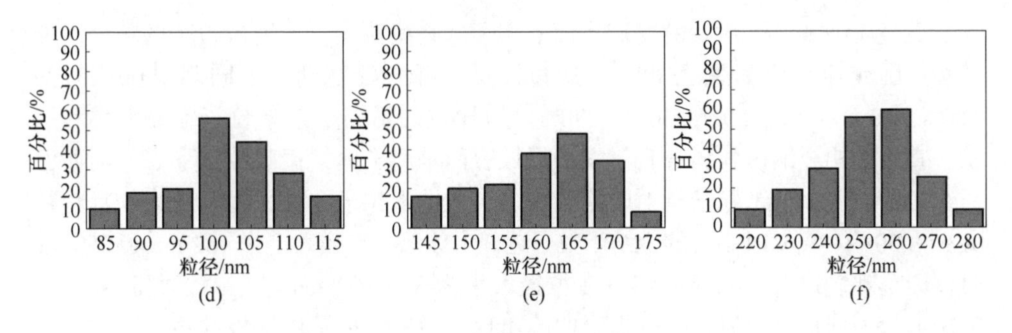

图 2-7 不同溅射时间金纳米粒子的粒径分布
(a) 20 s；(b) 30 s；(c) 40 s；(d) 50 s；(e) 60 s；(f) 80 s

2.3.3 金纳米粒子表面等离子体共振特性的调节

通过 SEM 表面形貌的表征，证明了利用真空磁控溅射镀膜的方法，能够制备由金纳米颗粒堆积而成的薄膜；高温退火过程使得纳米颗粒薄膜由密堆积状态变为离散分布的金纳米粒子，热致团聚效应在其中起到关键作用。我们对制备的 ITO 导电玻璃基底不同粒径大小的金纳米粒子，进行了吸收光谱的表征，以便最终确定制备的金纳米粒子能否激发局域表面等离子体共振吸收现象。吸收光谱的表征采用紫外-可见光分光光度计（Shimadzu，UV-1800）测量，光谱扫描间隔是 1 nm，扫描范围是 220～1100 nm。不同溅射时间所形成不同平均粒径（30 nm、48 nm、78 nm、102 nm、163 nm 和 256 nm）的金纳米粒子局域等离子体共振吸收谱，如图 2-8 所示。

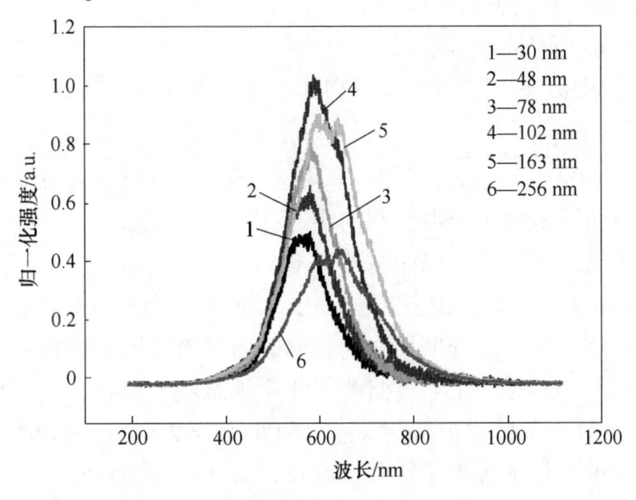

图 2-8 平均粒径分别为 30 nm、48 nm、78 nm、102 nm、163 nm 和 256 nm 的金纳米粒子等离子体共振吸收谱

贵金属纳米粒子激发的局域表面等离子体共振特性，与纳米粒子的粒径、形状和周围介质等因素紧密相关。通过图 2-8 可以观察到，不同溅射沉积时间（20 s、30 s、40 s、50 s、60 s 和 80 s）所导致的不同金纳米粒子粒径大小和形状，直接影响金纳米粒子各自激发的局域表面等离子体共振吸收谱形态。前面已总结过，随着金纳米粒子溅射时间的增加，金纳米粒子的粒径逐渐变大；且粒径大小为 30~102 nm 时制备的金纳米粒子近似为球形，粒径大小为 163 nm 和 256 nm 时逐渐呈现多边形。明显看出，在粒径大小为 30~102 nm 时，由于此时金纳米粒子形状为球形，只有一个共振吸收峰出现，激发等离子体偶极共振；当粒径大小 163 nm 和 256 nm 时，由于金纳米粒子粒径的增加，此时纳米粒子不再是规则球形分布，而是趋向于多边形分布，激发的等离子体不仅有偶极共振，甚至可出现四极或更高级次极化发生，因此会出现两个共振吸收峰[42]。

同时，可以清楚地观察到，随着制备金纳米粒子粒径的增加，所激发的等离子体共振吸收峰明显红移。根据 Bohren 和 Huffman 提出的 Mie 散射理论，可得到半径为 a 的近似球形贵金属纳米粒子光吸收截面（σ_{abs}）表达式[43]：

$$\sigma_{abs} = 4\pi x a^2 \mathrm{Im}\left(\frac{m^2-1}{m^2+2}\right)\left(1+\frac{4x^3}{3}\mathrm{Im}\left(\frac{m^2-1}{m^2+2}\right)\right) \tag{2-7}$$

式中，$x = ka = \frac{2\pi a}{\lambda}$；$m = \frac{n}{n_m}$，$n$ 和 n_m 分别为金属纳米粒子和周围介质折射率。当 $x \ll 1$，$|m|x \ll 1$ 时，

$$\sigma_{abs} = 4\pi x a^2 \mathrm{Im}\left(\frac{\varepsilon-\varepsilon_m}{\varepsilon+2\varepsilon_m}\right) \tag{2-8}$$

式中 ε——金属纳米粒子的介电函数；

ε_m——周围介质的介电函数。

代入各种参量后，式（2-8）可得到如下表达式：

$$\sigma_{abs} = \frac{24\pi a}{\lambda}\frac{\varepsilon_m^{2/3}\varepsilon_2(\lambda)}{[\varepsilon_1(\lambda)+2\varepsilon_m+48\pi^2a^2\varepsilon_m^2/(5\lambda^2)]^2+\varepsilon_2^2(\lambda)} \tag{2-9}$$

式中 ε_1——金属纳米粒子介电函数的实部；

ε_2——金属纳米粒子介电函数的虚部。

当满足 $\varepsilon_1 = -2\varepsilon_m - 48\pi^2a^2\varepsilon_m^2/(5\lambda^2)$，$\varepsilon_2$ 较小且为正值时，金属纳米粒子的极化率达到最大值。这就是众所周知的金属表面等离子体共振现象。同时，又因为 $\varepsilon_1 = 1-\omega_p^2/\omega^2$，$\lambda = 2\pi c/\omega$；并且当对于金纳米粒子而言，$\omega_p = 8.9$ eV，此处 ω_p 为金纳米粒子等离子体本征振荡频率，因此 $\lambda_p = 2\pi c/\omega_p$ 可视为常数。综合上述，可得到的金纳米粒子等离子体共振波长 λ_{SPR} 表达式为：

$$\lambda_{SPR} = \lambda_p\sqrt{1+2\varepsilon_m+48\pi^2a^2\varepsilon_m^2/(5\lambda_{SPR}^2)} \tag{2-10}$$

进一步化简计算得到：

$$\lambda_{SPR}^2 = \frac{1}{2}\left[\lambda_p^2(1 + 2\varepsilon_m) + \sqrt{\lambda_p^4(1 + 2\varepsilon_m)^2 + 4 \cdot (48\pi^2 a^2 \varepsilon_m^2)\lambda_p^2}\right] \quad (2\text{-}11)$$

通过上述金纳米粒子等离子体共振吸收散射截面大小计算式（2-9），以及与纳米粒子半径之间表达式（2-11），MATLAB 数值模拟计算结果如图 2-9 所示。

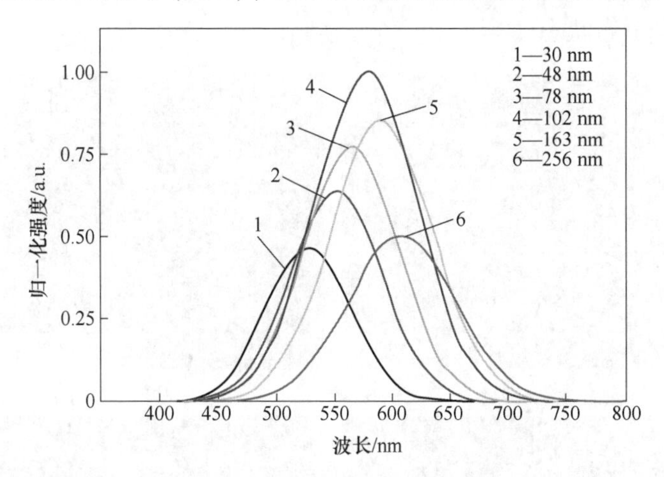

图 2-9 平均粒径分别为 30 nm、48 nm、78 nm、102 nm、163 nm 和 256 nm 的金纳米粒子等离子体共振吸收谱数值模拟计算结果

通过上述数值模拟计算结果可以看到，随着金纳米粒子半径的增大，金纳米粒子激发的等离子体共振吸收峰波长会红移，这与实验观测到的现象完全吻合。

2.4 TiO_2-NTAs 多元异质结纳米复合材料的制备及表征

2.4.1 Au/TiO_2-NTAs 异质结纳米复合材料的制备及表征

在 2.2 节制备得到 TiO_2 纳米管阵列（TiO_2-NTAs）薄膜后，Au/TiO_2-NTAs 异质结纳米复合材料的制备流程为：首先，通过真空磁控溅射系统在 TiO_2 纳米管阵列薄膜正面和背面各溅射一薄层金膜，溅射时间分别为 10 s、20 s、40 s 和 60 s，并在空气环境中蒸干；然后把沉积有金膜的 TiO_2 纳米管放置高温管式炉中退火处理。管式炉腔体内的升温速率为 10 ℃/min，当达到预设温度 400 ℃时，把沉积有金膜的 TiO_2 纳米管阵列薄膜手工移动到恒温区，退火 30 min 后，即可形成形貌可控、分布独立均匀的金纳米粒子修饰 TiO_2 纳米管阵列薄膜。

利用扫描电子显微镜（Hitachi，S-4800）对制备 Au/TiO_2-NTAs 纳米异质结复合材料的表面形貌表征，如图 2-10 所示。图 2-10（a）~（d）所示为，不同溅射时间（10 s、20 s、40 s 和 60 s）的金膜沉积在 TiO_2 纳米管的背面，经过 400 ℃

高温退火后所构筑的 Au/TiO_2-NTAs 纳米管异质结复合体系表面形貌。通过图 2-10 明显观察到，不同溅射时间的金膜经高温退火，在金膜热迁移和冷凝收缩张力作用下，使得 TiO_2 纳米管阵列薄膜的正面和背面均形成了形状规则的金纳米颗粒，且粒径随溅射时间增加而增大；最后，在溅射时间为 60 s 时，金纳米粒子的分布呈现连续分布状态。

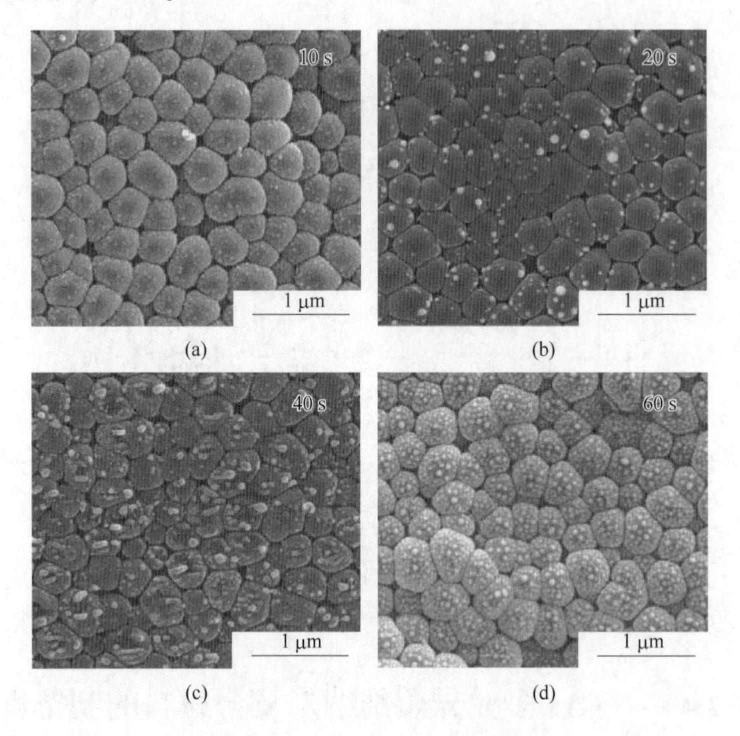

图 2-10 TiO_2 纳米管背面溅射不同时间金纳米粒子 SEM 图像

（a）10 s；（b）20 s；（c）40 s；（d）60 s

2.4.2 $Cu_2O/Au/TiO_2$-NTAs 异质结纳米复合材料的制备

在上述所制备的 Au/TiO_2-NTAs 复合结构的基础上，我们采用三电极电化学沉积法，制备 $Cu_2O/Au/TiO_2$-NTAs 三元异质结复合结构。

三电极电化学沉积技术可以提供对薄膜生长过程的精确控制，实现均匀性和一致性的沉积，并且适用于多组分和纳米结构的制备，在材料科学、电子学和能源等领域具有广泛的应用前景，其组成结构及工作原理如图 2-11 所示。三电极电化学沉积技术是一种在电化学过程中使用三个电极的技术，包括工作电极、参比电极和计数电极，其制备薄膜的特点主要包括：

（1）精确控制沉积过程：通过调节工作电极中的电位和电流密度，可以实现对沉积速率、成分和结构的精确控制。这使得人们能够在所需的条件下定向生长薄膜，并调控其性质和特征。

（2）均匀性和一致性：三电极电化学沉积技术可以实现均匀的薄膜沉积，使得薄膜在整个表面上具有一致的厚度和性质。这对于许多应用来说至关重要，特别是在微电子和光电子器件中。

（3）多组分薄膜的制备：通过控制工作电极和计数电极之间的电位差，可以实现多组分材料薄膜的制备。这种方法可以在同一薄膜中控制不同材料的沉积，形成复合材料或多层结构，从而实现特定功能或性能的优化。

（4）纳米结构的制备：三电极电化学沉积技术也可以用于制备纳米尺度的结构，如纳米线、纳米颗粒或纳米孔洞。通过调节沉积条件，可以控制纳米结构的尺寸、形状和分布，从而实现对其性质和应用的定制。

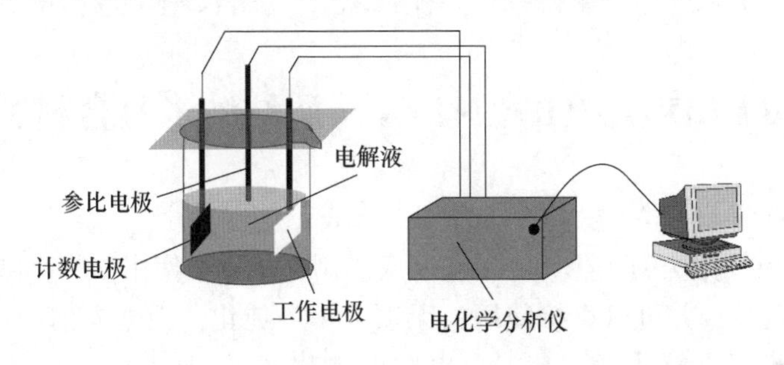

图 2-11 三电极电化学沉积构造及工作原理图

$Cu_2O/Au/TiO_2$-NTAs 三元异质结纳米复合材料的制备过程如下：为了对比光电化学性能，分别制备了 Cu_2O/TiO_2-NTAs 二元和 $Cu_2O/Au/TiO_2$-NTAs 三元异质结的复合材料，其具体制备流程如图 2-12 所示。上述二元和三元异质结样品的 Cu_2O 纳米颗粒电化学沉积，是在同一个三电极样品池中进行；该样品池中装有饱和 Ag/AgCl 溶液作为参比电极，Au/TiO_2-NTAs 和 TiO_2-NTAs 分别作为工作电极，Pt 片作为对电极。Cu_2O 纳米颗粒膜的电沉积溶液由 0.05 mol/L $CuSO_4$ 和 0.05 mol/L 柠檬酸组成，柠檬酸起到螯合剂作用，然后加入 4 mol/L NaOH 溶液，将电沉积溶液的 pH 值调节到 11。整个电沉积过程中，电沉积溶液保持在 60 ℃ 的恒定温度，通过磁力搅拌器不断搅拌。使用型号为 CHI660E 电化学工作站（CH Instruments Co. Ltd）的恒电位模式，相对参比电极 Ag/AgCl 施加恒定电位 −0.6 V。沉积时间分别设置为 20 s、40 s 和 80 s，以便沉积不同厚度的 Cu_2O 纳米颗粒薄膜。沉积结束后，将制备的样品用去离子水多次冲洗以去除表面上的残留沉积溶液，然后用氮气干燥。作为光学和光电化学性能表征的参考，通过电化学沉积法制备了 Cu_2O/TiO_2-NTAs 二元异质结，沉积时间为 20 s，其他实验参数与上述描述相同。为了获得更好晶相的 Cu_2O/TiO_2-NTAs 和 $Cu_2O/Au/TiO_2$-NTAs

异质结样品，将所制备的二元和三元异质结纳米复合材料样品在空气氛围中退火，退火温度为 450 ℃，升温和冷却速率为 10 ℃/min，退火时间为 30 min。

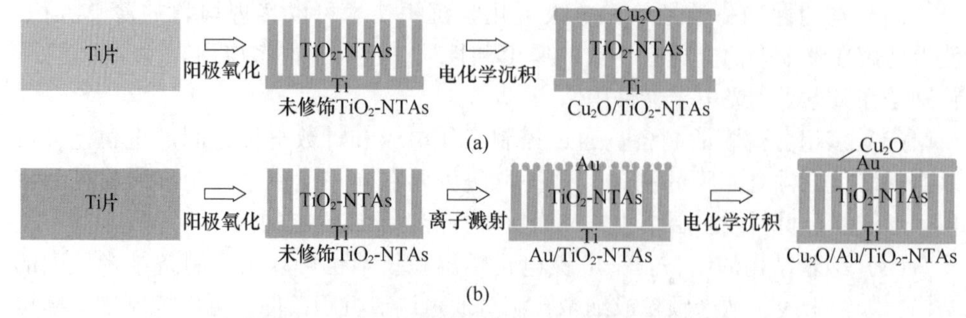

图 2-12　多元异质结纳米复合材料制备流程图

（a）Cu_2O/TiO_2-NTAs 二元异质结纳米复合材料；（b）$Cu_2O/Au/TiO_2$-NTAs 三元异质结纳米复合材料

2.5　m&t-$BiVO_4/TiO_2$-NTAs 异质结纳米复合材料的制备

m&t-$BiVO_4/TiO_2$-NTAs 制备过程如下所述：

（1）阳极氧化法制备 TiO_2-NTAs 基底。制备过程中使用的所有试剂和溶剂均从商业渠道购买，并可以直接使用，无须进一步纯化。根据先前的研究[30]，采用改进的两步阳极氧化工艺在混合电解液氟化铵（NH_4F）和乙二醇中制备了 TiO_2-NTAs 基底。这种方法具有实验简单、重复性好，有利于获得高度有序排列的 TiO_2-NTAs 和清洁平滑的顶部表面等显著优点。典型的制备过程如下：对尺寸为 10 mm×15 mm×0. 3 mm 的钛（Ti）片（纯度：99. 8%）使用不同粗细的砂纸进行抛光，并进行超声清洗。经过预处理的钛片在氢氟酸和硝酸（分析纯，体积比 1∶1）的混合液中浸泡 30 s，以进一步去除钛片表面的氧化膜，然后依次在超声浴中分别在丙酮、乙醇和去离子水中清洗 15 min，并最后在氮气流中干燥。电化学阳极氧化过程是在自制的两电极电解池中进行的（构造如图 2-11 所示），该电池与直流电源相连，以石墨片作为对电极，钛片作为工作电极，在室温（29 ℃）下进行。电解液由 NH_4F（0. 45%，质量分数）、乙二醇（98%，体积分数）和 2 g 去离子水组成，混合搅拌 1 h。为了有效去除表面杂质并方便地获得良好排列的纳米管阵列，钛片在电解液中以 60 V 的电压预先氧化 60 min，然后利用 30 s 的丙酮超声剥离刚制备的 TiO_2 纳米管膜，最后使用相同条件的新配置电解液以 60 V 的电压进行第二次阳极氧化，生长具有干净平滑顶部表面的自组织纳米管阵列。阳极氧化后，样品用乙醇洗涤，然后在氮气流中干燥，以备后续使用。

（2）水热法制备 m&t-$BiVO_4/TiO_2$-NTAs 异质结纳米复合材料。在整个实验中使用去离子水，通过简单的低温水热法将 $BiVO_4$ 纳米颗粒沉积在制备的 TiO_2-NTAs 表面。简要地说，按顺序将 2 mL 浓度为 0. 1 mol/L 的 $Bi(NO_3)_3 \cdot 5H_2O$ 和

2 mL 浓度为 0.1 mol/L 的 NH_4VO_3溶解在 19 mL 乙二醇中，然后加入 1 mL 浓度为 2.0 mol/L 的 HNO_3形成前驱体溶液。加入 HNO_3水溶液可以促进其他试剂的溶解，并使混合溶液呈酸性。通过缓慢加入氨水并用磁力搅拌器搅拌，将混合物调节为 pH 值分别为 2、5 和 8，以获得不同结晶相摩尔比的 m&t-$BiVO_4$。经过激烈搅拌 30 min 后，将得到的橙色透明前驱体溶液转移到一个 50 mL 的聚四氟乙烯内衬不锈钢高压釜中，并在 100 ℃下保持不同的水热沉积时间，分别为 5 h、10 h 和 20 h。在此过程中，预先制备的高度有序的 TiO_2-NTAs 通过自制的聚四氟乙烯样品支架垂直放置。作为光学和光电化学性能表征的参考，利用水热法制备了单一的 $BiVO_4$ 纳米颗粒薄膜。简要地说，将 0.2 mmol 的 $Bi(NO_3)_3 \cdot 5H_2O$、0.2 mmol 的 NH_4VO_3和 1 mL 浓度为 2.0 mol/L 的 HNO_3依次溶解在 19 mL 乙二醇中。使用氨水调节样品悬浮液的 pH 值为 5，然后激烈搅拌 30 min，将得到的透明悬浮液转移到 50 mL 聚四氟乙烯内衬不锈钢高压釜中，然后将预先准备的清洁 FTO（氟掺杂氧化锡）导电玻璃衬底垂直放置在混合溶液中，并保持在 100 ℃下水热沉积 10 h。制备的单一 m&t-$BiVO_4$ 薄膜和 m&t-$BiVO_4/TiO_2$-NTAs 纳米复合材料的样品经去离子水清洗后，在氮气流中干燥。为了得到内在缺陷态和期望的晶体相，同时也为防止 t-$BiVO_4$的晶体结构在退火温度高于 500 ℃过程中转变为 m-$BiVO_4$，退火温度的选择必须经过慎重考虑。本书选择将所制备的样品在干燥空气氛围中经过 450 ℃的退火处理，升温速率和冷却速率均为 10 ℃/min，持续时间为 30 min。制备流程图如图 2-13 所示。

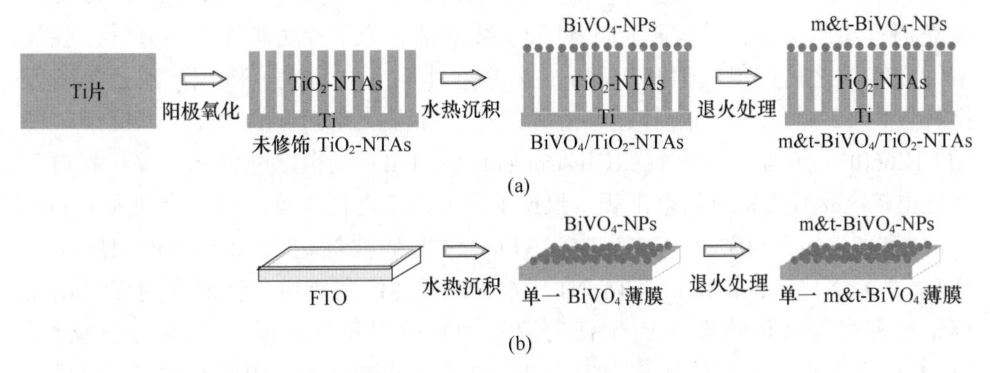

图 2-13 m&t-$BiVO_4/TiO_2$-NTAs 异质结纳米复合材料（a）和单一 m&t-$BiVO_4$薄膜（b）制备流程图

2.6 MoS_2/TiO_2-NTAs 异质结纳米复合材料的制备

MoS_2/TiO_2-NTAs 制备过程如下所述：

(1) 阳极氧化法制备 TiO_2-NTAs 基底。采用改进的两步法阳极氧化法在

NH_4F 和乙二醇混合电解液中合成了具有清洁顶部表面的高度有序排列的 TiO_2 纳米管阵列基底，其具有与之前研究描述相似的表面形貌[30]。典型的制备过程如下：采用纯度为99.8%的钛（Ti）片（厚度为0.3 mm，规格为30 mm×15 mm）进行机械抛光，然后在HF和HNO_3（体积比为1∶1）的混合液中进行化学蚀刻，以进一步去除表面的氧化膜，然后依次在丙酮、乙醇和去离子水的超声浴中分别清洗15 min，并在氮气流中干燥至电解之前。电化学阳极氧化在室温（30℃）下在自制的双电极电池中进行，以石墨片作为对电极，钛箔作为工作电极。电解液由 NH_4F（0.45%，质量分数）、乙二醇（98%，体积分数）和 2 g 去离子水组成，混合搅拌 1 h。阳极化电压从0 V逐渐增加到60 V，增加速率为1 V/s。为了有效减少表面缺陷并有助于生长排列有序的纳米管阵列，将钛片在 60 V 下预阳极化60 min，然后在丙酮中超声剥离氧化膜，最后在相同条件下使用新鲜的电解液再次进行60 V下30 min的阳极化，以生长具有清洁顶部表面的自组织纳米管阵列。阳极氧化后，样品用乙醇洗涤，然后在氮气流中干燥。

（2）电化学沉积法制备 MoS_2/TiO_2-NTAs 异质结纳米复合材料。MoS_2 纳米带（MoS_2-NBs）修饰在 TiO_2-NTAs 表面的过程如图 2-14 所示。采用电化学沉积法在三电极电池中构建 MoS_2/TiO_2-NTAs 异质结。该电池配置为：参比电极为 Ag/AgCl 电极，工作电极为未修饰 TiO_2-NTAs，对电极为 Pt 板。沉积溶液由 0.1 mmol/L 的 $(NH_4)_2MoS_4$ 溶液（pH=5.0 的 Na_2SO_4 缓冲液）和 0.1 mmol/L 的 CH_3OH 溶液组成；利用 $(NH_4)_2MoS_4$ 作为前驱体和 CH_3OH 溶液作为空穴捕获剂，还原 MoS_4^{2-} 阴离子来制备 MoS_2 纳米带。为了除去溶液中的氧气，脱气溶液在实施之前用氮气饱和 30 min。在整个电沉积过程中，沉积溶液通过磁力搅拌器以 1200 r/min 的搅拌速率持续搅拌，并保持在固定的 300 K 温度下。使用 CHI660E 电化学工作站（CH Instruments Co. Ltd）的恒定电位-0.5 V（相对于参比电极 Ag/AgCl）进行电沉积。根据不同的恒定电位持续时间，分别为 1 min、2 min 和 5 min，得到的 MoS_2/TiO_2-NTAs 异质结被标记为 MoS_2/TiO_2-NTAs-1、MoS_2/TiO_2-NTAs-2 和 MoS_2/TiO_2-NTAs-5。沉积过程完成后，将形成的样品用去离子水多次冲洗以去除表面的任何溶液，然后用氮气干燥。此外，光电化学（PEC）性能的结果表明 MoS_2/TiO_2-NTAs-2 样品是最好的，因此它被用作典型的表征样品。

图 2-14 MoS_2/TiO_2-NTAs 异质结纳米复合材料制备流程图

最后，作为光学性能和 PEC 性能表征的参照样品，采用电化学阳极氧化法制备了未修饰 TiO_2 纳米管阵列，持续时间为 60 min，其他实验参数与上述相同。为了获得更多内在的缺陷态和所需的 MoS_2/TiO_2-NTAs 异质结纳米复合材料的晶体相，将制备好的样品在干燥空气中的管式炉中退火（图 2-15），退火温度为 450 ℃，升温和冷却速率均为 10 ℃/min，持续时间为 30 min。

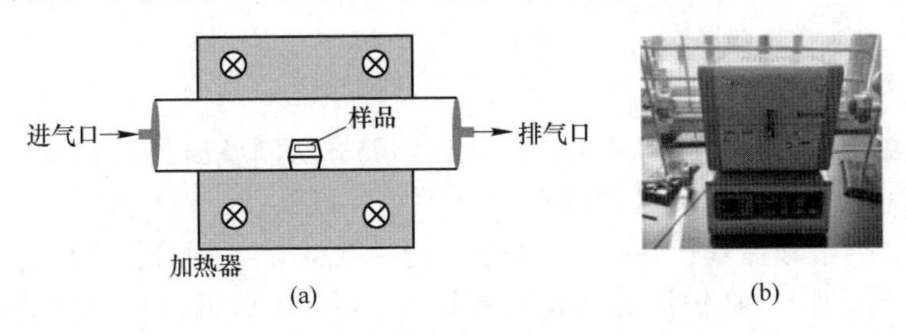

图 2-15 管式炉示意图（a）和实物图（b）

本章主要介绍了局域表面等离子体共振特性（LSPR）在贵金属纳米粒子和 TiO_2 纳米管阵列薄膜中的应用，以及 TiO_2 基异质结纳米复合结构在光催化领域的重要性。通过调节贵金属纳米粒子的粒径和形状，可以实现对表面等离子体共振光吸收峰的调节，从而增强金纳米粒子修饰的 TiO_2 纳米管阵列薄膜的可见光波长范围内的光电化学活性。传统的 TiO_2 光催化剂存在光电化学活性低和不能有效吸收可见光的缺点。利用 TiO_2 基异质结纳米复合结构的内建电场可以有效抑制光生载流子的复合，提高光催化效率。TiO_2 基异质结纳米复合材料结合了纳米材料和不同带隙半导体光吸收的优势，因此在环境污染治理领域得到快速发展。

本章通过真空磁控溅射方法制备了不同粒径的金纳米粒子，并利用紫外-可见光吸收谱确定了不同粒径金纳米粒子的表面等离子体共振吸收峰。然后，通过电化学腐蚀法制备了具有不同孔径的 TiO_2 纳米管阵列薄膜。最后，利用三电极电化学沉积法和水热法构建了 $Cu_2O/Au/TiO_2$-NTAs、m&t-$BiVO_4/TiO_2$-NTAs 和 MoS_2/TiO_2-NTAs 异质结纳米复合材料。综上所述，本章的实验结果表明，通过调节金纳米粒子和 TiO_2 纳米管阵列薄膜的结构和组成，可以实现对光电化学活性的增强。这为进一步开发高效可见光催化剂以解决能源和环境危机提供了有益的思路和方法。

3 $Cu_2O/Au/TiO_2$-NTAs 异质结纳米复合材料

在第 2 章中，已经介绍利用物理和化学的方法制备出了表面等离子体共振吸收峰在可见光区域连续可调的金纳米颗粒，以及 Au/TiO_2-NTAs 异质结复合体系的制备方法和流程，并基于简便的三步制备方法，通过在高度有序的 TiO_2 纳米管阵列（TiO_2-NTAs）上电沉积一个 Cu_2O 层，成功合成了 $Cu_2O/Au/TiO_2$-NTAs 三元异质结纳米复合材料。本章采用透射电子显微镜和扫描电子显微镜、X 射线衍射、紫外可见光吸收光谱、拉曼散射和 X 射线光电子能谱对所制备样品的结构、表面形貌、化学组成、光学性质和固有缺陷进行了表征。此外，提出了 $Cu_2O/Au/TiO_2$-NTAs 三元异质结纳米复合材料的自洽电荷转移机制，即 Z 方案和通过 Au 纳米颗粒介导的带间跃迁，这一机制通过以 266 nm 和 400 nm 激发的纳秒时间分辨瞬态光致发光光谱进行了评估。根据该方案，详细阐述了 $Cu_2O/Au/TiO_2$-NTAs 三元异质结纳米复合材料对水溶液中甲基橙的光降解催化活性。

3.1 引言

在过去几十年中，随着经济发展，环境污染日益严重，威胁到生态环境的平衡，这是传统化石能源的不充分燃烧引起的。自 1972 年藤岛（Fujishima）和本田（Honda）宣布[44]，在紫外辐射下使用 TiO_2 电极进行光电化学水分解时，可以产生氢气，基于半导体的光电化学技术便因其操作方便、反应条件温和且无二次污染的特点，受到了人们的广泛关注，用于分解染料和挥发性有机化合物，直接利用太阳能将有机污染物转化为无机矿物形式的 H_2O 和 CO_2[45]。值得注意的是，由于 TiO_2 低成本、无毒性、物理化学性质稳定性和抗光腐蚀特性[46]，已被证实是光氧化降解有害有机化合物的理想材料。然而，单一 TiO_2 的固有缺点是不可避免的，包括量子产率低以及光子诱导的 e^--h^+ 对的快速复合[47]。具体而言，自组织 TiO_2 纳米管阵列（TiO_2-NTAs）的光电化学活性被证明优于其块状材料，这归因于其具有的大比表面积和纳米管状结构带来的垂直电子传输[48]。然而，锐钛矿 TiO_2-NTAs 的宽带隙相当于在太阳光谱中利用不到 5%的能量，而可见光占总能量的 43%～46%[49]。显然，单组分光电化学（PEC）光电极材料的尴尬之处在于强大的氧化还原能力与充足的光响应之间的不匹配。因此，人们付出了相当大的努力来扩展 TiO_2-NTAs 的可见光吸收能力并增强光诱导的 e^--h^+对的氧化还原能力，如使用窄带隙（NBG）半导体进行敏化，掺杂过渡金属离子，并制备具有缺陷特性的纳米结构。在前述各种策略中，通过将 TiO_2-NTAs 与 CdS、CdSe、CdTe 和 Cu_2O[50-53] 等 NBG 半导体耦合形成异质结纳米复合材料，已受到相当高的关注，因为这有助于提高电荷分离效率并整合每个组分的优势。此外，传统的Ⅱ型异质结纳米复合材料可能具有不同的光响应范围，有利于捕获更大部分的太阳光谱[54-55]。

值得注意的是，基于 Cd 的化合物具有高毒性，如果没有适当回收处理可能会对环境造成严重影响。在窄带隙半导体中，氧化亚铜（Cu_2O）是一种本征 P 型直接带隙半导体，具有立方晶体结构，在室温下的带隙能量为 1.9~2.2 eV[56]，因其几个固有优点而成为有望用于敏化 TiO_2 的 PEC 候选材料，如环境友好、地球上丰富存在、出色的可见光吸收能力[57]以及与 TiO_2适当的带隙对齐。因此，Cu_2O 广泛应用于电致变色、气体传感、水分解产氢、PEC 有机污染物降解[58-60]等领域。因此，许多文献已经证明 Cu_2O/TiO_2异质结构的光催化活性可以提高，原因如下：（1）修饰了 Cu_2O 纳米粒子的 TiO_2-NTAs 的吸收光谱，从紫外光扩展到可见光范围；（2）Cu_2O/TiO_2异质结界面的内建电场比单一半导体材料的更大，从而降低了光激发的 e^--h^+对的复合速率。此外，已经广泛证明，管状纳米结构的高纵横比有利于吸附更多的氧分子（O_2），可以清除光生 CB 电子（e^-_{CB}），产生更多的超氧阴离子自由基（$\cdot O_2^-$），增强 Cu_2O/TiO_2 纳米复合材料的光催化降解能力。（3）由于 Cu_2O 和 TiO_2-NTAs 之间的能带结构匹配，Cu_2O/TiO_2-NTAs 的导带（CB）和价带（VB）均高于 TiO_2-NTAs，有利于光诱导电子从激活的 Cu_2O 的 CB 迅速转移到 TiO_2-NTAs 的 CB 中。同时，这两种半导体中的光生空穴发生相反的转移路径，即光诱导的空穴积累在 Cu_2O 的 VB 上。然而，这些优点以 Cu_2O/TiO_2纳米复合材料的氧化还原能力为代价，光生空穴会将 Cu^+氧化为 Cu^{2+}，这表明光腐蚀可能导致内建电场驱动力的减弱[61-63]。因此，构思和实施创新的纳米结构 PEC 材料，以实现高可见光吸收和低复合的电荷分离，变得极其重要和紧迫。

贵金属纳米颗粒嵌入的纳米结构，即半导体-金属-半导体（S-M-S）三元异质结纳米复合材料，由于其优异的电荷分离能力和强大的氧化/还原能力，引入了 Z 方案[64]和局域表面等离子体共振（LSPR）增强电荷转移机制到异质结构设计中[65]，因此在 PEC 应用中引起了广泛关注。同时，等离子体金属的 LSPR 可以改善光吸收和散射特性[66-67]，分别源于等离子体-激子耦合和局部介电环境的变化。正如在代表性报告中，Aguirre 等人[68]已经证明 Cu_2O/TiO_2二元异质结构通过直接的 Z 体系的电荷转移过程，展现出改进的 CO_2光还原性能。然而，Li 等人[69]合成了 TiO_2-Au-Cu_2O 三元异质结纳米复合材料作为光催化剂，结果显示，在模拟太阳光照射下其对 H_2产生和 CO_2光还原的 PEC 性能，比单一 Cu_2O 和二元 Cu_2O/TiO_2纳米复合材料更高。显然，Au 纳米粒子嵌入三元体系的电荷分离和氧化还原能力，更加优于二元异质结构，这源于 Z 体系电子的高效电荷转移过程和 LSPR 效应。还应注意，贵金属纳米粒子的修饰，可以通过直接的等离子体诱导电子转移或时间分辨光致发光的辐射共振能量转移，显著增强 TiO_2缺陷态发射的光致发光光谱强度[70-71]。

有研究人员在 TiO_2 纳米材料光催化性质中引入缺陷态，尤其是氧空位（Oxygen Vacancy，V_O）[72]，不仅能够使得 TiO_2的光响应波段从紫外光扩展到可见光，甚至可以扩展到红外波段[73]。然而，还有一些研究者认为，TiO_2纳米材料中引入的 V_O 缺陷态能级位于 TiO_2的 CB 与 VB 之间，充当了光生电子-空穴对复合中心的作用，并且电子在这些位置处的移动速率减慢，这样的话，也就会降低 TiO_2的光催化活性[74]。为了克服这一缺陷，目前比较流行的解决策略是在 TiO_2纳米材料表面沉积贵金属纳米粒子，包括 Pt[75]、Pd[76]、Au[77]和 Ag[78]，这些贵金属纳米粒子的沉积有利于光生电子-空穴对的有效分离，进而增强了 TiO_2纳米材料光催化的表面活性。这种金属-半导体构成的复合结构，可在金属半导体接触面之间形成肖特基（Schottky）纳米异质结，使得金属与半导体费米能级平衡态出现，由此可以抑制光生载流子的复合过程，增强复合体系的光催化活性。通过钛片阳极氧化法制备得到的 TiO_2纳米管阵列薄膜，以其独特新颖的钛基底捆束状纳米管微结构，以及高的表面体积比和相对精准的形貌控制，得到人们的广泛关注。显然可以预见，贵金属纳米粒子修饰的 TiO_2纳米管阵列薄膜构成的异质结复合体系符合前文提及的异质纳米复合结构的设计理念，是一种较为理想的光电化学活性材料。

在第 2 章，通过 Au-NPs 掺杂 TiO_2-NTAs 薄膜的方法，构筑了 Au/TiO_2-NTAs 纳米管异质结复合结构。Au-NPs 在 TiO_2-NTAs 半导体表面的沉积，能够抑制光生 e^--h^+对复合，进而实现光电化学活性提升的效果。并且，纳秒时间分辨瞬态光致发光光谱的蓝移现象也充分证实这一点。到目前为止，鲜有对 Au-NPs 在 Au/TiO_2-NTAs 半导体复合材料界面，光生载流子复合与分离竞争机理进行深入探讨的报道，这是本章将要解决的问题。利用稳态和瞬态光致发光光谱方法，分析了 Au-NPs 对复合异质结光致发光的影响，讨论了光生载流子分离与复合过程机理，得到了 Au-NPs 修饰的 TiO_2-NTAs 异质结紫外光辐照界面电荷转移的规律。

对第 2 章所合成 $Cu_2O/Au/TiO_2$-NTAs 三元异质结纳米复合材料，通过紫外-可见光吸收光谱、X 射线衍射（XRD）、拉曼光谱（Raman）、X 射线光电子能谱（XPS），对其光学和化学成分进行了表征。制备的 $Cu_2O/Au/TiO_2$-NTAs 三元异质结纳米复合材料，相比于未修饰的 TiO_2-NTAs 和 Cu_2O/TiO_2-NTAs 二元异质结纳米复合材料，在紫外-可见光照射下对 MO 的光催化降解活性明显提升；同时，它们的 PEC 性能，可通过光电流密度响应（安培法 I-t 曲线）、开路电压与时间曲线（V_{oc}-t 曲线）和电化学阻抗谱（EIS）测量进行测试表征。据我们所知，基于Z方案的电荷转移（CT）机制的有效性，由于缺乏直接证据而存在争议。然而，本章的结果在支持 $Cu_2O/Au/TiO_2$-NTAs 三元异质结纳米复合材料的Z体系电荷转移过程，与带间跃迁光诱导界面电荷转移动力学方面提供了进一步的实验证据。同时，作者发现近带边发射（NBE）和固有缺陷态发射的辐射复合光致发光相关，可通过由 266 nm 和 400 nm 飞秒激光源激发的纳秒时间分辨瞬态光致发光（NTRT-PL）光谱得到验证。

3.2 $Cu_2O/Au/TiO_2$-NTAs 异质结纳米复合材料的形貌及组分表征

3.2.1 形貌表征

本节通过 SEM 和 TEM 对未修饰的 TiO_2-NTAs、Au/TiO_2-NTAs、Cu_2O/TiO_2-NTAs 二元异质结，以及不同 Cu_2O 纳米颗粒沉积时间（20 s、40 s 和 80 s）的 $Cu_2O/Au/TiO_2$-NTAs 三元异质结纳米复合材料的表面形貌和横截面特征进行了表征，如图 3-1 所示。图 3-1（a）为未修饰 TiO_2-NTAs 的顶视 SEM 图像，可以清楚地观察到所制备 TiO_2-NTAs 为壁厚约为 10 nm、孔径小于 60 nm、顶端开口的纳米管状。图 3-1（a）上方插图是 TiO_2-NTAs 横截面形貌的 SEM 图像，清晰展示了所制备 TiO_2-NTAs 高度有序排列，同时垂直定向的生长长度约为 1 μm；下方插图是单根纳米管的 TEM 图像，显示外径约为 60 nm，与顶视 SEM 所观察纳米管直径大小基本一致。图 3-1（b）展示了 Au-NPs 沉积在 450 ℃ 热处理后的 TiO_2-NTAs 薄膜的形貌，清楚显示所制备 Au-NPs 的粒径小于 50 nm，这有可能是由于单一连续 Au-NPs 薄膜的热迁移和重新凝结。正如后面将讨论的，Au 颗粒在 TiO_2-NTAs 薄膜表面的修饰在增强界面电荷转移过程中起到关键作用。图 3-1（c）展示了经过 450 ℃ 热处理后，在 Cu_2O 沉积时间为 40 s 的情况下，Cu_2O/TiO_2-NTAs 异质结纳米复合材料的顶视 SEM 图像。由于 Cu_2O 的沉积，Cu_2O/TiO_2-NTAs 样品的表面变得更加粗糙。在一些区域，Cu_2O 颗粒簇形成在 TiO_2 纳米管口的入口处。图 3-1（c）的插图展示了 Cu_2O/TiO_2-NTAs 的横截面形貌，展示了多面体 Cu_2O 和 TiO_2-NTAs 的分级结构，这证明成功合成了 Cu_2O/TiO_2-NTAs 异质结纳米复合材料。图 3-1（d）~（f）分别呈现了经过 450 ℃ 热处理后，Cu_2O 沉积时间从 20 s 增加到 80 s 的 $Cu_2O/Au/TiO_2$-NTAs 异质结纳米复合材料的顶视 SEM 图像。可以清晰地观察到沉积的 Cu_2O 颗粒填充了纳米管阵列的间隙，并且随着电沉积时间的增加，Cu_2O 膜的厚度增加。

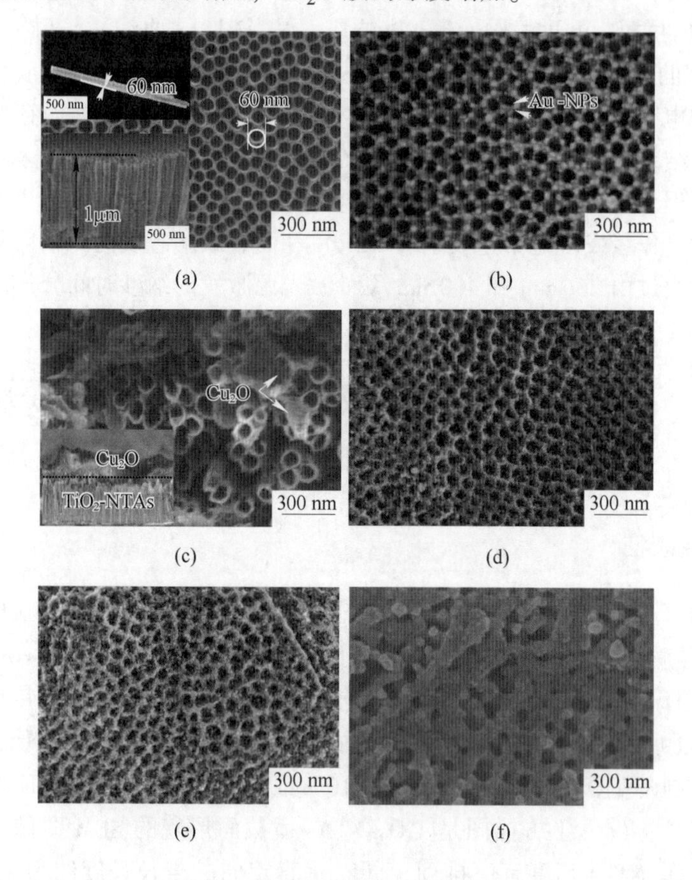

图 3-1　所制备样品的形貌表征

（a）TiO_2-NTAs 的顶视 SEM 图像；（b）Au/TiO_2-NTAs 的顶视 SEM 图像；

（c）Cu_2O/TiO_2-NTAs 的顶视 SEM 图像；（d）~（f）不同 Cu_2O 沉积时间（20 s、40 s 和 80 s）$Cu_2O/Au/TiO_2$-NTAs 的顶视 SEM 图像

为了研究沉积时间为 40 s 的 $Cu_2O/Au/TiO_2$-NTAs 三元异质结纳米复合材料的界面形貌，进行了高分辨透射电子显微镜（HRTEM）成像，如图 3-2 所示。HRTEM 图像展示了特征晶格间距分别为 0.23 nm、0.25 nm 和 0.35 nm，分别对应于 Au 的（111）晶格面[80]、Cu_2O 的（111）晶格面[81]和 TiO_2 的（101）晶格面[82]，这为 $Cu_2O/Au/TiO_2$-NTAs 纳米复合材料之间的良好接触提供了直接证据。根据尺寸分布，明显观察到 Cu_2O 颗粒的平均厚度为 10 nm，Au 颗粒的平均直径为 17 nm。同时，在异质结的界面上看不到其他元素的存在。

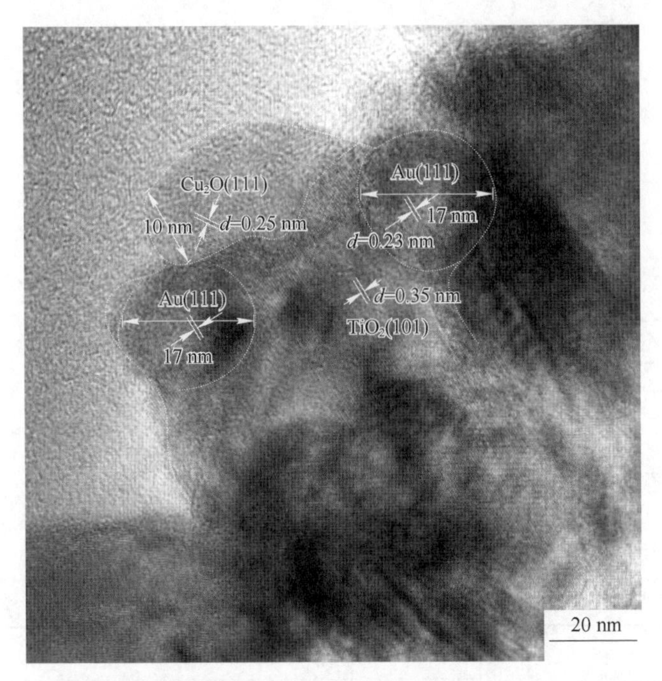

图 3-2 Cu_2O 沉积时间为 40 s 的 $Cu_2O/Au/TiO_2$-NTAs 三元异质结界面的 HRTEM 图像

3.2.2 组分表征

为了计算不同 $Cu_2O/Au/TiO_2$-NTAs 三元异质结纳米复合材料中 Au-NPs 的真实含量或摩尔比，采用了表面敏感、非破坏性和标准分析方法 EDXRF 来确定 Ti、Au 和 Cu 的质量分数。图 3-3 展示了 Au/TiO_2-NTAs 和不同量的 Cu_2O 催化剂的 $Cu_2O/Au/TiO_2$-NTAs 纳米复合材料的能量色散 X 射线荧光光谱（EDXRF）。在所有样品中都清楚地观察到位于 2.12 keV 和 9.71 keV 的两个峰，这些峰源自 Au 的 M_α 和 L_α 发射线的激发[83]。同时，在所有样品中出现了位于 4.51 keV 和 4.93 keV 的两个峰，分别对应于 Ti 的 K_α 和 K_β 发射线[83]。而位于相对较高光子能量处（即以 8.04 keV 和 8.91 keV 为中心），激发了两个峰，分别对应于 Cu 的 K_α 和 K_β 发射线[82]。光谱中没有检测到其他元素，结果表明 Au 和 Cu 成功加载到了 TiO_2-NTAs 上。

根据测量强度与元素浓度之间的直接比例关系，采用基于基本参数法的 UniQuant 软件对 Au/TiO_2-NTAs 和不同量的 Cu_2O 的 $Cu_2O/Au/TiO_2$-NTAs 纳米复合材料进行定量分析，见表 3-1。从表 3-1 可以看出，Cu 元素的特征 K 线强度随着 Cu 沉积含量的增加而增加。因此，随着 Cu 沉积量的增加，Ti 和 Au 的特征峰强度和质量分数减小。$Cu_2O/Au/TiO_2$-NTAs 三元纳米复合材料的不同比例对 PEC 性能产生影响，这将在 3.6 节讨论。

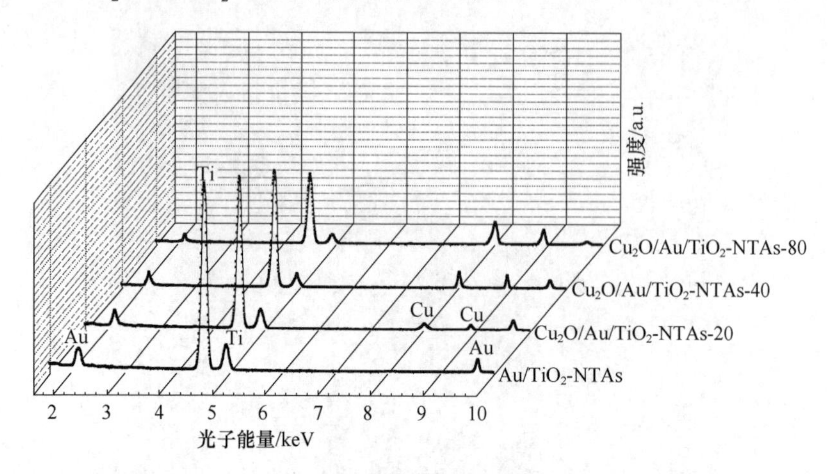

图 3-3 Au/TiO_2-NTAs 和不同 Cu_2O 沉积时间（20 s、40 s 和 80 s）$Cu_2O/Au/TiO_2$-NTAs 的 EDXRF 谱图

表 3-1 所制备样品的定量分析

样品	含量（质量分数）/%		
	Cu	Ti	Au
Au/TiO_2-NTAs	—	90.71	6.75
$Cu_2O/Au/TiO_2$-NTAs-20	4.36	86.75	4.98
$Cu_2O/Au/TiO_2$-NTAs-40	7.88	81.23	3.21
$Cu_2O/Au/TiO_2$-NTAs-80	14.63	71.36	1.23

在光降解反应之前和之后，通过 XRD 检查了制备的 Cu_2O/TiO_2-NTAs 和 $Cu_2O/Au/TiO_2$-NTAs（Cu_2O 沉积时间为 20 s）的晶体结构和组成，如图 3-4 所示。图 3-4（a）展示了 Cu_2O/TiO_2-NTAs 在光降解前的锐钛矿 TiO_2（JCPDS 197921-1272）衍射峰，位于 25.67°、37.89°、53.97°和 62.82°，对应于（1，0，1）、（0，0，4）、（1，0，5）和（2，0，4）晶格面，用符号“▼”标记。同时，通过散射角（2θ）为 42.41°和 70.03°的衍射峰，确定了立方相 Cu_2O 的存在，这些峰被标记为（2，0，0）和（3，1，0）的 Cu_2O 晶面，用符号“■”表示［JCPDS 65-3288］。与光降解反应前的 Cu_2O/TiO_2-NTAs 样品相比，如图 3-4（c）所示，光降解反应后的样品中除了来自 CuO（JCPDS 80-1916）的衍射信号外，没有检测到其他衍射峰，这些信号位于 46.23°和 48.68°，分别对应于（-1，1，2）和（-2，0，2）晶面，用符号“◆”标记。可以认为 CuO 的形成源于 Cu_2O 的光腐蚀，与 h_{VB}^+ 有关，即 $Cu^+ + h^+ \rightarrow Cu^{2+}$[84]。图 3-4（b）和（d）展示了 Cu_2O 沉积时间为 20 s 的 $Cu_2O/Au/TiO_2$-NTAs 异质结纳米复合材料在光降解反应

前后的 XRD 谱图。图 3-4（b）和（d）的衍射峰位置完全相同，分别位于 25.67°、37.89°、44.33°、52.56°、62.13° 和 65.76°。显然，锐钛矿相 TiO_2（2θ=25.67°、37.89°和 62.13°）和立方相 Cu_2O（2θ = 52.56°和 65.76°）通过 JCPDS 197921-1272 和 JCPDS 65-3288 进行了确认。在 44.33°处还可以明显观察到一个标有“●”的补充峰，与沉积的贵金属的预期位置相匹配，可以明确地归属于 Au NPs（JCPDS 04-0784）的（2，0，0）晶面，强烈地表明成功合成了 $Cu_2O/Au/TiO_2$-NTAs 三元异质结纳米复合材料。在光降解反应之前和之后的 XRD 谱图中，Cu^{2+}的衍射峰没有明显区别，这表明 Cu_2O 的晶体结构在 $Cu_2O/Au/TiO_2$-NTAs PEC 反应过程中是稳定的。

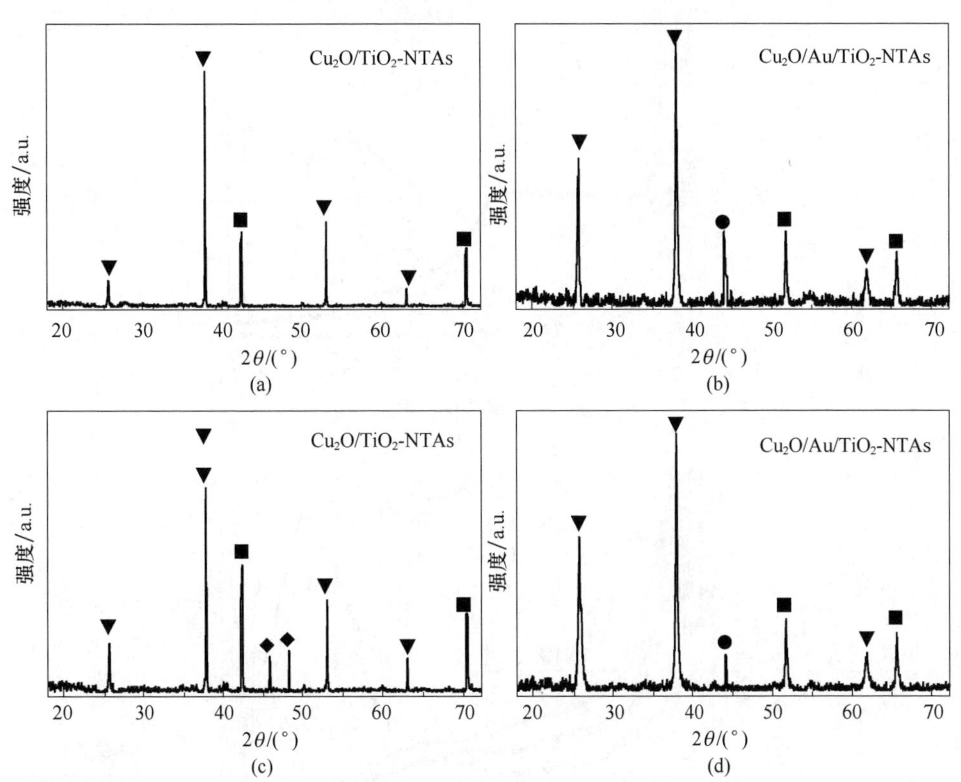

图 3-4　Cu_2O/TiO_2-NTAs 和 $Cu_2O/Au/TiO_2$-NTAs 的 XRD 谱图

（Cu_2O 沉积时间为 20 s）

（a）（b）光降解反应前；（c）（d）光降解反应后

为了检测制备样品的吸收光谱并确定其带隙，进行了紫外-可见光吸收光谱测试，结果显示在图 3-5 中。图 3-5（a）展示了经过 450 ℃ 热处理后未修饰 TiO_2-NTAs 和单一 Cu_2O-NPs（在石英玻璃衬底上电化学沉积 40 s 制备）的光吸收特性以及相应的带隙能量（插图）。明显可见，未修饰 TiO_2-NTAs 的吸收边缘出现在 400 nm 处，而单一 Cu_2O-NPs 的吸收边缘位于 558 nm 处。

为了计算带隙能量，使用以下方程式计算 TiO_2 和 Cu_2O 半导体的带隙能量[84]：$(\alpha h\nu)^{1/n} = A(h\nu - E_g)$，其中 α 为吸收系数，h 为普朗克常数，ν 为光子频率，$h\nu$ 为入射光能量，E_g 为带隙能量，A 为比例常数。同时，n 的取值取决于半导体的跃迁特性，对于间接跃迁半导体，n 取2；对于直接跃迁半导体，n 取 1/2。由于 TiO_2-NTAs 和 Cu_2O 都属于直接跃迁半导体，所以 n 取 1/2[85-86]。因此，切线与光子能量轴的截距可以很好地近似给出样品的带隙能量。计算得到的 TiO_2-NTAs 和 Cu_2O 的带隙能量（E_g）分别为 3.1 eV 和 2.2 eV，与吸收边缘相一致。

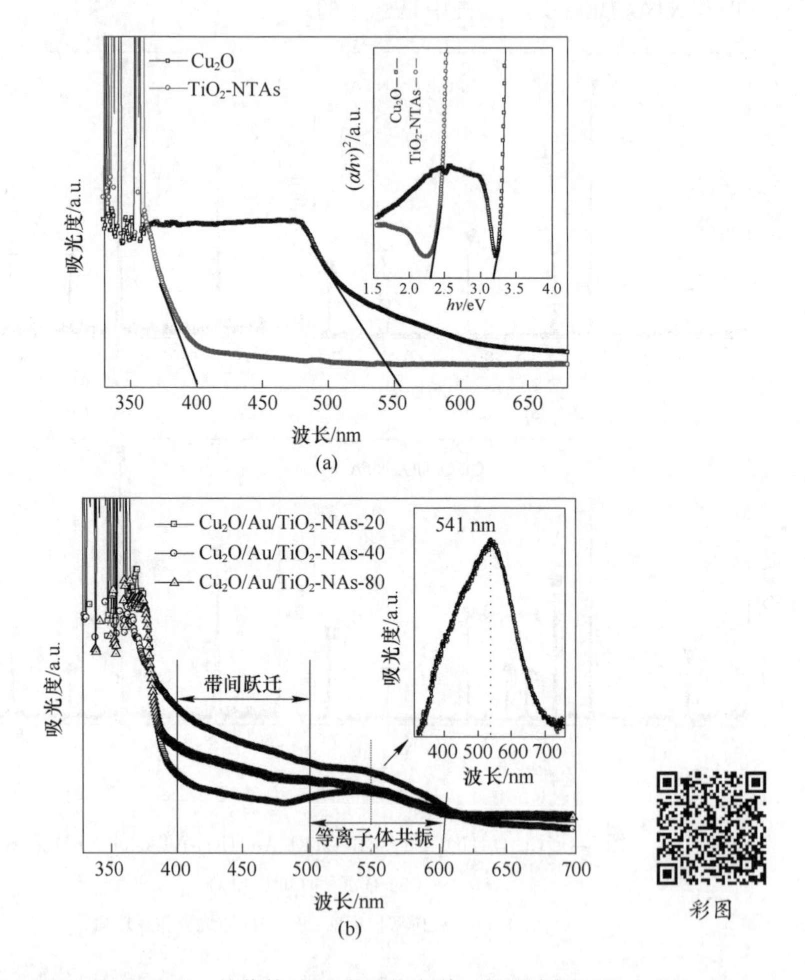

图 3-5 TiO_2-NTAs 和 Cu_2O-NPs 的紫外-可见光吸收光谱（插图来源于 Tauc 图）(a)及不同 Cu_2O 沉积时间 $Cu_2O/Au/TiO_2$-NTAs 的吸收光谱（插图显示了在 450 ℃退火 30 s 时沉积在玻璃上的 Au-NPs 的 LSPR 峰）(b)

为了探索在 Au 纳米颗粒存在下制备样品的光学性质和高能电子的起源，在图 3-5（b）中还提供了相应异质结薄膜的紫外-可见光吸收光谱。可以观察到与单个半导体相比，三元 $Cu_2O/Au/TiO_2$-NTAs 异质结的可见吸收区域得到了扩展。同时发现，所有的三元 $Cu_2O/Au/TiO_2$-NTAs 纳米复合材料的光谱形状均由两个部分组成，分别位于 400~500 nm 和 500~600 nm，这些光谱起源于介带跃迁和具有约 50 nm 尺寸的 Au 纳米颗粒的局域表面等离子体共振（LSPR）[87-88]。Au 纳米颗粒的吸收光谱显示在 541 nm 波长处具有 LSPR 的最大值，这表明 Au 纳米颗粒之间存在良好的分散状态，如图 3-5（b）插图所示。当 $Cu_2O/Au/TiO_2$-NTAs 纳米复合材料中的 Cu_2O 沉积时间从 20 s 增加到 40 s 时，吸收强度随着 Cu_2O 沉积时间的增加而增加，这表明形成三元纳米复合材料有利于光能收集。然而，当 $Cu_2O/Au/TiO_2$-NTAs 纳米复合材料中的 Cu_2O 沉积时间从 40 s 增加到 80 s 时，吸收强度却减小，这可能是因为过多的 Cu_2O 沉积阻碍了 Au 纳米颗粒的激发吸收。

众所周知，X 射线光电子能谱（XPS）分析是一种检测化学和电子结构的有效工具。通过高分辨率 XPS（HP+PS）光谱进一步研究 $Cu_2O/Au/TiO_2$-NTAs 异质结纳米复合材料中与氧相关的内在缺陷和组成，如图 3-6 所示。图 3-6（a）展

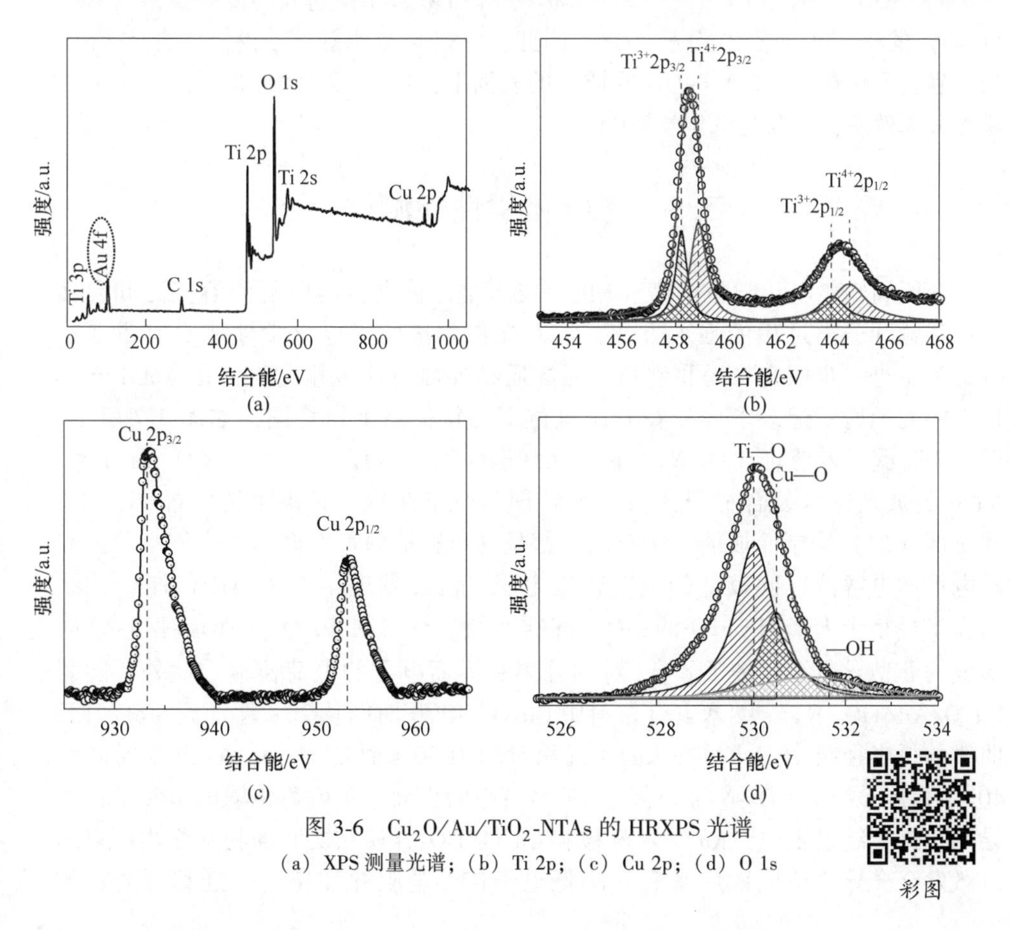

图 3-6 $Cu_2O/Au/TiO_2$-NTAs 的 HRXPS 光谱
（a）XPS 测量光谱；（b）Ti 2p；（c）Cu 2p；（d）O 1s

示了 $Cu_2O/Au/TiO_2$-NTAs 纳米复合材料的全谱，清晰地显示了 Ti、Au、Cu 和 O 元素的存在。由于仪器操作或样品制备中引入了外部碳，可以观察到少量的 C 元素。图 3-6（b）展示了制备的 $Cu_2O/Au/TiO_2$-NTAs 样品中 Ti 2p XPS 光谱的拟合结果。在减去非弹性背景后，需要两个双峰来拟合 Ti 2p 信号。Ti 2p 光谱被分解为两个部分，即来自 Ti^{4+} 和 Ti^{3+} 的成分，包括 Ti^{4+} $2p_{3/2}$、Ti^{3+} $2p_{3/2}$、Ti^{4+} $2p_{1/2}$ 和 Ti^{3+} $2p_{1/2}$。不同的结合能（BE）值对应于 Ti 原子的不同氧化态，BE 峰位在 458.1 eV、458.8 eV、463.8 eV 和 464.4 eV 分别归属于 Ti^{2+} 的 Ti^{3+} $2p_{3/2}$、Ti^{4+} $2p_{3/2}$、Ti^{3+} $2p_{1/2}$ 和 Ti^{4+} $2p_{1/2}$，这与之前的文献非常吻合[89]。这明显表明在制备的 TiO_2-NTAs 基底中存在着氧空位（V_O），因为实验检测到了 Ti^{3+} 物种。同时，图 3-6（c）中位于 932.5 eV 和 952.5 eV 的 BE 峰可以归因于 Cu_2O 中 Cu $2p_{3/2}$ 和 Cu $2p_{1/2}$ 的信号[90]。此外，图 3-6（d）中 O 1s XPS 光谱在 526 ~ 534 eV 范围内宽而近似对称，表明存在多种氧态[91]。曲线拟合后，可以观察到随着 BE 的增加存在三种氧的化学态，包括 Ti—O（530 eV）、Cu—O（530.5 eV）和—OH（531.5 eV）[91-92]。在 $Cu_2O/Au/TiO_2$-NTAs 薄膜中没有观察到 Cu^{2+}（CuO）的峰，这与 XRD 分析一致。因此，可以合理地得出结论，立方体 Cu_2O 物种确实沉积在 Au/TiO_2-NTAs 异质结的表面上，这可以极大地提高载流子的传输和分离效率，以及光电化学性能。

3.3 光电化学性能测试

众所周知，电化学阻抗谱（EIS）技术是评估电极与电解液溶液之间界面电荷传输和分离过程的强大方法，这对光催化剂的光电化学性能具有重要影响。为了进一步探究二元Ⅱ型和三元异质结界面电荷传输电阻，在 AM 1.5 模拟太阳光照射下记录了样品在开路电位下的特征奈奎斯特图，如图 3-7 所示。图 3-7 展示了未修饰 TiO_2-NTAs、二元 Cu_2O/TiO_2-NTAs、三元 $Cu_2O/Au/TiO_2$-NTAs 异质结纳米复合材料的奈奎斯特图。奈奎斯特图是由阻抗的虚部（Z''）和实部（Z'）绘制而成的。所有曲线都呈现出特征的弧形谱，其中较小的弧表示电极和电解液之间较低的电荷传输电阻。已经发现，Cu_2O/TiO_2-NTAs 曲线的弧半径小于未修饰 Cu_2O 的 TiO_2-NTAs 薄膜，这表明 Cu_2O 和 TiO_2-NTAs 之间形成的Ⅱ型异质结促进了 e^--h^+ 对的分离和界面电子的电荷传输。此外，随着 $Cu_2O/Au/TiO_2$-NTAs 纳米复合材料中 Cu_2O 的沉积时间从 20 s 增加到 80 s，EIS 曲线的弧半径减小，然后在 Cu_2O 沉积时间为 80 s 时增加。Cu_2O 沉积时间为 40 s 的 $Cu_2O/Au/TiO_2$-NTAs 样品显示出最小的界面电子电荷传输电阻和最佳电导率。这个结果表明，Au 纳米颗粒和 Cu_2O/TiO_2 异质结之间的相互作用可以通过激发金介导的协同效应来有效降低电子传输电阻并加速电子迁移。适量的

Cu_2O 沉积可以提高电导率和增强界面电荷传输，但过量的 Cu_2O 可能抑制电荷传输。

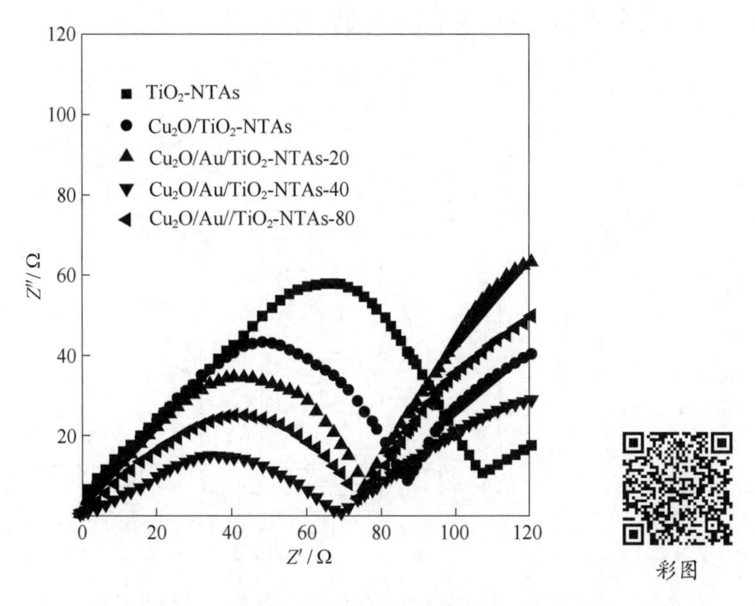

图 3-7 TiO_2-NTAs、Cu_2O/TiO_2-NTAs 和不同 Cu_2O 沉积时间 $Cu_2O/Au/TiO_2$-NTAs EIS 测量的奈奎斯特图

为了进一步阐明制备样品的光生电荷载流子的分离效率，记录并展示了安培法的 *I-t* 曲线，如图 3-8 所示。在间歇模拟太阳光照射下，在 0.5 mmol/L Na_2SO_4 水溶液中，对样品的光生电流进行了 280 s 的测试，光开和光关之间的时间间隔为 35 s。当灯光循环开关时，光电流显著增加，达到相对稳定状态，然后急剧降低至接近零，这表明有序排列的 TiO_2-NTAs 光电极在多次间歇光照循环中具有良好的再现性和稳定性。未修饰 TiO_2-NTAs、Cu_2O/TiO_2-NTAs 和不同 Cu_2O 沉积时间（20 s、40 s 和 80 s）$Cu_2O/Au/TiO_2$-NTAs，其光电流密度值分别为 0.023 mA/cm^2、0.11 mA/cm^2、0.18 mA/cm^2、0.33 mA/cm^2 和 0.26 mA/cm^2。未修饰 TiO_2-NTAs 由于其宽带隙而表现出最小的光电流响应，仅能吸收约 5%或更少的太阳光谱。在相同条件下，Cu_2O/TiO_2-NTAs 显示出较高的光电流密度，表明 Cu_2O 和 TiO_2-NTAs 之间形成的Ⅱ型异质结有利于光生 e^--h^+ 对的分离（相比未修饰 TiO_2-NTAs）。同时，由于光腐蚀的原因，Cu_2O/TiO_2-NTAs 的光电流密度在光电化学测量过程中逐渐降低，这与 XRD 分析相一致。将 Cu_2O/TiO_2-NTAs 与 Au 纳米颗粒耦合后，光电流密度明显增加，Au 纳米颗粒充当了电子储存中心。沉积时间为 40 s 的 $Cu_2O/Au/TiO_2$-NTAs 显示出最佳的光电流响应，比 Cu_2O/TiO_2-NTAs 电极高出 3 倍；当 Cu_2O 沉积时间为 80 s 时，Au/TiO_2-NTAs 完全被过量的 Cu_2O 覆

盖，可能阻碍带间跃迁效应触发的高能电子光激发，从而导致光电流减小。因此，$Cu_2O/Au/TiO_2$-NTAs 异质结纳米复合材料的增强安培法 I-t 特性可以归因于 Cu_2O 和 TiO_2-NTAs 之间有利的能级协同效应以及 Au 金属介导的电荷分离。

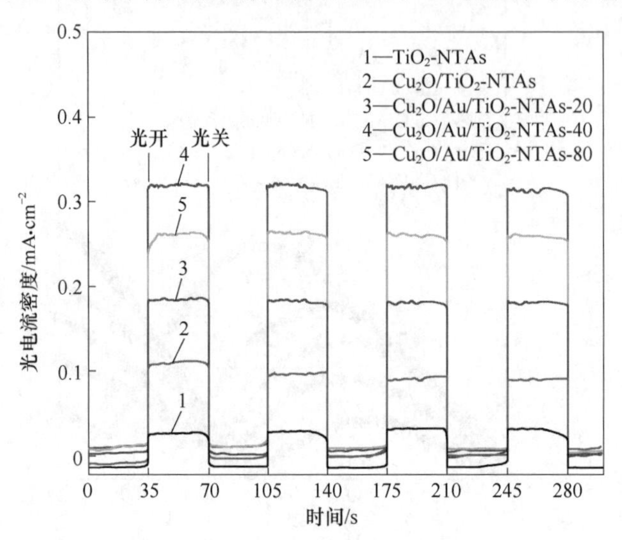

图 3-8 TiO_2-NTAs、Cu_2O/TiO_2-NTAs 和不同 Cu_2O 沉积时间 $Cu_2O/Au/TiO_2$-NTAs 的光电流密度与时间曲线

开路电位（V_{oc}）是一个关键参数，用于确定在模拟太阳光照射下光生电子-空穴对的积累。对所制备样品进行了 350 s 的 V_{oc}-t 测试，光开和光关的时间间隔为 50 s，如图 3-9 所示。可以清楚地观察到，当光照打开时，V_{oc}立即增加，并保

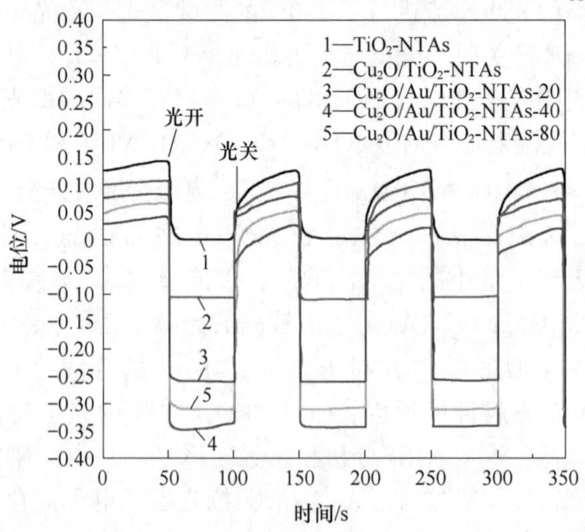

图 3-9 TiO_2-NTAs、Cu_2O/TiO_2-NTAs 和不同 Cu_2O 沉积时间 $Cu_2O/Au/TiO_2$-NTAs 的开路电位与时间曲线

持稳定，这是由于光生电荷积累和复合之间的竞争；当光照关闭时，由于电子逐渐被电子受体捕获并与空穴复合，V_{oc}逐渐衰减。未修饰的 TiO_2-NTAs 的 V_{oc}最小，这是由于宽带隙引起的有限光吸收。Cu_2O/TiO_2-NTAs 的 V_{oc}高于单一 TiO_2-NTAs，这是由于 Cu_2O/TiO_2-NTAs 异质结的形成导致电子注入到 TiO_2的 CB。可以看到，随着 Cu_2O 沉积时间从 20 s 增加到 40 s，V_{oc}值增加；然后随着更长的沉积时间（80 s）而减小，这与 EIS 和安培法 *I-t* 曲线测量的变化趋势一致。Au 纳米颗粒的沉积增加了光生电子-空穴对的分离速率，并增强了 Cu_2O/TiO_2-NTAs 中电子的积累。

3.4 纳秒时间分辨瞬态光致发光光谱的表征

为了解释光生电荷载流子的产生、迁移和陷阱超快动力学过程，并阐明界面能带结构的辐射复合电子跃迁，采用了瞬态光致发光光谱方法来评估制备的二元和三元异质结纳米复合材料的电荷转移过程。图 3-10（a）展示了 Cu_2O/TiO_2-NTAs 纳米复合材料在 266 nm 光照射下每 1.5 ns 时间间隔演化的纳秒时间分辨瞬态光致发光（NTRT-PL）光谱。为了更好地展示光致发光峰位置和强度随时间演化的变化，使用了二维光致发光（2D NTRT-PL）光谱，如图 3-10（b）所示。

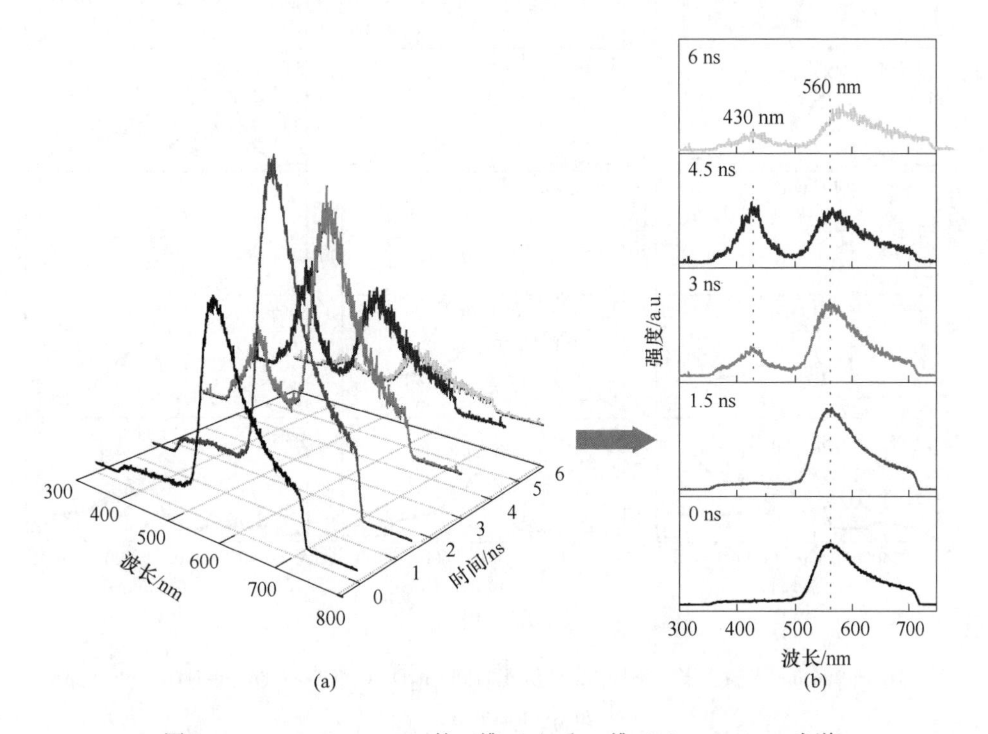

图 3-10 Cu_2O/TiO_2-NTAs 的三维（a）和二维（b）NTRT-PL 光谱

清楚地观察到，Cu_2O/TiO_2-NTAs 样品在 6 ns 时间演化中呈现出 430 nm（约 2.8 eV）和 560 nm（约 2.2 eV）的瞬态光致发光峰，分别对应于 e_{CB}^- 与 TiO_2 中 V_O 缺陷态的辐射复合，以及 Cu_2O 的近带边（NBE）光诱导电子的直接跃迁复合[93]。

图 3-11 展示了在室温下通过 266 nm 光激发的不同 Cu_2O 纳米颗粒沉积时间（20 s、40 s 和 80 s）的三元 $Cu_2O/Au/TiO_2$-NTAs 异质结纳米复合材料的 NTRT-PL 光谱。对于沉积时间为 20 s 和 40 s 的 $Cu_2O/Au/TiO_2$-NTAs 纳米复合材料，其 NTRT-PL 光谱显示了瞬态光致发光峰的明显蓝移，从 2.4 eV 向 2.6 eV 的中心随时间演化，这源于与 TiO_2 中 T^{3+} 浅陷阱态相关的光生 e_{CB}^- 的辐射复合[94]。此外，沉积时间为 80 s 的 $Cu_2O/Au/TiO_2$-NTAs 纳米复合材料的 NTRT-PL 光谱显示出随时间演化的 385 nm、431 nm 和 558 nm 的瞬态光致发光峰，其中 385 nm 的峰被归属为 TiO_2 的近带边（NBE）光诱导的 e^--h^+ 对的直接复合[95]。正如上述所述，431 nm 和 558 nm 的峰分别与 TiO_2 中 V_O 缺陷态相关的 e_{CB}^- 的辐射光致发光和 Cu_2O 的自由激子复合有关。

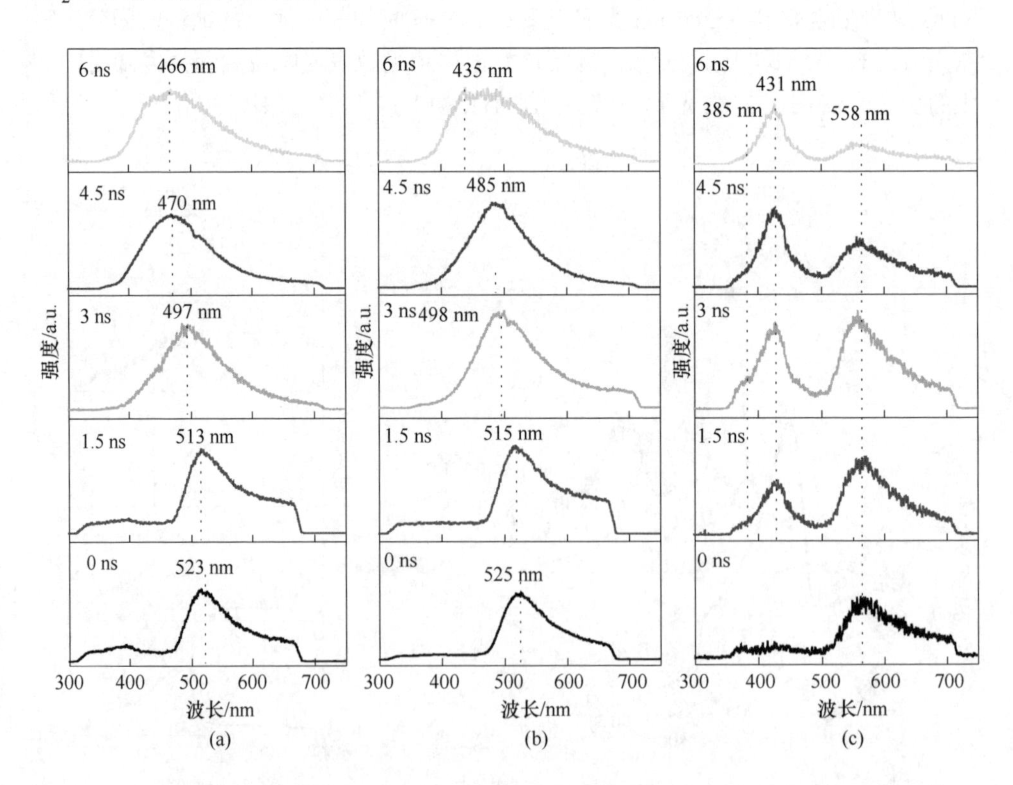

图 3-11 266 nm 光激发下，不同 Cu_2O 沉积时间 $Cu_2O/Au/TiO_2$-NTAs 的 NTRT-PL 光谱

（a）20 s；（b）40 s；（c）80 s

通过对二元 Cu_2O/TiO_2-NTAs 和三元 $Cu_2O/Au/TiO_2$-NTAs 异质结的 NTRT-PL 光谱进行研究，证明了 NTRT-PL 光谱技术在研究异质结界面电荷转移动力学方面的强大能力，并成为异质光电化学领域的宝贵资源。本实验中，在不同 Cu_2O 沉积时间（20 s、40 s 和 80 s）下，以近似于等离子体共振波长 541 nm（约 2.3 eV）的单色波长 400 nm（3.1 eV）照射。如图 3-12（b）所示，这个波长接近等离子体共振波长，因此可以用来探测 $Cu_2O/Au/TiO_2$-NTAs 样品中的等离子体共振现象。在 Cu_2O/TiO_2-NTAs 和 $Cu_2O/Au/TiO_2$-NTAs-80 的样品中，如图 3-12（a）和（d）所示，观察到三个瞬态 PL 峰，分别位于 430 nm、535 nm 和675 nm，分别源于 TiO_2-NTAs 中单电离和双电离 V_O 缺陷的浅层俘获辐射复合发射。同时，如图 3-12（b）和（c）所示，在 Cu_2O 沉积时间为 20 s 和 40 s 的 $Cu_2O/Au/TiO_2$-NTAs 样品中，除了上述 430 nm 和 675 nm 的瞬态 PL 峰外，还观察到位于 570 nm（约 2.2 eV）和 560 nm（约 2.2 eV）的新出现的 PL 峰。由于发射的 PL 能量与 Cu_2O 的带隙能量相同，这两个峰可以归因于 Cu_2O 中 e_{CB}^{-}-h_{VB}^{+} 对的直接辐射复合。

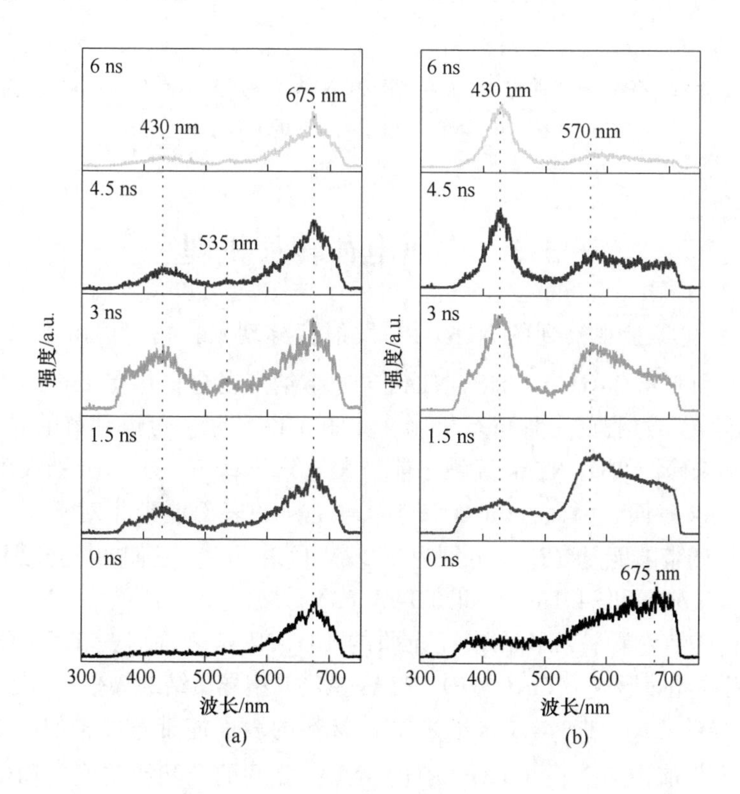

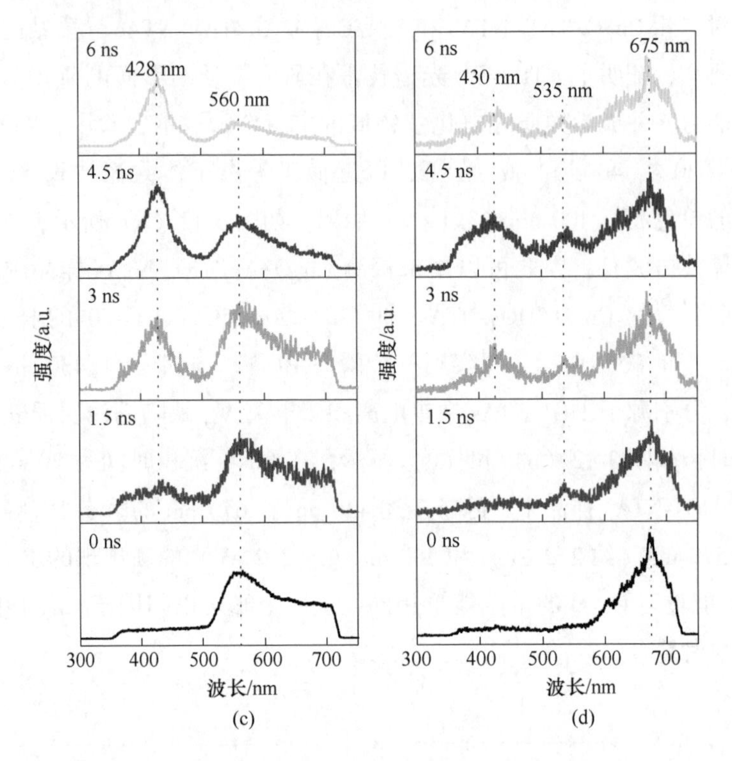

图 3-12 400 nm 光照射下，Cu_2O/TiO_2-NTAs（a）和不同 Cu_2O 沉积时间 $Cu_2O/Au/TiO_2$-NTAs（b）~（d）的 NTRT-PL 光谱

3.5 界面电荷转移机理

基于上述实验观察到的 NTRT-PL 发射蓝移现象，我们提出了二元 Cu_2O/TiO_2-NTAs 和三元 $Cu_2O/Au/TiO_2$-NTAs 异质结纳米复合材料在 266 nm 光照射下的界面电荷转移过程的一种可行机制，如图 3-13 所示。可以理解的是，在单独的 Cu_2O 和未修饰 TiO_2-NTAs 接触之前，大气分子氧气（O_2）分别吸附在 Cu_2O 和 TiO_2-NTAs 表面。因此，Cu_2O 和 TiO_2-NTAs 的表面能带相对平坦。Cu_2O 和 TiO_2半导体的带隙能量（E_g）分别为 2.2 eV 和 3.1 eV，它们的 E_F分别相对于真空能级为-4.7 eV 和-4.1 eV，如图 3-13（a）所示。

当 Cu_2O 纳米颗粒沉积在未经光照的 TiO_2-NTAs 表面时，在 Cu_2O 和 TiO_2-NTAs 之间的界面形成了 Cu_2O/TiO_2-NTAs 错位Ⅱ型异质结的势垒，由于其不同的 E_F对齐，导致 Cu_2O/TiO_2-NTAs 纳米复合材料的表面能带弯曲，如图 3-13（b）所示。根据先前报道[96]，Cu_2O 和 TiO_2-NTAs 之间的亲和能差值（ED_V），即计算的 CB 偏移（ΔE_C）为 0.81 eV；VB 之间的 ED_v（即 VB 偏移，ΔE_V）为 1.8 eV。先前确定的这些量是参考真空能级的。同时，根据常规氢电极（NHE）的电位（E_{NHE}）与真空能级（E_{vac}）的能量之间的关系，$E_{vac}=-E_{NHE}-4.44$ eV[97]；结合 Cu_2O（2.2 eV）和 TiO_2-NTAs（3.1 eV）的平均 E_g 从 Tauc 图中获得 ΔE_C、ΔE_V 和 TiO_2 的 CB（E_{CB}）能级（-0.26 eV vs. NHE）[98]，确定了 Cu_2O 的 CB 能级为-1.07 eV。类似地，对 Cu_2O 和 TiO_2-NTAs 的 VB（E_{VB}）能级进行计算，分别为 1.13 eV 和 2.94 eV（vs. NHE）。因此，Cu_2O/TiO_2-NTAs 错位Ⅱ型异质结的形成可以极大地促进电子转移，并导致异质结中两者的表面能带弯曲，如图 3-13（c）所示。

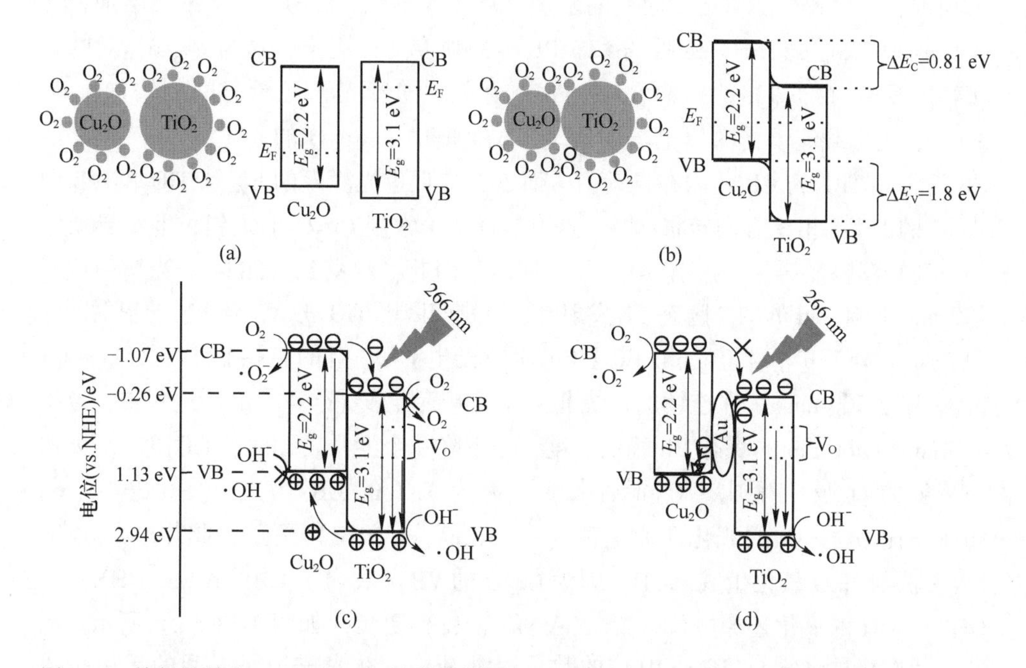

图 3-13 接触前单个 Cu_2O 和 TiO_2 的带隙结构（a），Cu_2O/TiO_2-NTAs 的带隙结构（b），以及 266 nm 光照射下 Cu_2O/TiO_2-NTAs 的光生载流子激发和传统的Ⅱ型瞬态转移路径（c）和 $Cu_2O/Au/TiO_2$-NTAs 的光生载流子 Z 体系瞬态转移路径（d）

在受到 266 nm 光照射的 Cu_2O/TiO_2-NTAs 错位Ⅱ型异质结纳米复合材料的情况下，可以明显观察到 TiO_2-NTAs 薄膜表面未完全被 Cu_2O 纳米颗粒覆盖，如图 3-1（c）所示，即 TiO_2-NTAs 部分暴露在外，这意味着 Cu_2O 纳米颗粒和 TiO_2-NTAs 都有机会吸收照射光。如图 3-10（b）所示，绘制了二维的 NTRT-PL 光谱图，在 266 nm 光激发的初始阶段（$t=0$ ns），大量 VB 中的电子被激发跃迁到 CB 中产生 e_{CB}^-，剩余的空穴在 VB 中形成 h_{VB}^+，这是由于入射光子的能量（约 4.7 eV）大于 Cu_2O 和 TiO_2-NTAs 的带隙阈值。在光照后，Cu_2O/TiO_2-NTAs 系统不再产生光诱导的电子-空穴对。大气中的氧气（O_2）可以捕获来自 Cu_2O 的 e^-_{CB}，生成超氧根离子（$\cdot O_2^-$），即 $O_2+e^-_{CB}\rightarrow \cdot O_2^-$[96]，这是因为 Cu_2O 的 CB（E_{CB}）（−1.07 eV vs. NHE）比 $O_2/\cdot O_2^-$ 的氧化还原电位（−0.33 eV vs. NHE）更负[99]；同时，h^+_{VB}扩散到 TiO_2-NTAs 表面与吸附的水（OH^-）结合生成羟基自由基（$\cdot OH$），即 $OH^-+h^+_{VB}\rightarrow \cdot OH$，这是由于 TiO_2-NTAs 的 VB（E_{VB}）（2.94 eV vs. NHE）比 $OH^-/\cdot OH$ 的氧化还原电位（2.72 eV vs. NHE）更正[100]。可以想象，Cu_2O 纳米颗粒吸附的 $\cdot O_2^-$浓度远小于 TiO_2-NTAs 的浓度，在照射初期（t=0~1.5 ns）Cu_2O 的 e^-_{CB}浓度远大于 TiO_2-NTAs 的浓度，这归因于前者的比表面积远小于后者。随着记录时间的增加（t=1.5 ns），Cu_2O 的 e^-_{CB}浓度增加，与 t=0 ns 相比，位于 560 nm 处的瞬态 PL 峰的强度变得更强，这与 e^-_{CB}-h^+_{VB}对的直接辐射复合（$e^-_{CB}+h^+_{VB}\rightarrow h^+$，560 nm）有关。随着光谱记录时间的增加（$t$=3 ns），光生载流子受内建电场的驱动，$\Delta E_C$ 提供了 Cu_2O 的光生 e^-_{CB}从 Cu_2O 的 CB 迁移到 TiO_2的 CB 的内在推动力，而 ΔE_V应促进光激发的 h^+_{VB}从 TiO_2的 VB 向 Cu_2O 的 VB 的相反方向转移[101]，这直接证实了常规 Cu_2O/TiO_2错位Ⅱ型异质结的电荷转移路径[102]，如图 3-12（c）所示。因此，观察到 NTRT-PL 光谱中位于 430 nm 和560 nm 的两个瞬态 PL 发射峰，分别归因于 TiO_2的 V_O 与 h^+_{VB}的辐射跃迁（$V_O+h^+_{VB}\rightarrow F^++h^+$，430 nm）以及 Cu_2O 中光生 e^--h^+对的直接辐射复合（$e^-_{CB}+h^+_{VB}\rightarrow h^+$，560 nm）。在连续的传统Ⅱ型界面电荷转移（$t$=4.5 ns）过程中，位于 430 nm 和 560 nm 的瞬态 PL 峰的强度一个下降一个上升。此时，TiO_2的 e^-_{CB}无法与溶解的 O_2反应生成 $\cdot O_2^-$活性物种，因为 TiO_2的 CB（E_{CB}）（−0.26 eV vs. NHE）比 $O_2/\cdot O_2^-$的氧化还原电位（−0.33 eV vs. NHE）更正；此外，Cu_2O 的 h^+_{VB}无法与 H_2O 氧化生成 $\cdot OH$，因为 Cu_2O 的 VB（E_{VB}）（1.13 eV vs. NHE）比 $OH^-/\cdot OH$ 的氧化还原电位（2.72 eV vs. NHE）更负，如图 3-13（c）所示。因此，活性物种（$\cdot O_2^-$和 $\cdot OH$）的数量逐渐减少。在光谱记录时间的最后阶段（t=6 ns），由于光诱导的 e^-_{CB}的辐射复合消耗不断进行，两者的瞬态 PL 强度逐渐减弱。

当通过在 Au-NPs 包覆的 TiO_2-NTAs 表面电沉积 Cu_2O-NPs 层构建三元 $Cu_2O/Au/TiO_2$-NTAs 异质结时，由于金属和半导体之间的能带边缘不同而对齐，形成了 S-M-S 肖特基势垒，导致整个表面能带弯曲。值得注意的是，TiO_2-NTAs 的暴露表面吸附大气中的 O_2被 Au-NPs 修饰所取代。当对 $Cu_2O/Au/TiO_2$-NTAs 纳米复合材料进行单色 UVC 照射时，由于入射光子的波长为 266 nm（约 4.7 eV），远小于半导体 Cu_2O 和 TiO_2-NTAs 的阈值波长，大量电子被激发自 VB 跃迁到 CB，形成光生 e^--h^+对。直到终止 266 nm 光照射时，这个三元异质结不再产生 e^--h^+对。根据 $Cu_2O/Au/TiO_2$-NTAs 示意图中所示的能带结构（图 3-13（d）），

如果 Cu_2O/Au/TiO_2-NTAs 三元异质结纳米复合材料在 UVC 照射下遵循常规的Ⅱ型电荷转移途径，Cu_2O 的 CB 中的光生电子将迁移到 TiO_2-NTAs 的 CB 中，TiO_2-NTAs 的 VB 中的光生空穴将以相反的方向转移到 Cu_2O 的 VB 中，应该观察到与 Cu_2O/TiO_2-NTAs 的 NTRT-PL 类似的瞬态 PL 峰。此外，Serpone 等人[71]先前报道过，由浅陷阱捕获的载流子寿命（τ_e）比由深陷阱捕获的载流子寿命更短。结合 τ_e 与复合概率（P_e）呈反比例关系[103]，有充分的理由相信，被浅受体缺陷捕获的光激发电子 CB 的辐射复合概率远大于与深陷阱缺陷能级的复合概率。这意味着随着 e_{CB}^- 浓度逐渐减少，会观察到瞬态 PL 峰的蓝移现象，相反，随着 e_{CB}^- 浓度逐渐增加，会观察到瞬态 PL 峰的红移现象，这是因为 e_{CB}^- 更倾向于转移到最接近 CB 的缺陷态能级[104]。假设 Cu_2O/Au/TiO_2-NTAs 纳米复合材料遵循常规Ⅱ型异质结的界面 CT 途径，TiO_2 中 e_{CB}^- 的浓度逐渐增加，应该观察到与 TiO_2 中分散的 V_O 缺陷态相关的瞬态 PL 峰的红移现象。然而，根据图 3-11（a）和（b）中 Cu_2O/Au/TiO_2-NTAs 的 NTRT-PL 光谱结果，无法观察到与 Cu_2O 中辐射跃迁相关的瞬态 PL 峰，并且明确呈现了蓝移而不是红移的瞬态 PL 峰，这与常规Ⅱ型异质结的界面 CT 过程相矛盾，表明 Cu_2O/Au/TiO_2-NTAs 复合材料中高效的 CT 穿越界面领域遵循一种不同于异质结的转移途径。

因此，在光激发的初始时刻（$t=0$ ns），e_{CB}^- 的分布分别位于 Cu_2O 和 TiO_2-NTAs 的 CB。因此，可以合理推断，由于嵌入的 Au-NPs 具有较低的 E_F（-4.9 eV vs. vac，即 0.45 eV vs. NHE）[105]，远低于 TiO_2-NTAs（-0.36 eV vs. NHE），光激发的 e_{CB}^- 从 TiO_2-NTAs 的 CB 转移到 Au-NPs，通过肖特基势垒形成的驱动力，直到达到新的热力学平衡。积累的 Au-NPs 上的 e_{CB}^- 进一步与 Cu_2O 的光生 h_{VB}^+ 进行非辐射复合（1.13 eV vs. NHE）[106]，介导了从 TiO_2-NTAs 的 CB 到 Au-NPs，然后迁移到 Cu_2O 的 VB 的 Z 方案界面 CT 途径。Au-NPs 充当"电子传导器"以促进载流子传输。这种矢量 CT 途径导致 TiO_2-NTAs 的 CB 中的 e_{CB}^- 浓度随着频谱记录时间的增加（0~6 ns）而减少，伴随着光生电荷分离过程和与 V_O 缺陷相关的辐射复合之间的竞争机制[104]。因此，对于 Cu_2O 沉积时间为 20 s（40 s）的 Cu_2O/Au/TiO_2-NTAs 异质结的瞬态 PL 峰，可以明显观察到从 523 nm（525 nm）到 466 nm（435 nm）的蓝移现象，这是由于 e_{CB}^- 浓度在 TiO_2-NTAs 中下降，在 TiO_2-NTAs 中的浅层 V_O 捕获能级上传输了更大比例的 e_{CB}^-，并以较短的 PL 波长辐射，支持了 Z 方案 CT 的存在的直接证据。如图 3-12（a）和（b）所示，Cu_2O 的沉积时间从 20 s 增加到 40 s，NTRT-PL 的蓝移现象变得更加明显，与 Cu_2O 的 h_{VB}^+ 浓度增加以及 Cu_2O 的量增加相吻合，这表明 Cu_2O/Au/TiO_2-NTAs 的 Z 方案界面 CT 过程；其中 Cu_2O 的沉积时间为 40 s，比 20 s 更高效。然而，如图 3-12（c）所示，Cu_2O 的沉积时间为 80 s 的 Cu_2O/Au/TiO_2-NTAs 的 NTRT-PL 谱

呈现出三个瞬态 PL 峰，分别为 558 nm、431 nm 和 385 nm，分别源于 Cu_2O 的直接辐射复合、V_O 缺陷的浅层捕获和 TiO_2-NTAs 的直接辐射复合。在 266 nm 光照射的初始阶段（t=0 ns），由于大部分入射光子被覆盖在表面的 Cu_2O-NPs 薄膜吸收，而不是 TiO_2-NTAs 衬底，入射光子的能量大于其带隙能量，导致大量 e_{CB}^-积累在 Cu_2O 的 CB 中。在频谱记录时间的演化过程中（t=1.5 ns），e_{CB}^-倾向于从 Cu_2O 的 CB 向 TiO_2-NTAs 的 CB 转移，由内建电场力推动，遵循传统的双重 CT 机制，伴随着在 558 nm 和 431 nm 处发射的瞬态 PL 峰，这源于 Cu_2O 与 TiO_2-NTAs 衬底之间的直接接触随着 Cu_2O 含量的增加而增大。随着 e_{CB}^-在 Cu_2O 和 TiO_2-NTAs 之间的持续注入和传输（t=3~4.5 ns），位于 385 nm 和 431 nm 处的瞬态 PL 峰的强度逐渐增强，以牺牲位于 558 nm 处的发射强度为代价。在频谱记录的最后阶段（t=6 ns），位于 385 nm 处的瞬态 PL 峰逐渐消失，与 TiO_2的 CB 中 e_{CB}^-通过 Au-NPs 介导 CT 通道的浓度急剧减少有关，这表明界面 CT 通道的 Z 方案重组不能被忽视。简而言之，TiO_2的 NBE 发射的瞬态 PL 峰位于 385 nm 处，在图 3-11（a）和（b）的 NTRT-PL 谱中消失，这主要归因于由于 Z 方案 CT 路径而不是传统的Ⅱ型异质结 CT 方式引起的 TiO_2中 e_{CB}^-浓度较低。

为了进一步评估 Au 纳米颗粒介导的 Cu_2O 和 TiO_2-NTAs 界面电荷转移的本质，提出了两种适用的电荷转移情景，包括传统的Ⅱ型电荷转移和由 Au 纳米颗粒引发的带间跃迁诱导的界面电荷转移，详细的示意图如图 3-14 所示。图 3-14（a）展示了在无光照的大气条件下氧气分子能够迅速吸附在 Cu_2O/TiO_2-NTAs 表面的 Cu_2O/TiO_2-NTAs 集成Ⅱ型异质结的能带结构。由于半导体 Cu_2O 和 TiO_2-NTAs 之间的势垒势能和能隙差异，可以合理地认为在 Cu_2O 和 TiO_2-NTAs 的界面区域形成了Ⅱ型异质结势垒，其形成是由于它们不同的 E_F的对齐。因此，ΔE_C和 ΔE_V分别为 0.81 eV 和 1.8 eV，源于 Cu_2O/TiO_2-NTAs 纳米异质结的表面能带弯曲。对于受到 400 nm 光照射的 Cu_2O/TiO_2-NTAs 纳米复合材料，据我们所知，大部分光生电子从 VB 经过能隙跃迁到 CB，这是由于入射光子能量（即 3.1 eV）大于 Cu_2O 和 TiO_2-NTAs 的能隙能量。同样，Cu_2O/TiO_2-NTAs 纳米复合材料的纳米界面之间存在两个主要的氧化还原反应和电荷转移过程，即光激发的 e_{CB}^-和 h_{VB}^+同时扩散到 Cu_2O 的 CB（−1.07 eV vs. NHE）和 TiO_2-NTAs 的 VB（2.94 eV vs. NHE）与 O_2和 OH^-结合，分别产生 $\cdot O_2^-$和 $\cdot OH$，与单个半导体相比，它们具有更强的氧化还原能力。然而，TiO_2-NTAs 的 CB 中的 e_{CB}^-（−0.26 eV vs. NHE）和 Cu_2O 的 VB 中的 h_{VB}^+（1.13 eV vs. NHE）不能与 O_2和 OH^-反应产生 $\cdot O_2^-$和 $\cdot OH$，因为 TiO_2-NTAs 的 CB 和 Cu_2O 的 VB 的电势不满足 $O_2/\cdot O_2^-$（−0.33 eV vs. NHE）和 $OH^-/\cdot OH$（2.72 eV vs. NHE）的反应条件。这些过程如图 3-14（b）所示。在 400 nm 光照射后的瞬态过程中，Cu_2O/TiO_2-NTAs 纳米复合材料中的光生 e^--h^+对不再被激发。在形成Ⅱ型异质结势垒的过程中，可以合理地认为电子和空穴的传输通过内建电场分别从 Cu_2O 的 CB 向 TiO_2-NTAs 以及从 TiO_2-NTAs 的 VB 向 Cu_2O 的空穴传输，即 ΔE_C 和 ΔE_V 的驱动力，直到达到新的平衡，导致电子和空穴都会向低能量位置移动。

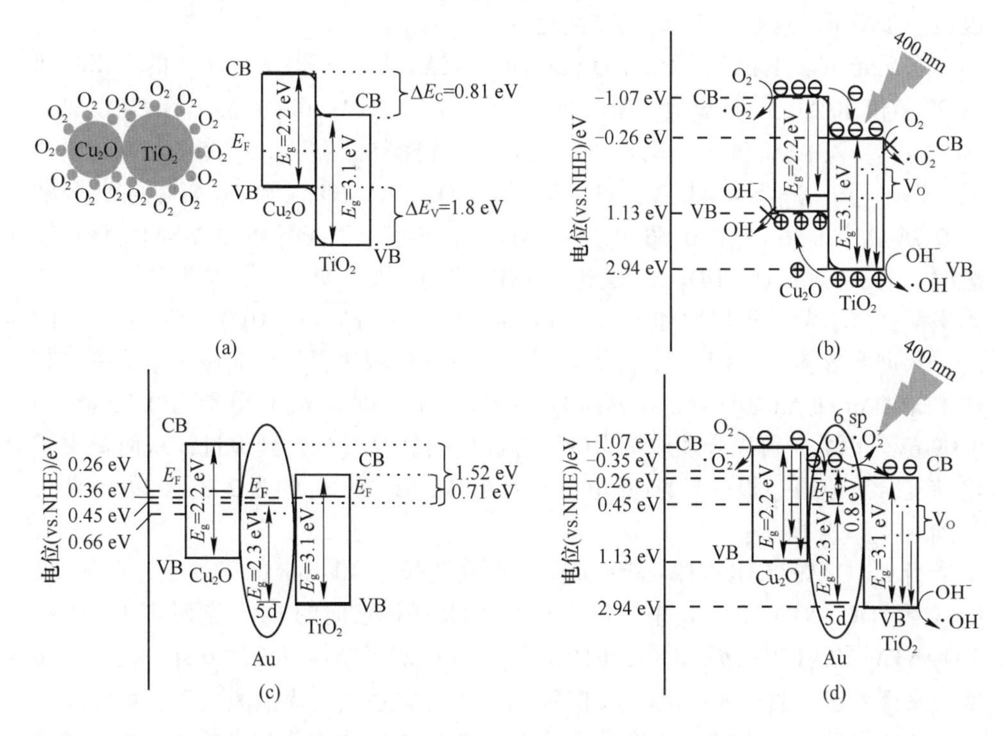

图 3-14 Cu_2O/TiO_2-NTAs 的带隙结构（a），在 400 nm 光照射下 Cu_2O/TiO_2-NTAs 的传统Ⅱ型电荷转移（b），$Cu_2O/Au/TiO_2$-NTAs 的带隙结构（c）及 400 nm 光照射下 $Cu_2O/Au/TiO_2$-NTAs 的等离子体诱导界面电荷转移（PICT）（d）

现在提出一个适用于 400 nm 光照射下 Cu_2O/TiO_2-NTAs 异质结的传统Ⅱ型电荷转移机制，基于实验观察到的 PL 发射数据，如图 3-12（a）所示。在 400 nm 光激发的开始（$t=0$ ns），由于与通过 266 nm 光照射产生的光激发相比，通过 3.1 eV 激发的 e_{CB}^- 浓度较低，合理地认为 e_{CB}^- 更倾向于在 Cu_2O 中跃迁到表面缺陷能级，而不是在 Cu_2O/TiO_2-NTAs 中的 e_{CB}^- 与 h_{VB}^+ 直接复合。可预见的是，位于 675 nm 处的瞬态 PL 峰的强度非常弱，与 Cu_2O 中的 e_{CB}^- 与 h_{VB}^+ 的直接复合相关。在 1.5 ns 后的光谱记录时间（$t=1.5$ ns），位于 675 nm 处的瞬态 PL 光谱的强度增加，这是由于 Cu_2O 中 e_{CB}^- 的浓度增加。同时，与 TiO_2-NTAs 中的 V_O 缺陷相关的瞬态 PL 峰在 430 nm 和 535 nm 处新出现，这归因于 e_{CB}^- 通过 ΔE_C 从 Cu_2O 的 CB 传输到 TiO_2-NTAs。随着光谱记录时间的增加（$t=3$ ns），e_{CB}^- 的数量增加，导致所有瞬态 PL 光谱的强度增加。随着记录时间的演化（$t=4.5$ ns），e_{CB}^- 的持续消耗，更大比例的e_{CB}^-与 Cu 空位（V_{Cu}）单重和双重电离的 V_O 缺陷辐射复合，导致 675 nm、430 nm 和 535 nm 处的瞬态 PL 发射强度下降，这是由于电子浓度的短暂减少。最后，在光谱记录时间的最后阶段（t=6 ns），所有瞬态 PL 光谱的强度进一步降低，这是由于e_{CB}^-的持续耗尽。

在无光照条件下，对于 $Cu_2O/Au/TiO_2$-NTAs 三元异质结，Cu_2O 的沉积时间为 20 s 和 40 s。我们知道，单独的 Cu_2O、TiO_2-NTAs 和 Au-NPs 的 E_F分别为 −4.7 eV、−4.1 eV 和−5.1 eV[107]（vs. vac）。根据E_{vac}和E_{NHE}之间的相互转换关系，即$E_{vac}=-E_{NHE}-4.44$ eV，可以得到 Cu_2O、TiO_2-NTAs 和 Au-NPs 的 E_F分别为 0.26 eV、0.36 eV 和 0.66 eV（vs. NHE）。然而，当半导体和 Au-NPs 相互接触时，电子在 Cu_2O、TiO_2-NTAs 和 Au-NPs 之间分布，直到三元纳米复合体系达到平衡。由于电子积累增加了 Au-NPs 的 E_F（0.45 eV vs. NHE），使 Au-NPs 的E_F结果向半导体的 CB 靠近，导致在每个 S-M-S 区域边界处形成肖特基势垒，其中 Cu_2O/Au 和 Au/TiO_2-NTAs 界面的肖特基势垒高度（Φ_B）分别为 0.72 eV 和 0.09 eV。因此，可以合理地认为电子界面电荷转移过程得到促进，从而减少了电荷复合。值得一提的是，CB 电子相对于 Au-NPs 的 E_F约为 2.3 eV 以下[108]，如图3-14（c）所示。

当 $Cu_2O/Au/TiO_2$-NTAs 三元异质结受到波长为 400 nm 的飞秒激光照射时，Cu_2O 和 TiO_2-NTAs 的 VB 中的电子可以被激发到它们的 CB，同时在 Cu_2O 和 TiO_2-NTAs 的 VB 中生成相同数量的空穴。Au 的能带结构可以用 6 sp 能带和 5 d 能带来理解，类似于 Au-NPs 的 CB 和 VB[109]。在适当的光能激发下，可以在填充的 d 能带和 sp 能带之间触发带间跃迁，使 Au-NPs 具有类似半导体催化剂的性质，并伴随电荷转移过程[110-111]。因此，在 400 nm 光照下，5 d 能带中的热电子在带间激发的帮助下被激发并跃入 6 sp 能带，其中 6 sp 能带的位置相对于 Au-NPs 的E_F高 0.8 eV（Au 的 6 sp 能带位置为−0.35 eV vs. NHE）。在 400 nm 光照后的瞬时，Cu_2O 的 CB 上的光生电子在内部电场的作用下迅速转移到 Au-NPs 的 6 sp 能带，与吸附的 O_2反应生成位于 Cu_2O 的 CB 和 6 sp 能带的 $\cdot O_2^-$，它们的能级结构位于比 $O_2/\cdot O_2^-$的还原电位（−0.33 eV vs. NHE）更负的电位。类似地，对于 Au 和 TiO_2-NTAs 之间的接触界面，能量高于 Φ_B的热电子可以克服肖特基势垒并转移到 TiO_2-NTAs 的 CB，导致电荷分离。当 Cu_2O 的 VB 中的电子被激发到 TiO_2-NTAs 的 CB 时，同时在 $Cu_2O/Au/TiO_2$-NTAs 三元异质结的 TiO_2 界面产生空穴，这些空穴可以被吸附的 OH^-捕获生成 · OH 物质，因为 TiO_2-NTAs 的 VB 能级比 $OH^-/\cdot OH$ 的氧化电位（2.72 eV vs. NHE）更正。相比之下，Cu_2O 中的 h_{VB}^+无法被 OH^- 捕获产生 · OH 物质，因为缺乏氧化还原电位。$Cu_2O/Au/TiO_2$-NTAs 的光诱导的电子-空穴对在 400 nm 光照下激发和界面 CT 过程的示意图如图 3-14（d）所示。

众所周知，异质结纳米复合体的 PEC 效率取决于光生载流子的整体数量和界面电荷转移过程的时间尺度。Furube 等人[112]宣布，在 Au 和 TiO_2之间的热电子注入的时间尺度小于 240 fs。值得强调的是，在数百飞秒的时间尺度上，热电子转移与 6 sp 能带中的电子-电子散射通过快速电子弛豫竞争，在时间分辨率（约为 0.1 ns）之外[113]。然而，Serpone 和合作者[71]证明了与缺陷态相关的电子俘获再组合和 VB 中的空穴的时间尺度为纳秒级别，这决定了异质结纳米复合材料的光催化活性。因此，可以合理地认为具有不同 Cu_2O 沉积时间的 Cu_2O/Au/TiO_2-NTAs 的 NTRT-PL 光谱能够揭示与 e_{CB}^-辐射复合光致发光过程相关的界面电荷转移过程。

Cu_2O/TiO_2-NTAs 和具有不同 Cu_2O 沉积时间的 Cu_2O/Au/TiO_2-NTAs 之间的 NTRT-PL 光谱的差异可以清晰地观察到：(1) 在 t=6 ns 时，位于 430 nm 处的瞬态 PL 峰强度的减小；(2) 在前者中存在位于 535 nm 和 675 nm 处的瞬态 PL，但在后者中消失。毫无疑问，Au 纳米颗粒的嵌入在诱导介导的带间跃迁中的界面 CT 过程中起着重要作用。将由 400 nm 光辐射激发的三元 Cu_2O/Au/TiO_2-NTAs 纳米复合材料与二元 Cu_2O/TiO_2-NTAs 纳米复合材料进行比较，由于 Cu_2O/Au 界面之间的 Φ_B(0.72 eV)[114]小于 Cu_2O/TiO_2-NTAs 中间的 ΔE_C(0.81 eV)，因此前者内建电场的驱动力小于后者，导致前者中 Cu_2O 的 e_{CB}^-浓度大于后者，这解释了直接辐射复合（570 nm）代替 V_{Cu}缺陷的 e_{CB}^-捕获复合（675 nm）。同时，大量位于 Au 的 6 sp 能带中的热电子通过 Au/TiO_2-NTAs 界面的肖特基势垒（约为 0.1 eV）注入到 TiO_2-NTAs 的 CB 中，这是由 Au 纳米颗粒的 5 d 到 6 sp 能带的带间跃迁引起的。因此，前者中 TiO_2的 e_{CB}^-浓度大于后者，这提高了 V_O 缺陷的捕获辐射复合（430 nm）的 PL 强度。同时，热电子转移与 Au 的 6 sp 能带中的 · O_2^-生成竞争，导致三元 Cu_2O/Au/TiO_2-NTAs 中 · O_2^-的数量多于二元 Cu_2O/TiO_2-NTAs，这表明前者的 PEC 性能高于后者。因此，Au 纳米颗粒的嵌入对于载流子的数量和 CT 的时间尺度在三元 Cu_2O/Au/TiO_2-NTAs 异质结系统中起着重要影响。此外，明确的是，Cu_2O 沉积时间为 80 s 的 Cu_2O/Au/TiO_2-NTAs 的瞬态 PL 峰位置与 Cu_2O/TiO_2-NTAs 相同，但与 Cu_2O 沉积时间为 20 s 和 40 s 的 Cu_2O/Au/TiO_2-NTAs 完全不同，这归因于不同的 CT 过程。随着 Cu_2O 纳米颗粒的沉积时间增加到 80 s，Cu_2O 纳米颗粒的覆盖膜过于厚重，无法被 400 nm 的入射激发光穿透。基于以上分析，Cu_2O/Au/TiO_2-NTAs（Cu_2O 沉积时间为 80 s）的界面电荷转移主要归因于传统的Ⅱ型异质结，而可以忽略由 Au 的带间跃迁激发的热电子。

3.6 光电化学性能分析

为了验证所提出的电荷转移机制的可行性，分别对未修饰 TiO_2-NTAs、二元 Cu_2O/TiO_2-NTAs Ⅱ型异质结和不同 Cu_2O 沉积时间的三元 Cu_2O/Au/TiO_2-NTAs 纳米复合材料在紫外-可见光照射下进行了光催化性能测试。在实验中，采用甲基橙（MO）作为模拟污染物，因其应用广泛，并具有良好的长期稳定性。对于 Cu_2O/TiO_2-NTAs Ⅱ型双异质结光催化剂，在紫外-可见光照射下，预期激发的活性载流子和光催化过程与三元 $Cu_2O/Au/TiO_2$-NTAs 纳米复合材料最为相似，如图 3-15 所示。激发的电子（e_{CB}^-）从 Cu_2O 的 CB 转移到 TiO_2-NTAs 的 CB，同时正空穴（h_{VB}^+）停留在 Cu_2O 的 VB。随后，正空穴被催化剂表面的羟基团（或 H_2O）捕获形成 · OH。溶解的氧气与 e_{CB}^-反应产生 · O_2^-，并与水反应生成过氧化氢自由基（ · HO_2），产生氧化剂过氧化氢（H_2O_2）和 · OH，这些强氧化剂可以分解 MO 有机染料。MO 降解的化学反应如下：

$$Cu_2O + h\nu \longrightarrow h_{VB}^+ + e_{CB}^- \tag{3-1}$$

$$TiO_2 + h\nu \longrightarrow h_{VB}^+ + e_{CB}^- \tag{3-2}$$

$$h_{VB}^+ + H_2O \longrightarrow H^+ + \cdot OH \tag{3-3}$$

$$e_{CB}^- + O_2 \longrightarrow \cdot O_2^- \tag{3-4}$$

$$\cdot O_2^- + H_2O \longrightarrow \cdot HO_2 + OH^- \tag{3-5}$$

$$\cdot HO_2 + H_2O \longrightarrow H_2O_2 + \cdot OH \tag{3-6}$$

$$H_2O_2 + e_{CB}^- \longrightarrow \cdot OH + OH^- \tag{3-7}$$

$$\cdot OH + MO \longrightarrow 降解产物 \tag{3-8}$$

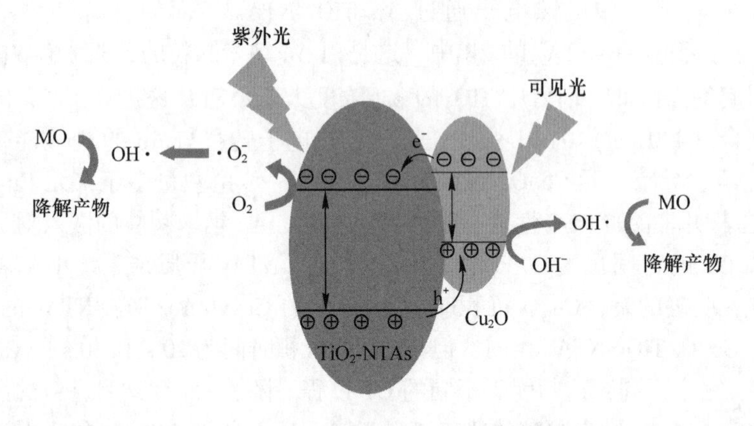

图 3-15　紫外-可见光照射下 Cu_2O/TiO_2-NTAs Ⅱ型异质结系统 MO 的光降解示意图

将二元和三元异质结纳米复合材料的紫外-可见光催化活性研究在标准太阳光谱模拟光源照射下进行。所有降解实验使用浓度为 10 mg/L 的 MO。首先进行了一次空白反应，即在没有催化剂的情况下，将溶液中的 MO 染料暴露在紫外-可见光辐射下，排除 MO 的光漂白效应，并确保只有纳米复合材料的光催化活性对 MO 的光降解负责。确保染料在样品上的吸附-解吸达到平衡后，将光催化材料与 MO 溶液混合，在暗处搅拌 1 h，通过记录光催化反应之前的紫外-可见光吸收光谱，确定了 MO 在纳米复合材料上的最大吸附量。

图 3-16 展示了 MO 水溶液、未修饰 TiO_2-NTAs、Cu_2O/TiO_2-NTAs 和 $Cu_2O/Au/TiO_2$-NTAs 在不同 Cu_2O 沉积时间（20 s、40 s 和 80 s）下，用紫外-可见光照射4 h 的光降解率（η）实验结果。记录的紫外-可见光吸收光谱显示，即使在 4 h 结束时，MO 的降解程度也很小（不大于 5%）。MO 的 η 通过以下方程计算[115]：$\eta = (C_0 - C)/C_0 \times 100\%$，其中 C_0 和 C 分别表示降解前和降解后的 MO 浓度。未修饰 TiO_2-NTAs 表现出较差的 MO 降解能力（约 27%），因此需要进行全面的研究，以探索结构调控和修饰对光催化活性的影响。Cu_2O/TiO_2-NTAs 显示出比未修饰 TiO_2-NTAs 更强的 MO 光降解活性（约 71%），这归因于Ⅱ型异质结与未修饰 TiO_2-NTAs 相比具有更高的还原/氧化电位。随着 Cu_2O 沉积时间从 20 s 增加到40 s，$Cu_2O/Au/TiO_2$-NTAs 的光降解活性从 78%增强到 90%；然而，当 Cu_2O 沉积时间增加到 80 s 时，$Cu_2O/Au/TiO_2$-NTAs 的光降解能力下降至 83%。因此，可以得出结论：三元 $Cu_2O/Au/TiO_2$-NTAs 纳米复合材料的光降解性能在很大程度上取决于 Cu_2O 纳米颗粒的沉积量。

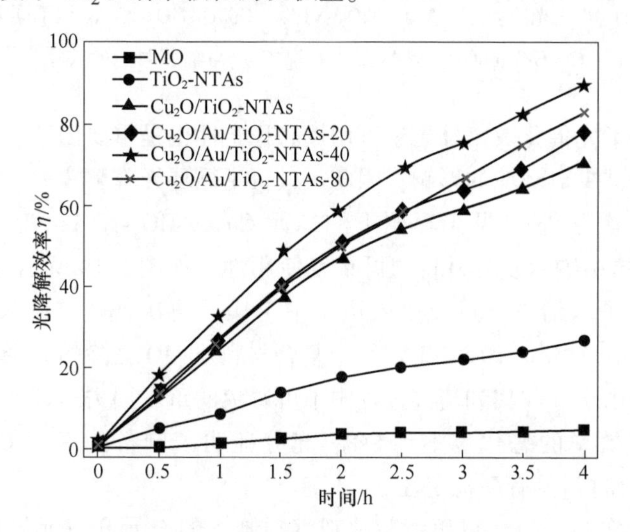

图 3-16　在紫外-可见光照射下 TiO_2-NTAs、Cu_2O/TiO_2-NTAs 和不同 Cu_2O 沉积时间 $Cu_2O/Au/TiO_2$-NTAs 的光降解效率 η

为了定量地研究反应动力学，假设 MO 水溶液的光催化行为符合伪一级动力学模型，即 $\ln(C_0/C_t) = kt$[116]，其中 k、C_0 和 C_t 分别表示反应速率常数、初始 MO 浓度和时间 t 时的 MO 浓度，如图 3-17 所示。该图还包括无任何具有光催化活性材料的空白反应，通过绘制 $\ln(C_0/C_t)$ 与时间的关系来确定速率常数。图中曲线显示了 Cu_2O 沉积时间为 40 s 的三元 $Cu_2O/Au/TiO_2$-NTAs 的伪一级速率常数是最大值，这意味着它是在紫外-可见光照射下研究的各种异质结纳米复合材料中获得最佳光降解性能的最佳组成。

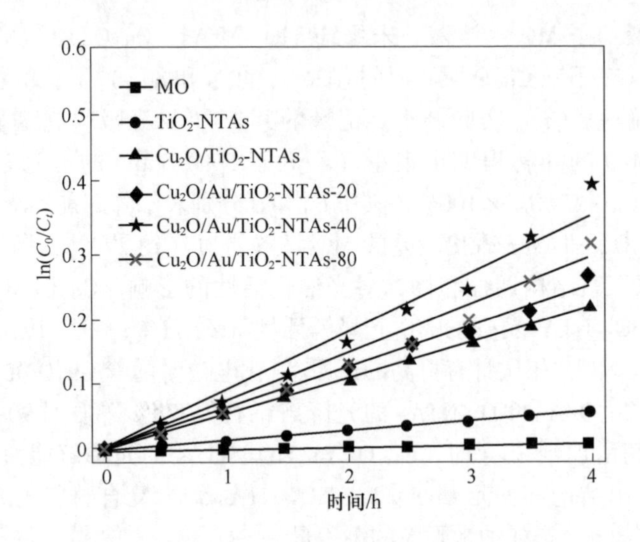

图 3-17 在紫外-可见光照射下，MO、TiO_2-NTAs、Cu_2O/TiO_2-NTAs 和不同 Cu_2O 沉积时间 $Cu_2O/Au/TiO_2$-NTAs 的 $\ln(C_0/C_t)$ 与辐照时间的关系

考虑到除了光催化效率外再生可用性和稳定性也是重要因素，因为可以提高经济可行性并减少对环境的影响。因此，进行了循环光降解实验，研究了在相同条件下连续 6 次紫外-可见光辐照下的二元 Cu_2O/TiO_2-NTAs 和三元 $Cu_2O/Au/TiO_2$-NTAs 异质结纳米复合材料的可重复使用性，如图 3-18 所示。每次实验后，样品都用去离子水清洗，过夜放入烘箱中干燥后再次使用。结果显示，Cu_2O/TiO_2-NTAs 和 $Cu_2O/Au/TiO_2$-NTAs 纳米复合材料对 MO 去除的光降解活性有轻微下降，可能是由于在收集和清洗过程中不可避免的重量损失。即使经过连续 6 个循环，光降解效率的恶化也不到 8%，充分证明了制备的三元 $Cu_2O/Au/TiO_2$-NTAs 纳米复合材料具有高稳定性。

通过以上实验分析，可以清楚地观察到制备的二元和三元异质结纳米复合材料的光催化活性顺序与光电化学性能测量的趋势相一致，包括安培法 I-t 曲线、V_{oc}-t 曲线和 EIS 测试。对于 $Cu_2O/Au/TiO_2$-NTAs 纳米复合材料，嵌入的 Au 纳米颗粒作为固态电子中介体和热电子提供者，增强了界面电荷转移过程。与二元 Cu_2O/TiO_2-NTAs 纳米复合材料相比，三元 $Cu_2O/Au/TiO_2$-NTAs 的安培法 I-t 曲线和 V_{oc}-t 曲线的增强显著延缓了光诱导 e^--h^+ 载流子的复合，并提升了活性载流子的数量，这可以延长电荷寿命并增强光催化性能。此外，EIS 的奈奎斯特图表明，Cu_2O 沉积 40 s 的 $Cu_2O/Au/TiO_2$-NTAs 样品的弧形半径小于 Cu_2O 沉积 20 s 和 80 s 的纳米复合材料，其较小的弧形半径表明较小的电荷转移电阻和光诱导电荷载流子的界面传输速率更快。基于 Cu_2O 在 Au/TiO_2-NTAs

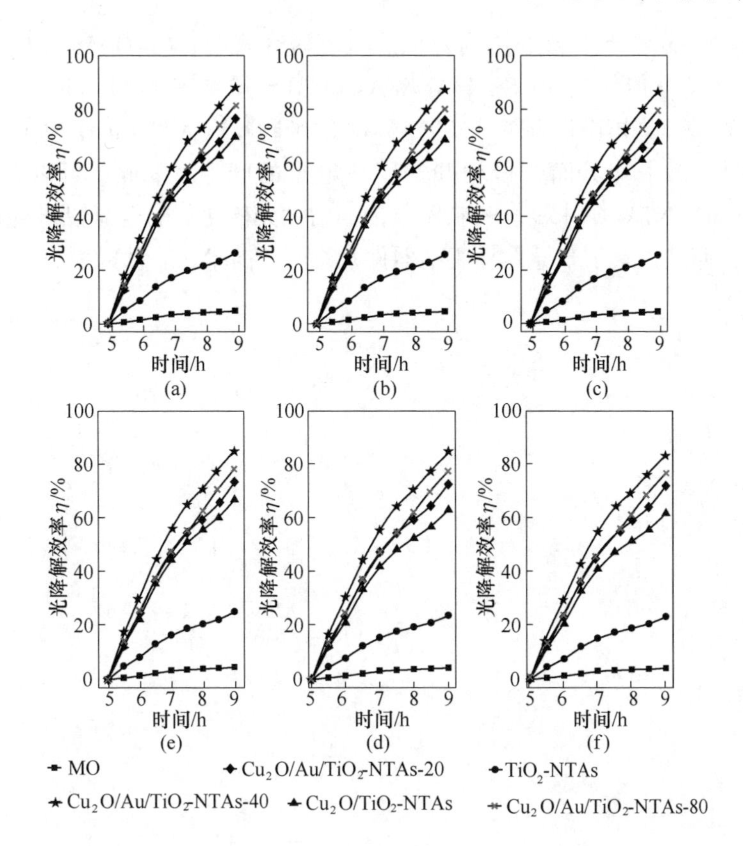

图 3-18 在紫外-可见光照射下，MO、TiO_2-NTAs、Cu_2O/TiO_2-NTAs 和不同 Cu_2O 沉积时间 $Cu_2O/Au/TiO_2$-NTAs 循环 6 次的光降解效率 η

(a) 第 1 次；(b) 第 2 次；(c) 第 3 次；(d) 第 4 次；(e) 第 5 次；(f) 第 6 次

表面覆盖形成的 $Cu_2O/Au/TiO_2$-NTAs 异质结数量，可知最初增加 Cu_2O 的量（沉积时间为 20 s）会促进三元异质结的形成，从而提高光催化活性；随着 Cu_2O 纳米颗粒沉积时间进一步增加到 40 s，适量的 Cu_2O 修饰能够有效抑制光诱导载流子的复合，从而显示出优越的电荷转移能力和出色的光催化性能；当沉积时间增加到 80 s 时，过量的 Cu_2O 纳米颗粒会相互聚集并使 Au/TiO_2-NTAs 表面对入射光子产生阻挡，导致 $Cu_2O/Au/TiO_2$-NTAs 三元异质结的光暴露减弱，从而减少了产生光诱导高能载流子的能力。此外，上述实验结果也与 NTRT-PL 光谱分析相吻合。

本章通过三步电沉积法将 Au 纳米颗粒与二元 Cu_2O/TiO_2-NTAs Ⅱ型异质结相结合，成功制备了独特的三元 $Cu_2O/Au/TiO_2$-NTAs 纳米复合材料。制备的 $Cu_2O/Au/TiO_2$-NTAs 纳米复合材料在紫外-可见光照射下，相比二元 Cu_2O/TiO_2-NTAs Ⅱ型异质结具有逐渐增强的光电化学性能和光催化活性，这归功于 $Cu_2O/$

TiO_2-NTAs 与 Au 纳米颗粒的协同效应。机理研究表明，Cu_2O/Au/TiO_2-NTAs 的电荷转移模式与传统的 Cu_2O/TiO_2-NTAs Ⅱ型异质结有着显著的不同，这在 NTRT-PL 光谱学分析中得到了证实。将 Au 纳米颗粒嵌入到 Cu_2O 和 TiO_2的界面被证实有助于激子在界面的传输并提高热电子的产生。因此，可以合理推断，Cu_2O/Au/TiO_2-NTAs 纳米复合材料不仅为高活性光催化剂的电荷转移机制提供了新的见解，而且探索了半导体异质结器件开发的新前景。

4 m&t-$BiVO_4$/TiO_2-NTAs 异质结纳米复合材料

通过阳极氧化法和水热合成法相结合的简便方法，将具有单斜型白钨矿相（ms-$BiVO_4$）和四方型锆石相（tz-$BiVO_4$）的 $BiVO_4$成功修饰在高次序排列的 TiO_2纳米管阵列（TiO_2-NTAs）上，有力地构建了不同 m&t-$BiVO_4$/TiO_2-NTAs 异质结纳米复合材料，形成不同的氧空位（V_O）摩尔比和浓度。同时，在紫外-可见光照射下，m&t-$BiVO_4$/TiO_2-NTAs 纳米复合材料在光电化学（PEC）性能测试中显示出显著的提升，包括光电流密度测试和电化学阻抗谱测试。这些提升源于纳米异质界面和 V_O 缺陷之间的正向协同效应，促进了能量级的电荷转移（CT）。此外，通过纳秒时间分辨瞬态光致发光光谱，提出了自洽的界面 CT 机制和令人信服的 m&t-$BiVO_4$/TiO_2-NTAs 异质结的定量动态过程（即 CT 速率常数）。

4.1 引言

如今，随着全球化经济的不断发展，可持续利用能源和保护自然环境已成为全世界关注的重大问题。PEC 技术是一种有前景且备受关注的技术，在水分解燃料生成、太阳能可充电电池、光催化燃料电池、有机污染物光降解和生物传感[44,117-118]等多个领域具有应用潜力，这源于藤岛和本田的开创性工作。光活性半导体在光照下产生光生 e^--h^+对，这些对被内建电场的驱动力分离并输送到光阴极和光阳极的各自端点。半导体的导带（CB）和价带（VB）处的足够动能将驱动电极电解液界面的氧化/还原过程，这与 CT 速率密切相关。TiO_2被认为是最有前途且有详细文献记载的 PEC 材料之一，因为它具有适合水分解氧化还原反应的能带位置、优异的化学稳定性、丰富的可用性和环境友好性。目前，粉体悬浮液和薄膜是两种代表性的 TiO_2相关光催化剂[119]。值得注意的是，虽然基于粉体 TiO_2的 PEC 材料具有完全可用的表面积，适应清洁和方便操纵的要求[120]，然而，由于其 PEC 性能差、可重复使用性和可回收性差，实际应用仍受到限制[121]。与颗粒型 PEC 纳米材料相比，薄膜型 TiO_2相关光催化剂引起了更多的关注，原因如下：（1）薄膜具有有效且均匀的光吸收，产生大量载流子；（2）相同数量的材料中，薄膜形式的活性高出一个数量级，显示出最小材料获得最大活性的特点；（3）与粉体样品相比，基于薄膜的面板的运行成本和回收再利用预计将显著降低，因为避免了机械搅拌；（4）在薄膜 PEC 纳米系统中，通过底层导电层发生更有效的电子转移，因此薄膜系统可以显著提高 PEC 活性；（5）非常适合高效的大规模应用[122-123]。与此同时，通过钛片阳极氧化过程在钛金属基底上垂直定向制备的自组织 TiO_2-NTAs 已被证明是提高 PEC 和生物传感性能的优秀纳米薄膜结构[124-125]。具有高度有序的纳米多孔表面的 TiO_2-NTAs 具有以下独特特性：（1）增强了氧化还原目标化合物的活性吸附面积[126]；（2）有序排列的结构不仅为沿轴向的 CT 提供了路径，还有光激发的电荷载流子的分离[127]；（3）通过能带调节改善光吸收并减少电荷复合[128]；尽管 TiO_2-NTAs 的有益特性显而易见，但它仍然继承了 TiO_2的固有特性，主要表现为仅在紫外光激发下具有宽能隙能量（E_g约为 3.2 eV），导致电荷分离速率缓慢的快速电荷复合率[129]。为了克服上述问题，通过金属（如 Au、Ag、Cu 等）或非金属（如 C、N、S 等）的掺杂来增强 TiO_2-NTAs 的可见光吸收能力已被证明是一种有效的方法[130]。当金属元素沉积在 TiO_2-NTAs 上时，可以引起合适的能带偏移，并充当光收集器，预期能延长波长吸收范围并增强其可见光 PEC 性能。然而，该方法受到多个缺点的限制，因为贵金属纳米颗粒具有相当的毒性，反应设备昂贵且繁琐，在 PEC 过程中光腐蚀是不可避免的。同样，使用非金属离子而不是金属来掺杂 TiO_2-NTAs 光阳极材料是一种可行的可见光活性光催化剂的探索方法。非金属元素的掺杂可以在 TiO_2-NTAs 的 VB 上引入中间能级，并作为光激发电子的捕获中心，从而实现狭窄能隙的光响应并抑制光生物种的复合。引入新的能级不可避免地会降低 PEC 材料的电负性，从而降低 PEC 相关能力[131]。考虑到实际应用的趋势，更倾向于具有出色 CT 能力的可见光活性 PEC 纳米系统，因为紫外光区域仅占整个太阳光谱的很小比例（5%）。在这个框架内，构建 TiO_2-NTAs 基纳米异质结不仅能显著扩展其光吸收窗口，还能加快光生电荷载流子的分离速率。

铋钒酸盐（$BiVO_4$）作为一种固有的 N 型直接带隙三元氧化物半导体，在可见光下具有高稳定性、无毒性和适当的能带位置，被认为是一种有前景的可见光 PEC 材料替代品[132]。正如已经广泛宣称的那样，$BiVO_4$的 PEC 性能受到其制备形态和晶体结构的强烈影响。迄今为止，根据不同的合成方法，$BiVO_4$出现了三个主要的晶体相，即单斜型白钨矿相（ms-$BiVO_4$）、四方型白钨矿相（ts-$BiVO_4$）和四方型锆石相（tz-$BiVO_4$），其能隙分别为 2.4 eV、2.4 eV 和 2.9 eV[133-134]。其中，最先进的 ms-$BiVO_4$是最稳定的相，并表现出最佳的光催化活性，在 AM 1.5 G 照射下[135]，可达到超过 1000 h 的显著稳定性、高达 7.5 mA/cm^2的理论光电流密度和 9.2%的太阳能光电转化效率。这主要归因于由 Bi 6s 电子或 Bi 6s 和 O 2p 杂化轨道形成的 VB 向 V 3d 电子形成的 CB 的跃迁，从而缩小能隙并提供足够的 VB 氧化电位（约为 2.79 eV vs. NHE），以氧化各种有机化合物[136]。此外，ts-$BiVO_4$具有与 ms-$BiVO_4$ 相似的晶体和能带结构，但鲜有研究。而

tz-$BiVO_4$的晶体相结构由于其宽能隙而表现出最低的光催化性能，限制了在可见光区域内的光降解和水分解的广泛应用。

根据确凿的实验证明[137]，单一 ms-$BiVO_4$具有载流子迁移率较低（0.044 $cm^2/(V \cdot s)$）、较短的载流子扩散长度（约 70 nm）和缓慢的电子传输动力学，这是其固有的缺点，导致其光电流密度不尽如人意。此外，Wang 等人[138]强调单一的 ms-$BiVO_4$的 CB 上的电子还原能力较弱（0.04 eV vs. NHE），尽管 $BiVO_4$的 VB 上的空穴具有强氧化能力，导致其无法将氧分子（O_2）还原为超氧根离子（$\cdot O_2^-$，−0.33 eV vs. NHE），而是将电子困在 CB 上，并且具有较弱的表面吸附性质[139]。这是因为 $O_2/\cdot O_2^-$的电位比 ms-$BiVO_4$的 CB 更负，从而导致其光电化学转化效率令人失望。在单一的 ms-$BiVO_4$光触发系统中，根据能带间隙限制，合适的氧化还原电位和充足的能量激发载流子的产生之间存在一种权衡。众所周知，光电极上的氧化还原反应是一个整体，只有当光产生的电子和空穴在表面可用时才会发生。如果由于内建电场不足而在半导体表面积累过多的自由可移动的光激发载流子，不利于参与 PEC 反应，并更容易在光催化剂内部发生复合。构建 ms-$BiVO_4$/tz-$BiVO_4$（m/t-$BiVO_4$）异质结是改善单一 ms-$BiVO_4$电荷动力学特性的一种替代策略，特别有助于电荷分离[140]。然而，m/t-$BiVO_4$异质 PEC 材料不仅需要严苛的合成条件，而且无法提供与 ms-$BiVO_4/TiO_2$和 tz-$BiVO_4/TiO_2$（m&t-$BiVO_4/TiO_2$）异质结构相比，更好的能级匹配以加速光诱导的电荷分离。毫无疑问，具有富含内在缺陷的氧空位（V_O）的 m&t-$BiVO_4/TiO_2$-NTAs 纳米异质结展现出令人印象深刻的催化活性，这是由于异质结界面效应和空位效应之间的协同作用[142]。此外，很多文献揭示了 V_O 缺陷与提高 PEC 相关性能和促进 CT 动力学过程的内在相关性，V_O 缺陷的详细作用如下[138,142-144]：（1）V_O 缺陷可以作为电子供体增加多数载流子密度和光电压；（2）V_O 可以提供浅陷阱位点，促进 e^--h^+对的分离并抑制电荷载流子的复合；（3）V_O 缺陷可以使电子结构重叠和离域，从而增加光吸收边缘；（4）丰富的表面 V_O 缺陷带正电荷，可以作为 PEC 反应中吸附足够的光降解活性基团物种（如 $\cdot O_2^-$和羟基自由基 $\cdot OH$）的反应中心；（5）V_O 位点有助于 E_F和 $BiVO_4$ CB 的向上偏移（更负），并且可以作为提高电荷注入效率的活性位点，这得益于 m&t-$BiVO_4/TiO_2$-NTAs 异质结界面之间有利的能带能量偏移。

与其他制备方法相比，水热合成法是形成 m&t-$BiVO_4$和 TiO_2-NTAs 之间异质结构的首选方法，这是因为其过程简单、环境友好且成本低廉[145]，适合工业化生产的扩展。值得强调的是，前驱体溶液的 pH 值对 ms-$BiVO_4$和 tz-$BiVO_4$的晶相摩尔比和表面缺陷态浓度产生了显著影响[135,146]，这也将对异质结构中能带位置和界面电荷转移效率产生显著影响。根据相关研究报道，m&t-$BiVO_4/TiO_2$-NTAs 纳米复合材料的界面电荷转移和复合超快动力学过程的时间尺度为纳秒级[147]，涉及表面氧化还原反应的速率决定步骤，这使得其极具挑战性，远远大于光激发 e^--h^+对从 VB 到 CB 的转变的时间尺度，即飞秒级[148]。同时，可以将超快飞秒激光触发技术与时间分辨光致发光（PL）光谱测量结合起来，集成到现有仪器中进行纳秒级的瞬态 PL 测量，提供与 V_O 内在缺陷相关的纳米异质结中中间态的电荷载流子动力学的可验证的定量和定性信息，包括时间相关的瞬态 PL 强度、光激发载流子寿命和电荷转移速率常数[149-150]，这在提高 PEC 相关性能方面起到决定性作用。逻辑上讲，有理由相信通过利用 m&t-$BiVO_4$ 和 TiO_2-NTAs 之间的正向协同效应，可以获得改进的 PEC 效率和发展出高灵敏度的 PEC 适配体传感器[151-152]。然而，据我们所知，目前很少有研究对 m&t-$BiVO_4$ 和 TiO_2-NTAs 之间的定性界面电荷转移机制和定量电荷注入动力学过程进行详尽的探索，并利用瞬态 PL 动力学探测优势。此外，很少有人提到前驱体溶液的 pH 值、不同晶相摩尔比和 V_O 缺陷量之间的固有物理联系。

4.2 m&t-$BiVO_4/TiO_2$-NTAs 异质结纳米复合材料的形貌及组分表征

4.2.1 形貌表征

使用 SEM 和 TEM 表征单一 $BiVO_4$ 薄膜、未修饰 TiO_2-NTAs 和具有不同水热时间合成 $BiVO_4$-NPs（5 h、10 h 和 20 h）的二元 $BiVO_4/TiO_2$-NTAs 纳米复合材料的表面形貌和横截面，如图 4-1 所示。采用水热法（10 h）在 FTO 导电表面制备了尺寸均匀、呈规则球形分布的 $BiVO_4$-NPs，如图 4-1（a）所示，其平均粒径约为 50 nm。此外，还可以看到在一些地方具有团聚的球型 $BiVO_4$-NPs，这提高了比表面积，从而增加了氧化还原反应的活性表面积[153]。如图 4-1（b）所示，在 Ti 基底上制备了光滑且表面均匀的 TiO_2-NTAs，其平均孔径和壁厚约为 100 nm 和 10 nm。图 4-1（b）插图是单根纳米管的 TEM 图像，其外径和长度分别为 100 nm 和 5 μm，这与顶视 SEM 图像观察结果完全一致。

在图 4-1（c）~（e）中呈现了 $BiVO_4/TiO_2$-NTAs 异质结的垂直视图形态的典型 SEM 图像，其 $BiVO_4$-NPs 的沉积时间从 5 h 增加到 20 h，其中前驱体溶液的 pH 值依次等于 2、5 和 8，然后在 450 ℃下进行退火处理。当 $BiVO_4$-NPs 修饰到 TiO_2-NTAs 表面后，从图中观察到了明显不同的纳米形貌（从分散或聚集的球形纳米颗粒到成簇状的纳米片）。在图 4-1（c）中展示了 $BiVO_4/TiO_2$-NTAs 纳米复合材料的 SEM 图像，其中 $BiVO_4$-NPs 水热制备时间为 5 h（$BiVO_4/TiO_2$-NTAs-5），从图中可以看到一些离散分布的 $BiVO_4$ 纳米颗粒，其平均尺寸约为 30 nm，主要分散在 TiO_2-NTAs 的间隙之间或填充在管内。此外，图 4-1（d）为沉积时间为 10 h 的 $BiVO_4/TiO_2$-NTAs-10 顶视 SEM 图像。平均尺寸约为 50 nm 的 $BiVO_4$-NPs 分布在纳米管的顶表面及纳米管间的空隙当中，并且它们还填充在纳米管的内部，将纳米管连接在一起。除此之外，TiO_2-NTAs 的骨架保持不变，还有一些 $BiVO_4$纳米片（$BiVO_4$-NSs）形成在一些 TiO_2-NTAs 表面的区域上。$BiVO_4$-NPs 水热合成反应时间为 20 h 的 $BiVO_4/TiO_2$-NTAs 纳米复合材料（$BiVO_4/TiO_2$-NTAs-20）的顶视 SEM 图像如图 4-1（e）所示。结果进一步表明了反应合成时间和 pH 值是制备 $BiVO_4$的关键因素，因为它们具有通过形成 NSs 簇聚集在一起的趋势，NSs 簇随机分布在纳米管的顶表面，其长度和宽度分别约为 120 nm 和 100 nm。结果与已经发表的文章结果一致[154]，这些外来物质通常会阻塞纳米管开口。

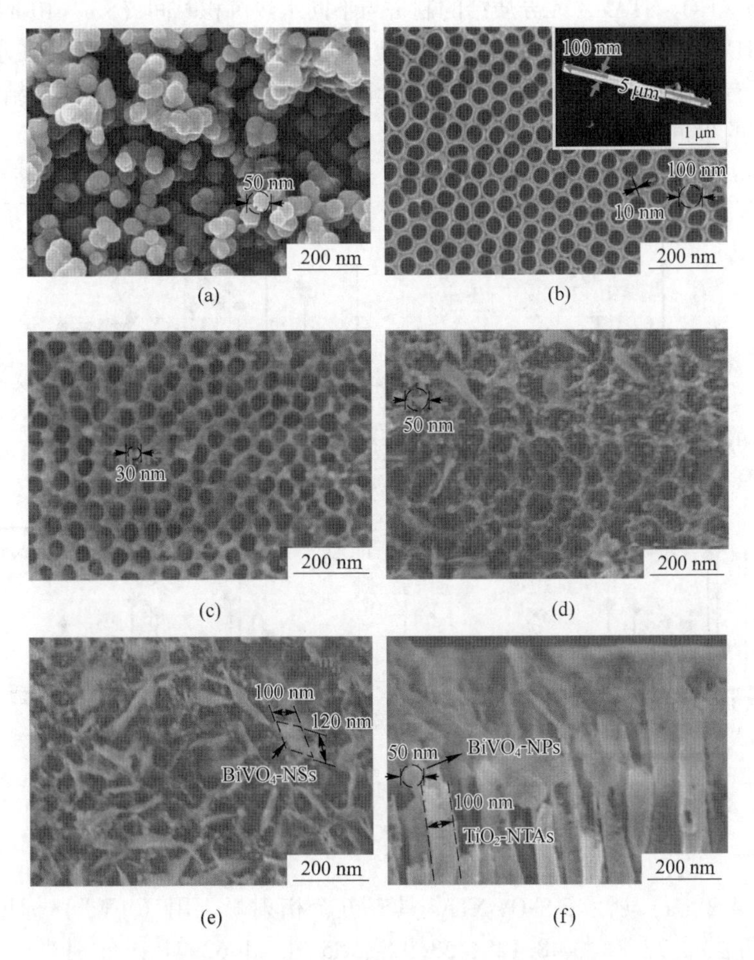

图 4-1 $BiVO_4$（a）、TiO_2-NTAs（b）和不同 $BiVO_4$沉积时间 $BiVO_4/TiO_2$-NTAs（c）~（e）的顶视 SEM 图像及 $BiVO_4$沉积 10 h $BiVO_4/TiO_2$-NTAs 的横截面 SEM 图像（f）

为了明确说明 $BiVO_4/TiO_2$-NTAs 异质结的形成，对代表性样品 $BiVO_4/TiO_2$-NTAs-10 进行了横截面 SEM 表征，如图 4-1（f）所示。$BiVO_4$-NPs 的掺入导致 $BiVO_4/TiO_2$-NTAs-10 纳米复合材料的表面粗糙度增加，其中 $BiVO_4$的粒径和单个 TiO_2纳米管的外径分别约为 50 nm 和 100 nm，这与图 4-1（b）和（d）的结果一致。最值得注意的是，沉积的 $BiVO_4$-NPs 屏蔽了 TiO_2-NTAs 的管口，证明了 $BiVO_4/TiO_2$-NTAs 异质结的成功制备。

4.2.2 组分表征

利用 XRD 深入研究了所制备的薄膜样品的晶体结构和相组成。图 4-2 呈现了未修饰 TiO_2-NTAs、单一 $BiVO_4$薄膜和 $BiVO_4/TiO_2$-NTAs 二元异质结的 XRD 谱图。$BiVO_4/TiO_2$-NTAs 二元异质结的制备与不同水热沉积时间（5 h、10 h 和 20 h）和不同 pH 值（2、5 和 8）的前驱体溶液相关。显而易见，所有样品在水热制备条件下具有变窄和尖锐的峰，证明所制备样品的结晶性良好，和预期结果一样，这与之前的报道一致[155]。

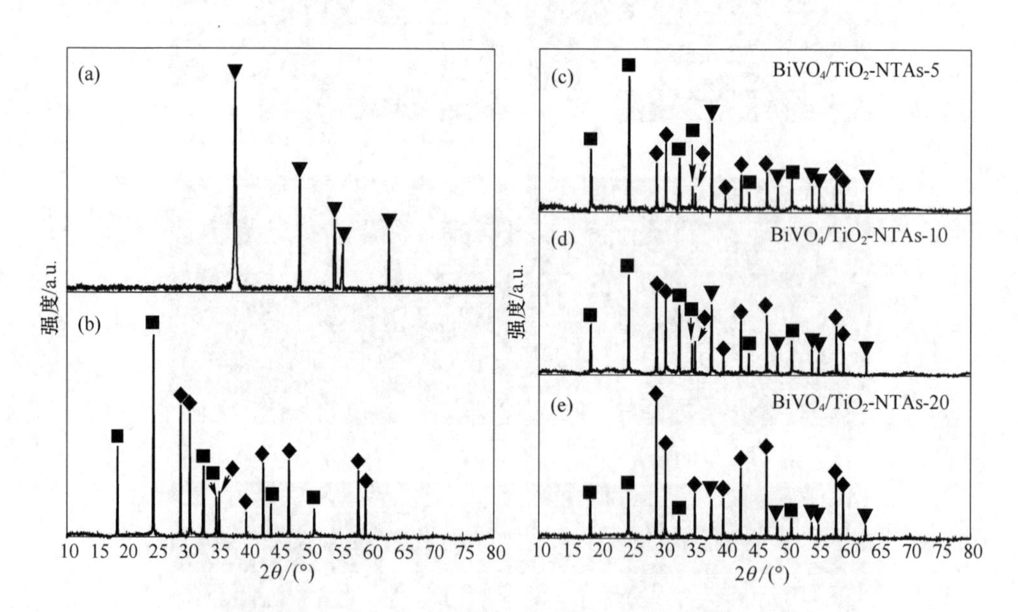

图 4-2 TiO_2-NTAs（a）、$BiVO_4$（b）和不同 $BiVO_4$ 沉积时间 $BiVO_4/TiO_2$-NTAs（c）~（e）的 XRD 谱图

如图 4-2（a）所示，TiO_2-NTAs 具有五个衍射峰，用（“▼”）标记，衍射峰的 2θ 角位于 37.88°、48.12°、53.97°、55.10°和 62.74°，分别对应于 TiO_2-NTAs 的（004）、（200）、（105）、（211）、和（204）晶面。这些结果证明了所制备的样品是锐钛矿相 TiO_2（PDF 卡号：21-1272）。特别是，由于更小的有效质

量和更长的载流子寿命，从而导致更快的迁移率和更高的 PEC 反应活性物质的产生，因此锐钛矿型 TiO_2具有比其他晶相 TiO_2更好的 PEC 性能[156]。

图 4-2（b）为前驱体溶液 pH 值为 5，且在 450 ℃下退火的单一 $BiVO_4$的 XRD 图，根据 JCPDS 文件可以看出，衍射峰的位置与 tz-$BiVO_4$和 ms-$BiVO_4$相一致，这证明成功合成了 m&t-$BiVO_4$混合晶型异质结。其中，位于 18.3°、24.4°、32.7°、34.7°、43.8°和 50.7°处的峰对应于 tz-$BiVO_4$（PDF 卡号为 14-0133）的（101）、（200）、（112）、（220）、（103）和（213）晶面（用“■”标记）。同时，ms-$BiVO_4$在 28.8°、30.5°、35.2°、39.7°、42.5°、46.7°、58.0°和 59.2°（用“◆”标记）处显示特征衍射峰，分别对应于（121）、（040）、（002）、（211）、（051）、（240）、（170）和（123）晶面，与 PDF 卡号：14-0688 一致。图 4-2（c）~（e）为在不同 pH 值（2、5 和 8）的前驱体溶液中水热沉积不同 $BiVO_4$-NPs 量（5 h、10 h 和 20 h）修饰在 TiO_2-NTAs 上的结晶度。

与图 4-2（a）和（b）的衍射峰相比，图 4-2（c）~（e）的 XRD 表现出除了 $BiVO_4$/TiO_2-NTAs 样品中的 TiO_2-NTAs、tz-$BiVO_4$与 ms-$BiVO_4$之外没有其他杂质峰，证明了水热合成反应的纯度很高，且二元 m&t-$BiVO_4$/TiO_2-NTAs 异质结纳米复合材料的制备达到了预期的效果（即 ms-$BiVO_4$/TiO_2-NTAs 和 tz-$BiVO_4$/TiO_2-NTAs 纳米异质结）。同时，m&t-$BiVO_4$/TiO_2-NTAs 纳米复合材料的 XRD 显示出锐钛矿相 TiO_2的所有衍射峰，这意味着 TiO_2-NTAs 的未修饰结构在 $BiVO_4$-NPs 修饰过程中没有发生任何改变。从图 4-2（c）~（e）中可以看到 TiO_2-NTAs 的衍射峰强度随着 $BiVO_4$-NPs 水热沉积时间从 0 h 增加到 20 h 而逐渐减弱，这主要是由于 m&t-$BiVO_4$和 TiO_2-NTAs 异质界面之间的阻挡效应[157]。随着 $BiVO_4$-NPs 沉积量的增加，锐钛矿型 TiO_2-NTAs 衬底的 XRD 信号逐渐减弱。对在 450 ℃下退火的 $BiVO_4$/TiO_2-NTAs 样品进行了 m&t-$BiVO_4$/TiO_2-NTAs 非均匀混合相的研究，结果与 Parida 等人的研究结果一致，他们证明了样品在 300~600 ℃的条件下退火后 m&t-$BiVO_4$的共存[158]。值得注意的是，当前驱体溶液的 pH 值从 2 连续增加到 8 时，ms-$BiVO_4$/TiO_2-NTAs 异质结的（121）和（040）的衍射峰强度逐渐增加，而 tz-$BiVO_4$/TiO_2-NTAs 异质结的（101）和（200）的衍射峰强度逐渐减弱，如图 4-2（c）~（e）所示。为了定量评估单一 $BiVO_4$薄膜、m&t-$BiVO_4$/TiO_2-NTAs-5、m&t-$BiVO_4$/TiO_2-NTAs-10 和 m&t-$BiVO_4$/TiO_2-NTAs-20 样品中的 tz-$BiVO_4$（$\eta_{tz\text{-}B/T}$）和 ms-$BiVO_4$（$\eta_{ms\text{-}B/T}$）的比例，通过式（4-1）和式（4-2）进行了评估[159-160]。$I_{tz\text{-}B/T}$和 $I_{ms\text{-}B/T}$是指四方相（即（101）和（200））和单斜相（即（121）和（040））的强度。在表 4-1 中呈现出了关于单一纳米半导体和二元纳米半导体中的 $\eta_{tz\text{-}B/T}$和 $\eta_{ms\text{-}B/T}$的百分比组成。

$$\eta_{tz\text{-}B/T}(\%) = (I_{tz\text{-}B/T} \times 100\%) / (I_{tz\text{-}B/T} + I_{ms\text{-}B/T}) \tag{4-1}$$

$$\eta_{ms\text{-}B/T}(\%) = (I_{ms\text{-}B/T} \times 100\%) / (I_{tz\text{-}B/T} + I_{ms\text{-}B/T}) \tag{4-2}$$

表 4-1 在不同的前驱体溶液 pH 值下，$BiVO_4$和不同 $BiVO_4$ 沉积时间 m&t-$BiVO_4/TiO_2$-NTAs 中 $BiVO_4$的四方相和单斜相的百分比组成

样品	前驱体溶液 pH 值	ms-$BiVO_4$($\eta_{ms\text{-}B/T}$/%)	tz-$BiVO_4$($\eta_{tz\text{-}B/T}$/%)
$BiVO_4$	5	46.7	53.3
m&t $BiVO_4/TiO_2$-NTAs-5	2	36.8	63.2
m&t $BiVO_4/TiO_2$-NTAs-10	5	48.4	51.6
m&t $BiVO_4/TiO_2$-NTAs-20	8	71.9	28.1

表 4-1 表明 m&t-$BiVO_4/TiO_2$-NTAs 二元异质结样品中的 $\eta_{ms\text{-}B/T}$（或 $\eta_{tz\text{-}B/T}$）百分数随着前驱体溶液的 pH 值增加而增加（或减少），反之亦然，这一现象表明通过控制 pH 值实现了不同比例的 m&t-$BiVO_4/TiO_2$-NTAs 异质结的有效构建，这与 Huang 等人报道的结果一致[140]。我们认为，随着前驱体溶液 pH 值的增加，由于 ms-$BiVO_4$的增加而抑制了 tz-$BiVO_4$的晶体生长。ms-$BiVO_4$和 tz-$BiVO_4$在单一 $BiVO_4$薄膜中的比例近似等于 m&t-$BiVO_4/TiO_2$-NTAs-10 样品中的比例组成，这验证了在单一 $BiVO_4$薄膜中形成了 m&t-$BiVO_4$异质结，并进一步验证了在确定的温度退火条件下，pH 值在介导 m&t-$BiVO_4/TiO_2$-NTAs 纳米复合物的异质结比例中的关键作用。

在图 4-3（a）中，对未修饰 TiO_2-NTAs、单一 $BiVO_4$薄膜和不同 $BiVO_4$-NPs 水热沉积时间（5 h、10 h 和 20 h）的 m&t-$BiVO_4/TiO_2$-NTAs 二元异质结在 350 nm 和 700 nm 波长之间的紫外-可见光漫反射（UV-Vis DRS）光谱。未修饰 TiO_2-NTAs 的吸收带在 393 nm 处，这是由带边（NBE）跃迁产生的[161]。与图 4-3（a）中的未修饰 TiO_2-NTAs 相比，单一 $BiVO_4$ 薄膜的 UV-Vis DRS 光谱发生明显红移，表现出与 496 nm 相关的特征光谱，其处在 ms-$BiVO_4$（517 nm）和 tz-$BiVO_4$（428 nm）的固有吸收带边缘之间。此外，如 m&t-$BiVO_4/TiO_2$-NTAs 纳米异质结构的 UV-Vis DRS 曲线所示，与未修饰 TiO_2-NTAs 相比，二元纳米复合材料的吸收带对较大波长区域基本上是透明的，这表明 $BiVO_4$的掺入，提高了光吸收能力并促进了光生电子的传输，这是 m&t-$BiVO_4$ 和 TiO_2-NTAs 之间异质结协同效应的结果。显然，随着水热时间从 m&t-$BiVO_4/TiO_2$-NTAs-5 到 m&t-$BiVO_4/TiO_2$-NTAs-20 的增加，吸收边逐渐向更大的波长移动，这表明带隙减小，并且纳米复合材料对可见光变得更加敏感。同时，不同 $BiVO_4$沉积时间的 m&t-$BiVO_4/TiO_2$-NTAs 的所有光吸收谱，特别是对于 m&t-$BiVO_4/TiO_2$-NTAs-10，在可见光区域呈现明显向前的马鞍形状（标记为区域“Ⅰ”），这可能是由于 $BiVO_4$中 V_O 缺陷引起的平均原子间距增加所导致的结果[142]。此外，位于 497 nm 处的吸收峰（标记为区域“Ⅱ”）归因于 TiO_2-NTAs 中 V_O 缺陷的吸收[162]。然后使用 Tauc 图来确定所制备样品相应的 E_g值，如图 4-3（b）所示。基于以下经典 Tauc 方程

绘制 $(\alpha h\nu)^{1/n}$ 对光子能量$(h\nu)$ 曲线[163]：

$$(\alpha h\nu)^{1/n} = A(h\nu - E_g) \tag{4-3}$$

式中，α、h、ν、A、E_g和 n 分别表示吸收系数、普朗克常数、入射光频率、比例常数、能带能量和特征整数；n 由光学跃迁的性质确定，由于 $BiVO_4$和 TiO_2的特征直接跃迁，n 的值为 1/2[164]。从逻辑上讲，通过将 $(\alpha h\nu)^{1/n}$ 的线性部分外推到 0，可以估算出样品的 E_g 值。未修饰 TiO_2-NTAs、单一 $BiVO_4$ 薄膜、m&t-$BiVO_4$/TiO_2-NTAs-5、m&t-$BiVO_4$/TiO_2-NTAs-10 和 m&t-$BiVO_4$/TiO_2-NTAs-20 的 E_g值分别约等于 3.15 eV、2.50 eV、2.65 eV、2.58 eV 和 2.52 eV。为了进一步得出在不同水热合成条件下 m&t-$BiVO_4$/TiO_2-NTAs 的 E_g 计算值的有效性，使用了与 m&t-$BiVO_4$含量加权相关的替代带隙计算的方法，如下所示：

$$E_{g\text{-}W} = E_{g\text{-}ms}\eta_{ms\text{-}B/T}(\%) + E_{g\text{-}tz}\eta_{tz\text{-}B/T}(\%) \tag{4-4}$$

式中，$E_{g\text{-}W}$ 是加权中的带隙能量；$\eta_{ms\text{-}B/T}$ 和 $\eta_{tz\text{-}B/T}$ 分别是 m&t-$BiVO_4$/TiO_2-NTAs 异质结中 $BiVO_4$的单斜相和四方相的百分比。ms-$BiVO_4$的 E_g 值为 2.4 eV，而 tz-$BiVO_4$的 E_g值为 2.9 eV。在表 4-2 中列出了详细的比较结果。

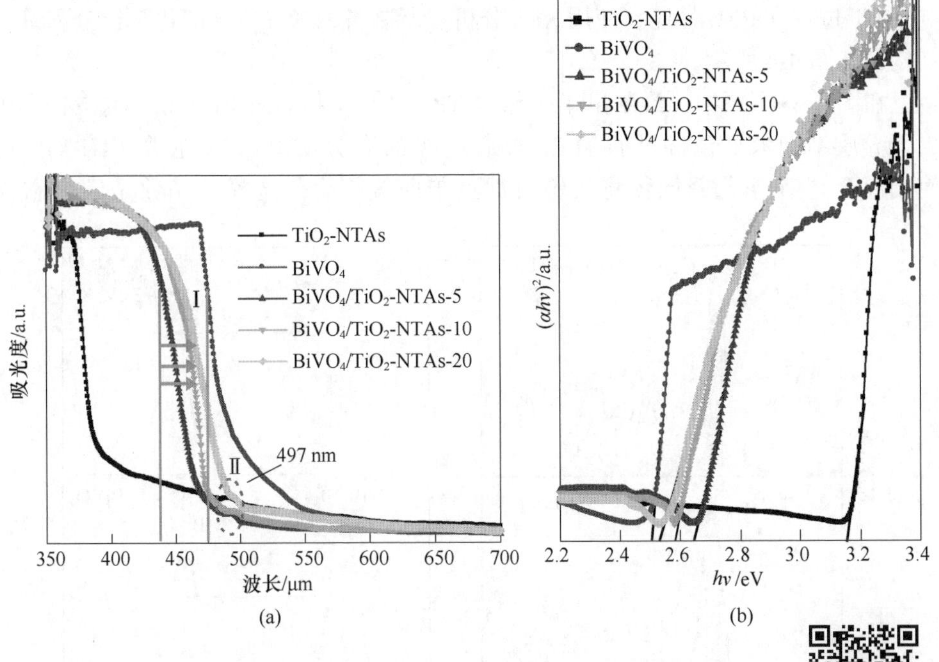

图 4-3 TiO_2-NTAs、$BiVO_4$及不同 $BiVO_4$沉积时间 m&t $BiVO_4$/TiO_2-NTAs 的 UV-Vis DRS 光谱（a）和光学带隙的 Tauc 图（b）

彩图

表 4-2　不同 $BiVO_4$ 沉积时间 m&t-$BiVO_4$/TiO_2-NTAs 的 E_g 和 $E_{g\text{-}W}$ 的比较

样品	Tauc 中计算的 E_g 值/eV	加权计算的 $E_{g\text{-}W}$ 值/eV
m&t-$BiVO_4$/TiO_2-NTAs-5	2. 65	2. 66
m&t-$BiVO_4$/TiO_2-NTAs-10	2. 58	2. 59
m&t-$BiVO_4$/TiO_2-NTAs-20	2. 52	2. 54

通过剔除不同制备条件下 TiO_2-NTAs 衬底 m&t-$BiVO_4$/TiO_2-NTAs 的能带结构的影响，从 Tauc 公式中获得的 E_g 值与加权计算的 $E_{g\text{-}W}$ 基本上是一致的，这加强了与 V_O 相关的 $BiVO_4$ 的存在提供了可见光吸收的协同增强的假设，同时又促进了光子和激子之间的能量耦合。在相同水热制备条件下，单一 $BiVO_4$ 薄膜和 m&t-$BiVO_4$/TiO_2-NTAs-10 之间的 E_g 值的差异可能源于它们之间光活性层厚度的差异[165]。

为了进一步直观地揭示 $BiVO_4$ 和 TiO_2-NTAs 表面缺陷的协同效应，其极大影响了 CT 过程和 PEC 性能，使用 XPS 分析了所制备纳米异质结的化学组分和键合结构，如图 4-4 所示。

在图 4-4（a）中，绘制出了未修饰 TiO_2-NTAs 和 m&t-$BiVO_4$/TiO_2-NTAs-10 二元异质结纳米复合材料的 Ti 2p 核心能级的高分辨率 XPS 光谱（HRXPS）。使用混合高斯-洛伦兹函数将实验数据点与曲线拟合。选择该函数是因为它提

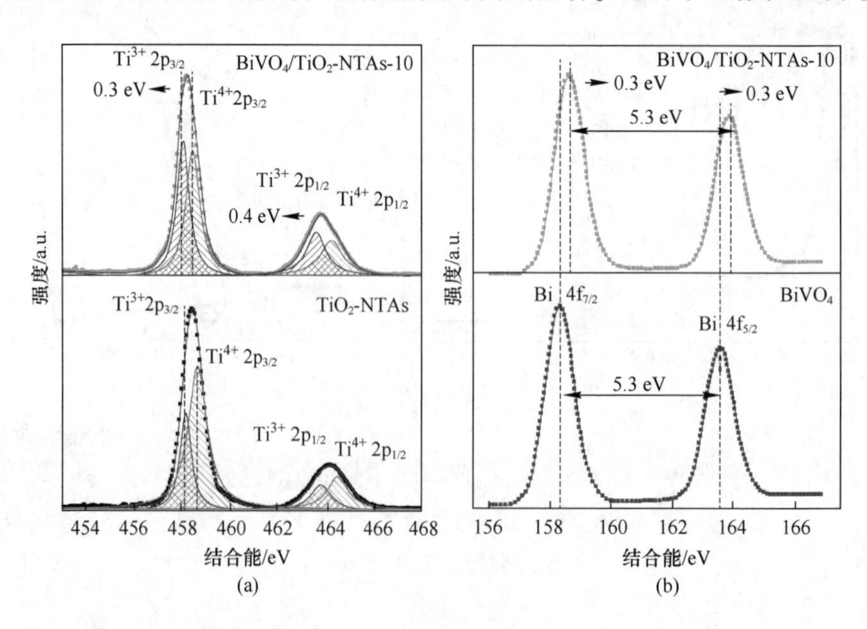

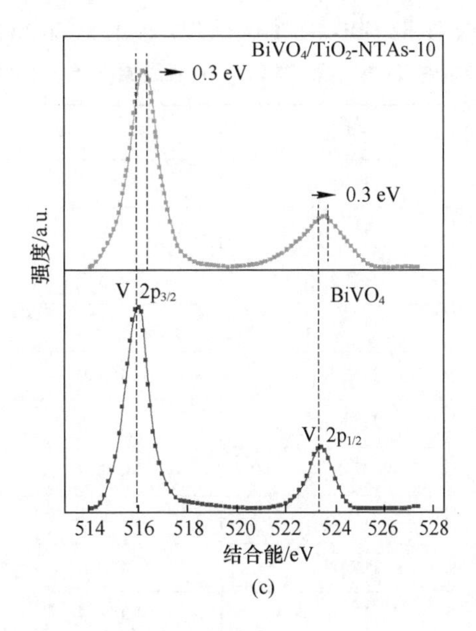

图 4-4 TiO_2-NTAs、$BiVO_4$和 m&t-$BiVO_4/TiO_2$-NTAs-10 的 Ti 2p（a）、Bi 4f（b）和 V 2p（c）核心能级的 HRXPS 光谱

供了对数据点的优化拟合，如通过非线性最小二乘拟合算法所确定的，包括 Ti^{3+} $2p_{3/2}$、Ti^{4+} $2p_{3/2}$、Ti^{3+} $2p_{1/2}$和 Ti^{4+} $2p_{1/2}$，其来源于 Ti^{3+}和 Ti^{4+}的核心能级。未修饰 TiO_2-NTAs 中位于结合能（BE）458.5 eV 和 464.2 eV 处的两个强峰代表 Ti $2p_{3/2}$和 Ti $2p_{1/2}$[166]。此外，m&t-$BiVO_4/TiO_2$-NTAs-10 的 Ti 2p 核心能级的 BE 分别位于 458.2 eV 和 463.8 eV 处，这两个 BE 被指定为 Ti $2p_{3/2}$和Ti $2p_{1/2}$[167]。另外，Ti 原子不同氧化态的 BE 值是不同的。位于 458.7 eV、464.5 eV、458.5 eV 和 464.3 eV 处的 BE 峰归因于 Ti^{4+}价态[168]，位于 458.1 eV、463.6 eV、458.2 eV 和 463.9 eV 处的 BE 峰归因于 Ti^{3+}价态和 V_O 缺陷[167,169-170]。

表 4-3 中给出了未修饰 TiO_2-NTAs 和二元 m&t-$BiVO_4/TiO_2$-NTAs-10 异质结的表面原子 Ti^{3+}/Ti^{4+}的比值，通过计算 Ti 2p XPS 光谱中自旋轨道分裂峰 Ti $2p_{1/2}$和 Ti $2p_{3/2}$核心能级峰面积的积分拟合后获得浓度，直接对应于 V_O 缺陷（Ti^{3+}）和 Ti^{4+}的浓度[171]。结果发现，与未修饰 TiO_2-NTAs 相比，m&t-$BiVO_4/TiO_2$-NTAs-10 中 Ti 2p 的峰发生明显偏移（0.3～0.4 eV）至较低 BE（红移），这主要源于异质结构形成后从 $BiVO_4$到 TiO_2-NTAs 的 CT[172]，这增加了 TiO_2-NTAs 中的电子密度和 V_O 缺陷浓度[173]。

表 4-3 TiO_2-NTAs 和 m&t-$BiVO_4$/TiO_2-NTAs-10 的 Ti 2p XPS 光谱中自旋轨道双分裂峰 Ti $2p_{1/2}$ 和 Ti $2p_{3/2}$ 的表面原子比 Ti^{3+}/Ti^{4+}

样品	类型	结合能/eV	表面原子比 Ti^{3+}/Ti^{4+}
TiO_2-NTAs	Ti $2p_{3/2}$	458.5	0.543
	Ti^{3+} $2p_{3/2}$	458.2	
	Ti^{4+} $2p_{3/2}$	458.7	
	Ti $2p_{1/2}$	464.2	
	Ti^{3+} $2p_{1/2}$	463.9	
	Ti^{4+} $2p_{1/2}$	464.5	
m&t-$BiVO_4$/TiO_2-NTAs-10	Ti $2p_{3/2}$	458.2	0.988
	Ti^{3+} $2p_{3/2}$	458.1	
	Ti^{4+} $2p_{3/2}$	458.8	
	Ti $2p_{1/2}$	463.8	
	Ti^{3+} $2p_{1/2}$	463.6	
	Ti^{4+} $2p_{1/2}$	464.8	

在图 4-4（b）中可以观察到单一 $BiVO_4$ 薄膜中的 Bi 4f 核心能级的 XPS 在 158.3 eV 和 163.6 eV 处显示出两个峰，其分别对应于 Bi $4f_{7/2}$ 和 Bi $4f_{5/2}$ 的轨道[174]。与上述相反，m&t-$BiVO_4$/TiO_2-NTAs-10 的自旋轨道分裂峰（158.6 eV 和 163.9 eV）相对于单一 $BiVO_4$ 薄膜的 BE 值向更高的 BE 偏移 0.3 eV。对于单一 $BiVO_4$ 薄膜和 m&t-$BiVO_4$/TiO_2-NTAs-10 的两个自旋轨道分裂峰之间的间隔为 5.3 eV，这归因于 $BiVO_4$ 中 Bi^{3+} 氧化态[175]。如图 4-4（c）所示，对于单一 $BiVO_4$ 薄膜，V 2p 的两个自旋轨道分裂峰位于 515.9 eV 和 523.4 eV 处，分别属于 V $2p_{3/2}$ 和 V $2p_{1/2}$，并证明了 $BiVO_4$ 中存在 V^{5+} 的氧化态[176]。与单一 $BiVO_4$ 薄膜相比，m&t-$BiVO_4$/TiO_2-NTAs-10 的 V 2p 自旋轨道峰（即 V $2p_{3/2}$ 和 V $2p_{1/2}$）分别在约 0.3 eV 处向 516.2 eV 和 523.7 eV 的较高 BE 偏移。且 m&t-$BiVO_4$/TiO_2-NTAs-10 的 Bi 4f 和 V 2p 核心能级向更大值的 BE 偏移现象表明纳米复合材料界面中不同组分之间的电子从 $BiVO_4$ 转移到 TiO_2，这是由于 $BiVO_4$ 的电子密度降低而导致电子屏蔽效应减弱[177]，这与上述 m&t-$BiVO_4$/TiO_2-NTAs-10 的 Ti 2p 的 XPS 分析一致。

应用 XPS 检测进一步验证不同 pH 值（2、5 和 8）的前驱体溶液对所制备的不同 $BiVO_4$ 水热沉积时间（5 h、10 h 和 20 h）的 m&t-$BiVO_4$/TiO_2-NTAs 异质结的表面价态和 V_O 缺陷浓度的影响。在图 4-5（a）中呈现了沉积时间为 5 h、10 h 和 20 h 的 m&t-$BiVO_4$/TiO_2-NTAs 异质结的 Bi 4f 核心能级的 HRXPS 光谱。Bi 4f 的分裂 BE 峰出现在 Bi $4f_{7/2}$ 和 Bi $4f_{5/2}$ 的 158.6~158.9 eV 和 163.9~164.3 eV 处，

这是 Bi 元素的三价氧化态的特征峰[174,178-179]。与 m&t-$BiVO_4$/TiO_2-NTAs-5（Bi $4f_{7/2}$和 Bi $4f_{5/2}$分别为 158.9 eV 和 164.3 eV）相比，$BiVO_4$/TiO_2-NTAs-20（Bi $4f_{7/2}$和 Bi $4f_{5/2}$分别为 158.7 eV 和 164.1 eV）、$BiVO_4$/TiO_2-NTAs-10（Bi $4f_{7/2}$和 Bi $4f_{5/2}$分别为 158.6 eV 和 163.9 eV）的 Bi $4f_{7/2}$和 Bi $4f_{5/2}$信号的自旋轨道分裂峰向较低 BE 值略微分别偏移了 0.2 eV 和 0.3 eV，充分证明了在 m&t-$BiVO_4$/TiO_2-NTAs 异质结样品中形成了界面相互作用。

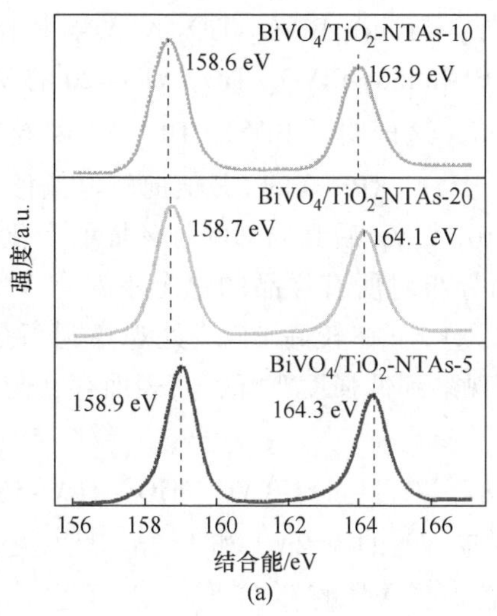

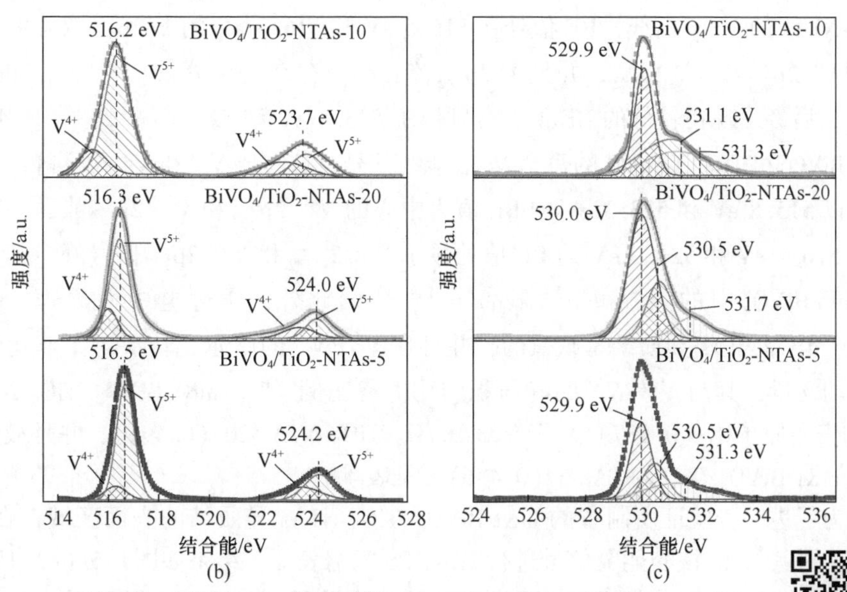

图 4-5 不同 $BiVO_4$ 沉积时间 m&t-$BiVO_4$/TiO_2-NTAs 的 Bi 4f（a）、V 2p（b）和 O 1s（c）核心能级的 HRXPS 光谱

彩图

图 4-5（b）呈现了沉积时间为 5 h、10 h 和 20 h 的 m&t-$BiVO_4/TiO_2$-NTAs 异质结的 V 2p 的核心能级 XPS 光谱。m&t-$BiVO_4/TiO_2$-NTAs-5 中 V 2p 的两个不对称 BE 峰位于 516.5 eV 和 524.2 eV 处，分别归因于 V $2p_{3/2}$和 V $2p_{1/2}$的特征自旋轨道信号[180]；而 m&t-$BiVO_4/TiO_2$-NTAs-10 和 m&t-$BiVO_4/TiO_2$-NTAs-20 的宽 V 2p XPS 光谱分别在 516.2～516.3 eV 和 523.7～524.0 eV 处显示特征分裂 BE 峰，分别归因于 V $2p_{3/2}$和 V $2p_{1/2}$自旋轨道信号[181-182]。巧合的是，除了 Bi 4f 的核心能级 XPS 光谱之外，与 m&t-$BiVO_4$-TiO_2-NTAs-5 相比，可以清楚地观察到 m&t-$BiVO_4/TiO_2$-NTAs-10 和 m&t-$BiVO_4/TiO_2$-NTAs-20 的 V 2p 的核心能级信号中的 BE 值发生了略微偏移，这证明了 $BiVO_4/TiO_2$-NTAs 异质结中存在 V^{4+}。根据先前的研究报告可知[172,183]，XPS 峰的 BE 值向较低偏移与 V_O 缺陷的存在具有必然的联系，这是由于引入 V_O 后其局部配位环境的变化以及 Bi 和 V 原子的电子密度增加。使用高斯分布对所有样品的每个不对称 V 2p 核心能级峰进行进一步去解卷积产生两个双峰：在较高 BE 值处观察到高强度双峰，其属于 V^{5+} 价态；在较低 BE 值处观察到低强度双峰，其表面存在与 $BiVO_4$中 V_O 缺陷相关的 V^{4+}[184]。

如图 4-5（b）所示，对于 m&t-$BiVO_4/TiO_2$-NTAs-5，除了在 516.5 eV 和 524.1 eV 处的信号峰对应 V^{5+}的 V $2p_{3/2}$和 V $2p_{1/2}$[147]之外，位于 516.2 eV 和 523.4 eV 处的信号峰证实了 V^{4+} 的存在[185]。为了进一步解卷积 m&t-$BiVO_4/TiO_2$-NTAs 的 V 2p 谱线，BE 值处在 515.5 eV 和 516.3 eV 的 V $2p_{3/2}$双峰的分布属于 $V^{4+}2p_{3/2}$和 $V^{5+}2p_{3/2}$，并且 V $2p_{1/2}$核心能级存在两个分量：$V^{5+}2p_{1/2}$和 $V^{4+}2p_{1/2}$，后者出现在较低的 BE 值，分别位于 523.8 eV 和 523.1 eV[186-187]。最终，m&t-$BiVO_4/TiO_2$-NTAs-20 的每个 V 2p 能级信号被分解成 V^{4+}和 V^{5+}两个峰，分别显出以 515.8 eV 和 523.3 eV 的 BE 值为中心的 V^{4+} $2p_{3/2}$和 V^{4+} $2p_{1/2}$峰，并且分别在 516.4 eV 和 524.0 eV 的 BE 值处显示 V^{5+} $2p_{3/2}$和 V^{5+} $2p_{1/2}$信号峰，其分别对应于 $BiVO_4$ 中的 V^{4+} 和 V^{5+} 阳离子[188-189]。此外，通过电中性原理，m&t-$BiVO_4/TiO_2$-NTAs 异质结是缺氧的，并且在 V^{4+}/V^{5+}的摩尔比值决定了非化学计量氧的含量，其与 V^{4+}/V^{5+}的峰面积的比值成比例[190]。m&t-$BiVO_4/TiO_2$-NTAs-10 的表面原子比（0.587）高于 m&t-$BiVO_4/TiO_2$-NTAs-20（0.491），并且最低比值是 m&t-$BiVO_4/TiO_2$-NTAs-5（0.436），见表 4-4。

为了进一步验证所制备的 m&t-$BiVO_4/TiO_2$-NTAs 异质结的表面区域存在 V_O 缺陷，对其 O 1s 核心能级信号进行 HR-XPS 光谱表征，结果如图 4-5（c）所示。通过高斯函数拟合，将所有样品解卷积成三个分量，对应于三种物质：晶格氧（L_O）、V_O 和吸附氧（A_O），它们可由 529.9～530.0 eV，530.5～531.1 eV 和 531.3～531.7 eV 处的相应特征峰对应[191-194]。为了直观揭示水热法的制备环境

表 4-4 不同 $BiVO_4$ 沉积时间 m&t-$BiVO_4/TiO_2$-NTAs 的 V 2p XPS 光谱中自旋轨道双分裂峰 V $2p_{1/2}$ 和 V $2p_{3/2}$ 的表面原子比 V^{4+}/V^{5+}

样品	类型	结合能/eV	表面原子比 V^{4+}/V^{5+}
m&t-$BiVO_4/TiO_2$-NTAs-5	V^{4+} $2p_{3/2}$	516.2	0.436
	V^{5+} $2p_{3/2}$	516.5	
	V^{4+} $2p_{1/2}$	523.4	
	V^{5+} $2p_{1/2}$	524.1	
m&t-$BiVO_4/TiO_2$-NTAs-10	V^{4+} $2p_{3/2}$	515.5	0.587
	V^{5+} $2p_{3/2}$	516.3	
	V^{4+} $2p_{1/2}$	523.1	
	V^{5+} $2p_{1/2}$	523.8	
m&t-$BiVO_4/TiO_2$-NTAs-20	V^{4+} $2p_{3/2}$	515.8	0.491
	V^{5+} $2p_{3/2}$	516.4	
	V^{4+} $2p_{1/2}$	523.3	
	V^{5+} $2p_{1/2}$	524.0	

对 V_O 缺陷数量的影响，在表 4-5 中总结了具有不同水热合成时间（5 h、10 h 和 20 h）的 m&t-$BiVO_4/TiO_2$-NTAs 的 O 1s XPS 光谱中表面 $V_O/(L_O+A_O)$ 和 $A_O/(L_O+V_O)$ 摩尔比的估算值，其中峰面积的比值可分解为三个部分：V_O、L_O 和 A_O。m&t-$BiVO_4/TiO_2$-NTAs-10 的 $V_O/(L_O+A_O)$ 最大摩尔比为 0.571，其次是 m&t-$BiVO_4/TiO_2$-NTAs-20 的 0.402，而 m&t-$BiVO_4/TiO_2$-NTAs-5 的值最小为 0.361。

表 4-5 不同 $BiVO_4$ 沉积时间 m&t-$BiVO_4/TiO_2$-NTAs 的 O 1s XPS 光谱的表面摩尔比 $V_O/(L_O+A_O)$ 和 $A_O/(L_O+V_O)$

样品	类型	结合能/eV	表面摩尔比 $V_O/(L_O+A_O)$ 和 $A_O/(L_O+V_O)$
m&t-$BiVO_4/TiO_2$-NTAs-5	L_O	529.9	0.361 和 0.336
	V_O	530.5	
	A_O	531.3	

续表 4-5

样品	类型	结合能/eV	表面摩尔比 $V_O/(L_O+A_O)$ 和 $A_O/(L_O+V_O)$
m&t-$BiVO_4$/TiO_2-NTAs-10	L_O	529.9	0.571 和 0.423
	V_O	531.1	
	A_O	531.3	
m&t-$BiVO_4$/TiO_2-NTAs-20	L_O	530.0	0.402 和 0.396
	V_O	530.5	
	A_O	531.7	

同时，$A_O/(L_O+V_O)$ 的摩尔比表现出类似的变化趋势，对于 TiO_2-NTAs 水热沉积 $BiVO_4$-NPs，在 5 h、10 h 和 20 h 的时间下 $A_O/(V_O+L_O)$ 的摩尔比分别等于 0.336、0.423 和 0.396，这证明了 A_O 物质的量与 V_O 成正比。综合比较上述结果，对于所形成的 m&t-$BiVO_4$/TiO_2-NTAs，较高表面 V^{4+}/V^{5+} 摩尔比包含较高的 V_O 缺陷，并且在 XPS 峰中观察到更低的位移，这也可以由所制备样品中的 $A_O/(L_O+V_O)$ 的摩尔比证实，这主要是由于 A_O 物质在 $BiVO_4$ 表面的 V_O 缺陷处的化学吸附[194]。和预想的一样，m&t-$BiVO_4$/TiO_2-NTAs 二元异质结纳米系统中的 V_O 缺陷浓度是由沉积时间和前驱体溶液的 pH 值的协同效应介导的。随着反应时间从 5 h 增加到 20 h，V_O 缺陷的数量逐渐增加，然后减少，而不是表现出线性变化，发现 m&t-$BiVO_4$/TiO_2-NTAs-10 中 V_O 缺陷的含量最大。因此可以得出结论，前驱体溶液的 pH 值主要控制的是 m&t-$BiVO_4$/TiO_2-NTAs 异质结纳米系统中的 V_O 缺陷浓度。

拉曼光谱被证明是一种可靠的技术，对于无机材料的振动跃迁、晶格中的束缚态以及局部结构畸变具有敏感性。因此，使用绿光激光器（532 nm）在不同反应时间下进行了拉曼光谱分析，以评估水热合成的 m&t-$BiVO_4$/TiO_2-NTAs 纳米复合材料的详细结构和组成特征，如图 4-6 所示。图 4-6（a）展示了所选样品的拉曼图谱，峰位分布在 100~1000 cm^{-1}。在未修饰 TiO_2-NTAs 的拉曼光谱中，可以识别到一个明显强烈的峰位于 149.6 cm^{-1}，对应于 E_{1g} 振动模式；另外一个较弱的峰位于 197.7 cm^{-1}，对应于 TiO_2 的主要 E_{1g} 激活模式。此外，位于 397.8 cm^{-1}、513.8 cm^{-1} 和 639.0 cm^{-1} 处的其他三个中等强度峰位可分别归属于 B_{1g}、（A_{1g}+B_{1g}）和 E_{1g} 的振动模式[195]。所有这些拉曼峰位属于锐钛矿相的 TiO_2，用符号“▼”表示，与 XRD 分析结果一致。接下来，对单一 $BiVO_4$ 薄膜进行了拉曼光谱分析以作为参考，展现了 8 个典型的振动波段，分别位于 210.9 cm^{-1}、248.6 cm^{-1}、

326.5 cm^{-1}、367.3 cm^{-1}、711.2 cm^{-1}、758.3 cm^{-1}、821.7 cm^{-1}和 855.6 cm^{-1}，这些波段特征表明了 $BiVO_4$的混合相，其中包括 ms-$BiVO_4$（以“◆”标记）和 tz-$BiVO_4$（以“■”标记），并验证了 XRD 结果[196]。具体来说，单一 $BiVO_4$薄膜中的外部扭转振动模式分别出现在 210.9 cm^{-1}和 248.6 cm^{-1}处，对应于单斜相和四方相的形成，分别归属于平移/旋转和 Bi—O 伸缩模式[152]。而 326.5 cm^{-1}和 367.3 cm^{-1}处的峰可以归因于 ms-$BiVO_4$相中 VO_4单元中 V—O 键的反对称（B_g对称模式）和对称（A_g对称模式）弯曲模式[152]。同样，单一 $BiVO_4$薄膜的拉曼带位于 711.2 cm^{-1}和 821.7 cm^{-1}处，分别归属于单斜 BiVO4 相中两组 V—O 振动键的反对称伸展（B_g对称模式）和对称伸展（A_g对称模式）。此外，位于 711.2 cm^{-1}处的 V—O 的 B_g伸展模式与 V_O 缺陷相关[197]，这与 UV-Vis DRS 测试结果一致。其他突出的拉曼带位于 758.3 cm^{-1}和 855.6 cm^{-1}处，可以归因于四方相中 V—O 键的反对称伸展振动模式和对称弯曲振动模式[196]。水热合成的 m&t-$BiVO_4$/TiO_2-NTAs 异质结的拉曼光谱在图 4-6 中展示，其中 TiO_2-NTAs 表面装饰有不同沉积时间（5 h、10 h 和 20 h）$BiVO_4$。可以清楚地观察到它们之间的拉曼光谱差异，可分为以下四个主要方面：

（1）除了 $BiVO_4$的单斜相和四方相，所有三个选定样品中均明显观察到铁钛矿相 TiO_2-NTAs 的拉曼特征峰，验证了预测的 m&t-$BiVO_4$/TiO_2-NTAs 混合相异质结的成功制备，这与 UV-Vis 漫反射光谱和 X 射线衍射实验结果一致。然而，可以看到铁钛矿相 TiO_2-NTAs 的拉曼峰位强度在水热反应时间从 5 h 增加到 20 h 的过程中逐渐减弱，这可能是由于沉积的 $BiVO_4$纳米颗粒削弱了底层 TiO_2-NTAs 的拉曼信号。

（2）可以明确地显示，随着前驱体溶液的 pH 值从 2 增加到 8，单斜相的峰位强度（即 210.9 cm^{-1}、326.5 cm^{-1}、367.3 cm^{-1}和 821.7 cm^{-1}）增加，而四方相的弱峰强度随 pH 值的增加而减少，表明 m-$BiVO_4$的含量随 pH 值的增加而增加，而 t-$BiVO_4$的变化趋势相反，这与 X 射线衍射检测结果相吻合，说明前驱体溶液的 pH 值对 m&t-$BiVO_4$/TiO_2-NTAs 纳米复合材料中 m-$BiVO_4$和 t-$BiVO_4$的含量具有显著影响。

（3）如图 4-6（b）所示，展示了 m&t-$BiVO_4$/TiO_2-NTAs-5、m&t-$BiVO_4$/TiO_2-NTAs-10 和 m&t-$BiVO_4$/TiO_2-NTAs-20 的铁钛矿相 TiO_2 的 E_{1g} 活性振动峰（对应区域Ⅰ）的放大图，可以看出随着 $BiVO_4$沉积量的增加，与 m&t-$BiVO_4$/TiO_2-NTAs-5 相比，峰位向高波数方向发生不同程度的偏移，尤其是 m&t-$BiVO_4$/TiO_2-NTAs-10 达到最大值，这是由于在引入 $BiVO_4$纳米颗粒后，TiO_2晶格发生变形导致 BiVO4 中 V_O 缺陷的产生[198]。

（4）图 4-6（c）是图 4-6（a）中区域Ⅱ的放大图，范围在 760~900 cm^{-1}，可以明显观察到 m&t-$BiVO_4$/TiO_2-NTAs-10 和 m&t-$BiVO_4$/TiO_2-NTAs-20 的 A_g对称

伸展模式的拉曼峰更宽且向低波数方向移动，与 m&t-$BiVO_4$/TiO_2-NTAs-5 相比，m&t-$BiVO_4$/TiO_2-NTAs-10 的偏移最为显著，这归因于引入 $BiVO_4$ 导致 V—O 键长度增加[199-200]，与 X 射线光电子能谱实验结果完全一致。

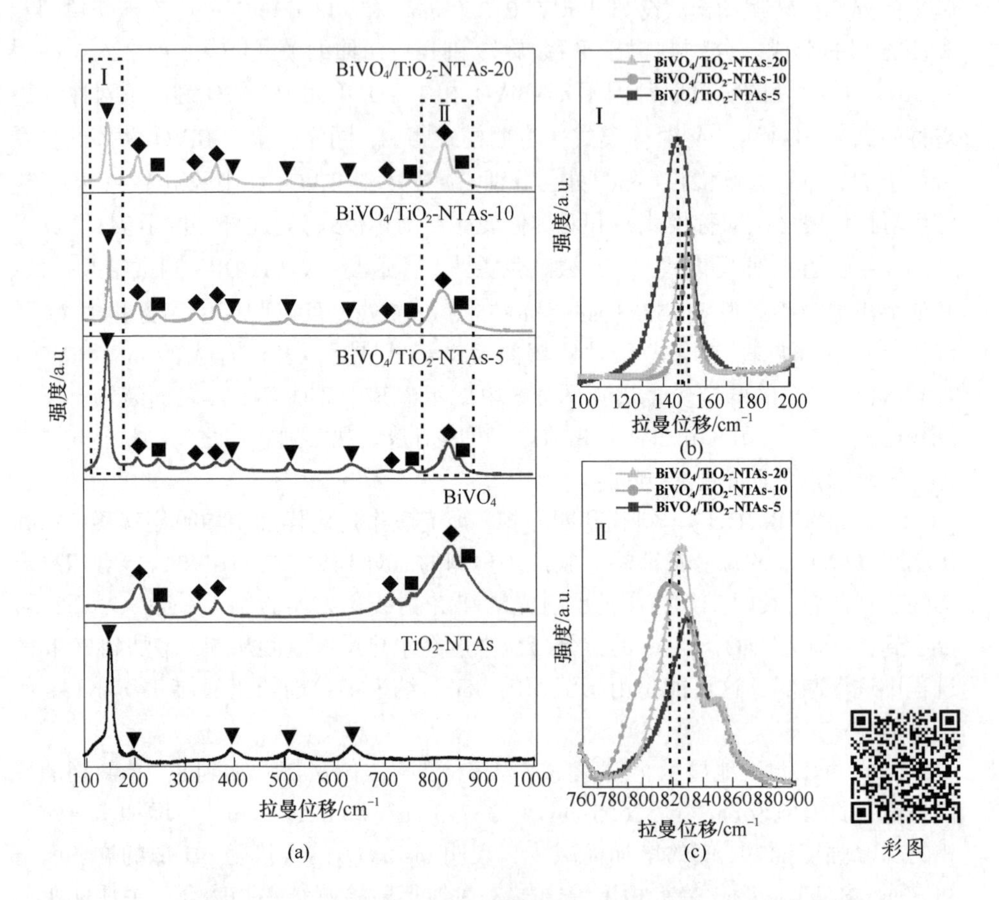

图 4-6 TiO_2-NTAs、$BiVO_4$和不同 $BiVO_4$沉积时间 m&t-$BiVO_4$/TiO_2-NTAs 的拉曼光谱（a）、100~200 cm^{-1}区域的放大光谱（b）和 760~900 cm^{-1}区域的放大光谱（c）

4.3 光电化学性能测试

为了进一步评估 m&t-$BiVO_4$装饰和 V_O 缺陷在 m&t-$BiVO_4$/TiO_2-NTAs 光吸收层与电解质之间异质界面的光生 e^--h^+对的分离、迁移和复合过程中的作用，进行了单一和二元样品的瞬态 *I-t* 曲线和电化学阻抗谱（EIS）的光电化学性能测试，以探索光催化机制，数据如图 4-7 所示。瞬态光电流幅值可以证明通过不同水热反应时间所制备的 m&t-$BiVO_4$/TiO_2-NTAs 异质结的光催化活性。图 4-7（a）

为在模拟太阳光照射下以 10 s 的间隔在 9 个斩波开关循环的过程中样品的光响应开关行为。所获得样品的光电流值顺序为未修饰 TiO_2-NTAs < 单一 $BiVO_4$ 薄膜 < m&t-$BiVO_4$/TiO_2-NTAs-5 < m&t-$BiVO_4$/TiO_2-NTAs-20 < m&t-$BiVO_4$/TiO_2-NTAs-10，表明二元异质结复合材料比单一半导体具有更高的分离效率和更长的载流子寿命。由于 E_g 较宽，导致未修饰 TiO_2-NTAs 的光响应有限，所以其具有最低的光电流密度（约 0.146 $\mu A/cm^2$），而单一 $BiVO_4$ 薄膜显示出比 TiO_2-NTAs 更高的光电流密度（约 0.243 $\mu A/cm^2$），其中开/关受益于更窄的 E_g，对应更大可见光吸收。当 $BiVO_4$ 和 TiO_2-NTAs 形成异质结构，光电流密度就会急剧增加。m&t-$BiVO_4$/TiO_2-NTAs-5 和 m&t-$BiVO_4$/TiO_2-NTAs-20 与单一 $BiVO_4$ 薄膜和未修饰 TiO_2-NTAs 相比具有更加灵敏的光电流响应，分别约 0.349 $\mu A/cm^2$ 和 0.503 $\mu A/cm^2$，分别是未修饰 TiO_2-NTAs 的 2.4 倍和 3.4 倍。m&t-$BiVO_4$/TiO_2-NTAs-10 表现出最高的光电流密度，达到约 0.646 $\mu A/cm^2$，约为未修饰 TiO_2-NTAs 的 4.4 倍。同时，通过对 m&t-$BiVO_4$/TiO_2-NTAs-10 的分析，光照射时引起光电流密度激增，这是由于光生电荷的瞬时积累，这表明许多载流子在异质结中产生而不是复合。

如图 4-7（b）所示，EIS 测量的奈奎斯特曲线通常由高频下的一系列半圆弧和低频下的线性部分组成。对电荷分离阻力一般由半圆弧的半径表示，其中较小的弧半径表示光诱导载流子分离效率较高。从图中可以看出，与其他样品相比，未修饰 TiO_2-NTAs 具有最大的弧半径，这表明在所有测试的样品中 TiO_2-NTAs 具有最大的 CT 阻力，这可能是由于 TiO_2-NTAs 在可见光范围内的光响应差，从而降低了电子的传导速率。与未修饰 TiO_2-NTAs 相比，单一 $BiVO_4$ 薄膜的弧半径进一步减小，表明在模拟太阳光辐照条件下，光激发载流子具有更小的传输阻力，且光生 e^--h^+ 对的产生和分离更加有效。这与 UV-Vis DRS 和瞬态 I-t 曲线分析的结果吻合。所有样品圆弧半径的排列顺序如下：未修饰 TiO_2-NTAs > 单一 $BiVO_4$ 薄膜 > m&t-$BiVO_4$/TiO_2-NTAs-5 > m&t-$BiVO_4$/TiO_2-NTAs-20 > m&t-$BiVO_4$/TiO_2-NTAs-10，这与上述光电流密度的变化趋势一致。m&t-$BiVO_4$-TiO_2-NTAs 异质结的构建，为光生载流子的分离和传输提供了有效的通道。值得注意的是，m&t-$BiVO_4$/TiO_2-NTAs 纳米复合材料的圆弧半径随着 $BiVO_4$-NPs 沉积时间的增加（从 5 h 增加到 10 h）而减小，然后在 $BiVO_4$-NPs 的沉积时间达到 20 h 时又开始增加。m&t-$BiVO_4$/TiO_2-NTAs-10 在奈奎斯特曲线中拥有最小半径，这证明改善电导性和界面 CT 阻力所需的 $BiVO_4$-NPs 最佳沉积时间为 10 h。若沉积过多的 $BiVO_4$-NPs，则会阻碍 m&t-$BiVO_4$/TiO_2-NTAs 纳米复合材料的 CT 过程。因此，PEC 性能不同程度的增强取决于 m&t-$BiVO_4$/TiO_2-NTAs 纳米复合材料中不同浓度的 V_O 缺陷，V_O 缺陷浓度的增加使得载流子浓度增大和通过这些通道的电子传输能力得到增强，其可以有效地增加光生载流子的浓度，同时提供与电解质相互作用的反应活性点[201]。

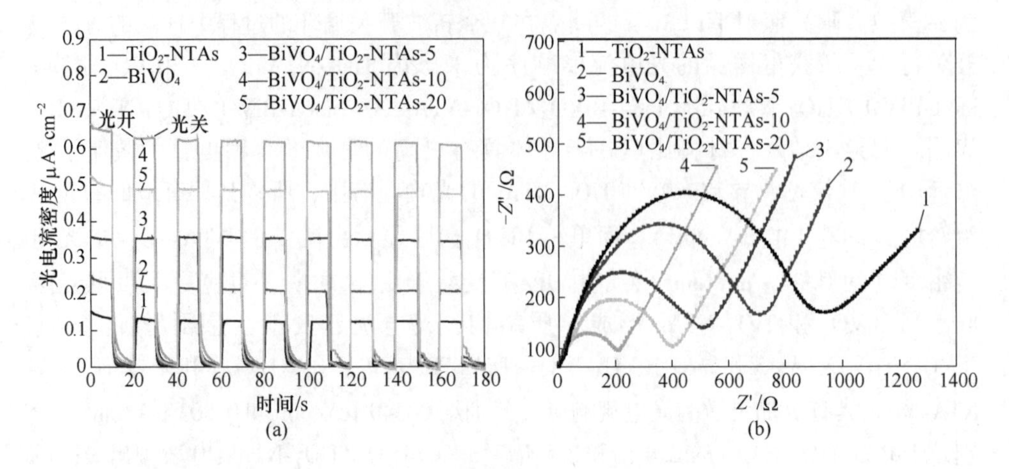

图 4-7 在 AM 1.5G 模拟太阳光照射下，TiO_2-NTAs、$BiVO_4$和不同 $BiVO_4$沉积时间 m&t-$BiVO_4/TiO_2$-NTAs 的瞬态 *I-t* 曲线（a）和 EIS 测量的奈奎斯特图（b）

4.4 稳态及纳秒时间分辨瞬态光致发光光谱的表征

如图 4-8（a）所示，当处于稳态时，未修饰 TiO_2-NTAs 的 PL 光谱显示出不对称的波段发射谱，由 395 nm（3.1 eV）低强度和 489 nm（2.5 eV）的高强度发射组成，分别对应于光生载流子的带边（NBE）辐射跃迁[202]和自陷电子从 TiO_2-NTAs 中的 V_O 缺陷到空穴的间接辐射跃迁[203]。此外，单一 $BiVO_4$薄膜的稳态 PL 光谱在 300~800 nm 具有两个发射峰，分别位于 427 nm（2.9 eV）和 516 nm（2.4 eV）。对于 t-$BiVO_4$和 m-$BiVO_4$[204-205]，不同的研究人员分别将双发射峰与 VO_4^{3-}中 V 3d 的 CB 到 O 2p 和 Bi 6s 的 VB 的载流子直接辐射复合相关联。同时，还存在其他三个连续的 PL 发射区域：区域Ⅰ（536~585 nm）、区域Ⅱ（610~650 nm）和区域Ⅲ（678~700 nm），它们分别与 m&t-$BiVO_4$中的 V_O 缺陷、表面钒空位（V_V）及 V_O 缺陷态与 VB 中空穴相关的自陷电子的间接跃迁相关[199,206-207]。

另外，在 100 ms 的采集时间下，对不同 $BiVO_4$沉积时间的 m&t $BiVO_4/TiO_2$-NTAs 二元异质结的稳态 PL 光谱进行了表征，结果发现在 350~725 nm 的表现出宽的光谱发射，如图 4-8（b）所示。所有的 m&t-$BiVO_4/TiO_2$-NTAs 异质结材料均出现位于 395 nm、427 nm 和 516 nm 的三个发射峰，其分别源自 TiO_2、t-$BiVO_4$和 m-$BiVO_4$的 CB 与 VB 之间的载流子的直接复合，这与图 4-8（a）中的结果相同。同理，根据 PL 光谱来源的差异，在可见光区域可以分为三个部分：区域Ⅰ（536~585 nm）、区域Ⅱ（603~650 nm）、区域Ⅲ（678~700 nm），其源自 m&t-

$BiVO_4$中具有 V_O 缺陷和 V_V 缺陷态的自陷载流子的间接跃迁。除此之外，在图中可以观察到在 447～509 nm 的稳态 PL 带，标记为区域Ⅳ，这是由于 TiO_2-NTAs 的 V_O 缺陷中的捕获电子和 VB 中的空穴之间的间接辐射跃迁[208-209]。m&t-$BiVO_4$ 中 V_O 缺陷的 PL 强度随着 $BiVO_4$沉积时间从 5 h 增加到 10 h 而增加，而 $BiVO_4$沉积时间为 20 h 时，区域Ⅰ和区域Ⅲ中 V_O 缺陷的 PL 强度随着 $BiVO_4$沉积时间的增加而降低，这与 V_O 缺陷浓度的表征结果一致。正如预期的那样，在没有钒源，以及 450 ℃大气退火条件下，所有测试样品均出现与 V_V 缺陷相关的 PL 峰[210]，这表明 V_O 缺陷的 PL 强度呈相干变化趋势，这主要归因于较高的 V_O 浓度，其导致较大的载流子密度和促进表明 V_V 缺陷的产生（$O_2+2V^{5+}+10e^- \rightarrow V_V+VO_2$）[211]。额外的 V_V 缺陷在 m&t-$BiVO_4$光电极的带隙中形成一系列离散的浅缺陷能级，其可以捕获光生电子并促进电荷分离，这对 PEC 性能以及 V_O 缺陷具有积极的影响[206,212]。同时，在 447～509 nm 存在明显的稳态 PL 带（区域Ⅳ），其与 TiO_2-NTAs 中 V_O 浅俘获能级相关的光致电子辐射复合[208-209]，其对 m&t-$BiVO_4$的沉积量十分敏感。

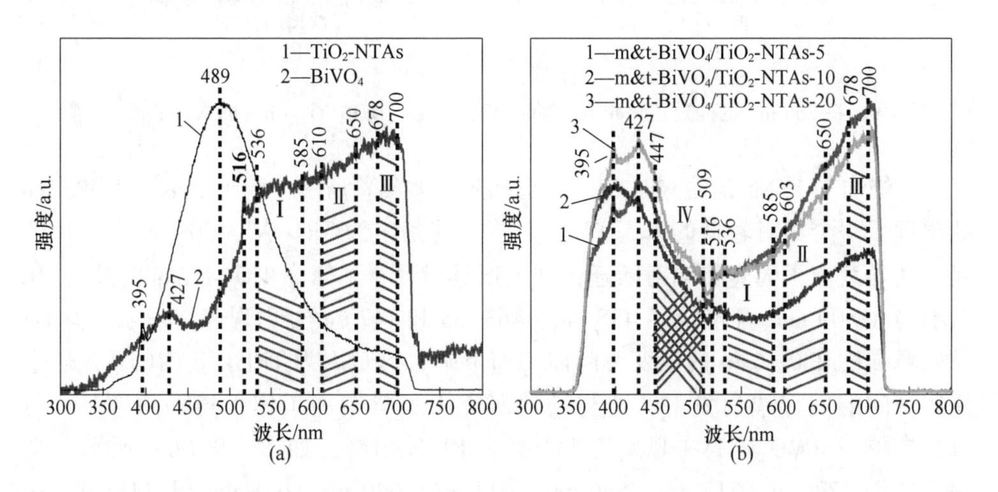

图 4-8 在 266 nm 飞秒激光脉冲下，TiO_2-NTAs、$BiVO_4$（a）和不同 $BiVO_4$ 沉积时间 m&t-$BiVO_4$/TiO_2-NTAs（b）的稳态 PL 光谱

纳秒时间分辨瞬态光致发光（NTRT-PL）光谱方法可以定量和定性地确定光诱导光电化学反应中中间态动力学的过程，通过研究半导体纳米结构中自由载流子的产生、传输、捕获和复合过程，充分利用了与电荷转移过程完全匹配的时间尺度。图 4-9 展示了未修饰 TiO_2-NTAs 和单一 $BiVO_4$薄膜的 NTRT-PL 光谱，通过每 1.5 ns 的时间演化辐照于 266 nm 的单色飞秒激光，在大气环境和常温下进行。

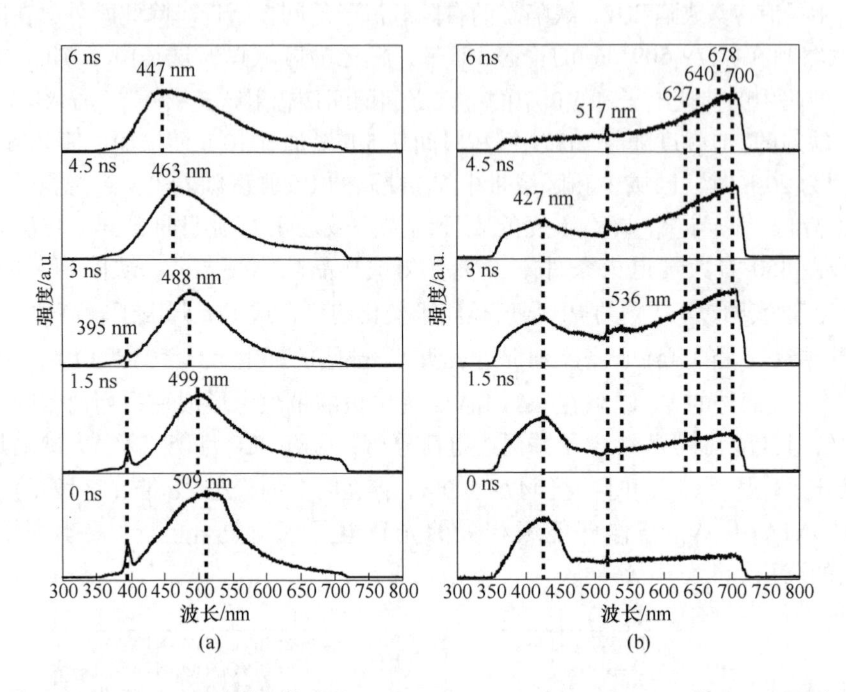

图 4-9 在 266 nm 飞秒激光脉冲下，TiO_2-NTAs（a）和 $BiVO_4$（b）的 NTRT-PL 光谱

未修饰 TiO_2-NTAs 的 NTRT-PL 光谱如图 4-9（a）所示，从 0~3 ns，在 395 nm 处出现了一个相对较低的瞬态 PL 发射峰，这是因为 TiO_2-NTAs 中 CB 和 VB 之间光诱导载流子的直接辐射跃迁，如上所述[202]。未修饰 TiO_2-NTAs 的瞬态 PL 发射峰在 509 nm、499 nm、488 nm、463 nm 和 447 nm 处出现蓝移现象，其 PL 发射峰强度在 0~6 ns 的演变时间内逐渐下降，这是因为 TiO_2 VB 内的 V_O 缺陷能级之间的间接辐射发射，这与其他研究人员早期的工作报道一致[213]。同时，在单一 $BiVO_4$薄膜中观察到 7 个瞬态 PL 发射峰，如图 4-9（b）所示，其中心位于 427 nm、517 nm、536 nm、627 nm、640 nm、678 nm 和 700 nm，这与图 4-8（a）中单一 $BiVO_4$薄膜的稳态 PL 结果相同。如上所述，认为位于 427 nm 和 517 nm 处的瞬态 PL 发射谱，与 t-$BiVO_4$和 m-$BiVO_4$的 NBE 直接复合有关；而位于 536 nm、627 nm、678 nm 和 700 nm 处出现的其他瞬态 PL 发射谱，可归因于单一 $BiVO_4$薄膜中 V_O 和 V_V 缺陷相关的俘获载流子的间接跃迁。

超快时间分辨 PL 光谱能够描述 CT 的动态过程。较强的 PL 强度表示分别与间接和直接辐射复合过程相关的缺陷能级和空穴的浓度较高。在图 4-10 中呈现了不同 $BiVO_4$-NPs 水热沉积时间（5 h、10 h、20 h）的 m&t-$BiVO_4$/TiO_2-NTAs 异质结的 NTRT-PL 光谱。为了便于讨论分析，NTRT-PL 波长分类区域与上述稳态

PL 一致。随着光谱记录所需时间的演变，在四个不同的波长区域中观察到瞬态 PL 发射峰，它们分别是：区域Ⅰ（536~585 nm）、区域Ⅱ（603~650 nm）、区域Ⅲ（678~700 nm）和区域Ⅳ（447~503 nm）。所制备的样品表现出从Ⅰ~Ⅳ的发射区域，其明显与 m&t-$BiVO_4$ 中 V_O 缺陷和 V_V 缺陷处的捕获电子之间的间接辐射跃迁，以及来自 TiO_2-NTAs 中 V_O 缺陷的间接辐射跃迁相关。这些发现与图 4-8（b）中的稳态 PL 光谱结果一致。另外，位于 395 nm、427 nm 和 518 nm 处的 PL 发射峰归因于 m&t-$BiVO_4$/TiO_2-NTAs 异质结的直接 NBE 跃迁，这与图 4-9 中的结果一致。

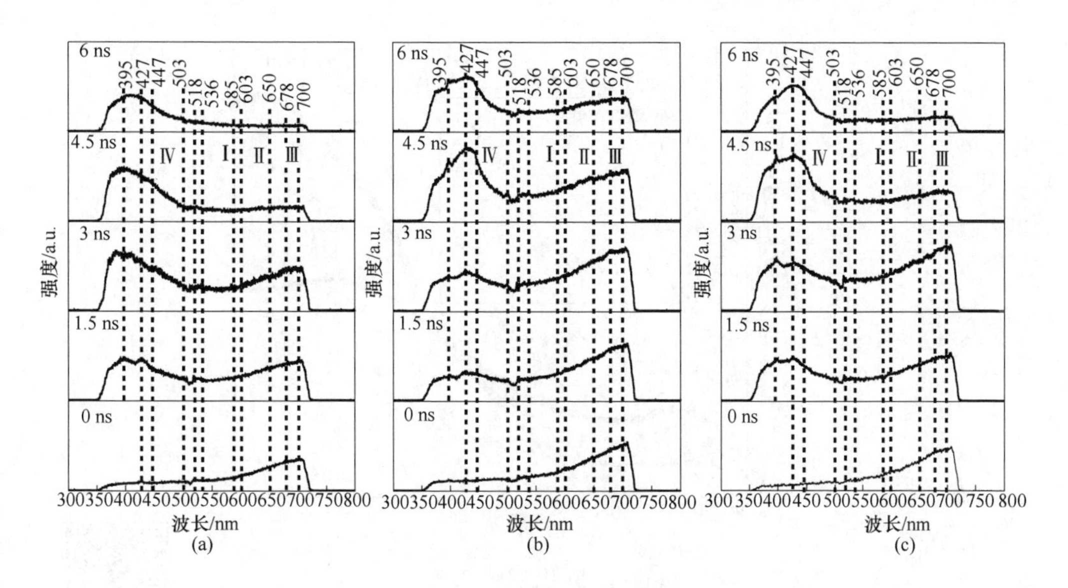

图 4-10 266 nm 飞秒激光脉冲下，不同 $BiVO_4$ 沉积时间 m&t-$BiVO_4$/TiO_2-NTAs 的 NTRT-PL 光谱

（a）5 h；（b）10 h；（c）20 h

4.5 界面电荷转移机理

众所周知，带隙结构的信息，即 CB、VB 和 E_F，对于揭示 m&t-$BiVO_4$ 和 TiO_2-NTAs 异质结界面的电荷转移机制至关重要。为了进一步探讨这个问题，在模拟太阳光照射下，以 1 kHz 的频率对精心设计的未修饰 TiO_2-NTAs、单一 $BiVO_4$ 薄膜和 m&t-$BiVO_4$/TiO_2-NTAs 纳米混合光电极进行了莫特-肖基（Mott-Schottky，M-S）分析，并将结果绘制在图 4-11 中。为了评估施主载流子密度（N_d）和平带电位（E_{fb}），绘制了 M-S 曲线，并使用 M-S 公式（即 $1/C^2$ =

$(2/e\varepsilon_0\varepsilon_r N_d)(E - E_{fb} - k_BT/e)$[214]）以评估平带电位（$E_{fb}$）和施主载流子的密度（$N_d$），其中 C 和 e 分别是赫姆霍兹层的差分电容和电子电荷（1.602×10^{-19} C）；ε_0是真空中的介电常数（8.85×10^{-12} F/m）；ε_r是相对介电常数（$BiVO_4$是68，TiO_2是170）；E_{fb}是半导体能带平坦且能弯曲为零的假设势，其可以从 M-S 图中的$1/C^2$轴外推；E 是施加的电极电位；k_B和 T 分别是玻耳兹曼常数（1.38×10^{-23} J/K）和绝对温度。此外，可以用下面的公式[215]计算 N_d 值：$N_d = (2/e\varepsilon_r\varepsilon_0)[d(1/C^2)/dE]^{-1}$。$1/C^2$ 与电位的 M-S 曲线拥有正斜率，表明样品为 N 型半导体。在表 4-6 中给出了 N_d、E_{fb}和 CB 的计算值。

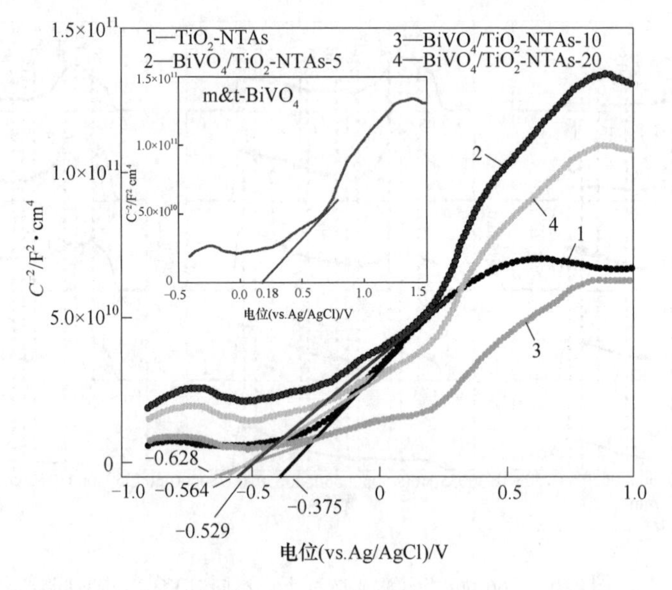

图 4-11 TiO_2-NTAs、m&t-$BiVO_4$（插图）和不同 $BiVO_4$沉积时间 $BiVO_4/TiO_2$-NTAs 的 M-S 图

表 4-6 TiO_2-NTAs、$BiVO_4$和不同 $BiVO_4$沉积时间 m&t-$BiVO_4/TiO_2$-NTAs 的施主载流子密度 N_d、平带电势 E_{fb}和 CB 的位置

样品	N_d/cm^{-3}	E_{fb}（vs. NHE）	CB 位置（vs. NHE）
TiO_2-NTAs	6.2×10^{17}	−0.175	−0.275
$BiVO_4$	3.3×10^{18}	0.377	0.277
m&t-$BiVO_4/TiO_2$-NTAs-5	4.5×10^{18}	−0.329	−0.429
m&t-$BiVO_4/TiO_2$-NTAs-10	7.6×10^{18}	−0.428	−0.528
m&t-$BiVO_4/TiO_2$-NTAs-20	6.6×10^{18}	−0.364	−0.464

显然，从表4-6中可以得知未修饰TiO_2-NTAs、单一$BiVO_4$薄膜和具有不同$BiVO_4$沉积时间的m&t-$BiVO_4$/TiO_2-NTAs异质结从5～20 h的N_d值分别是$6.2\times10^{17}\ cm^{-3}$、$3.3\times10^{18}\ cm^{-3}$、$4.5\times10^{18}\ cm^{-3}$、$7.6\times10^{18}\ cm^{-3}$和$6.6\times10^{18}\ cm^{-3}$。未修饰$TiO_2$-NTAs和单一$BiVO_4$薄膜的$N_d$值低于具有不同$BiVO_4$沉积时间的m&t-$BiVO_4$/$TiO_2$-NTAs异质结的$N_d$值，这充分证明了异质结中更强大的内建电场可以提高施主载流子密度。这种变化趋势也与光电流密度和EIS的结果一致，大大减少了载流子的复合。此外，N_d值随着$BiVO_4$纳米颗粒水热反应时间从5 h增加到10 h而增加，然后当沉积时间为20 h降低，证实了V_O缺陷可以提高m&t-$BiVO_4$/TiO_2-NTAs纳米复合材料中的电荷载流子密度和电导率[211]。随着$BiVO_4$含量的增加，$BiVO_4$中的空位活性中心数量不断增加，而在pH值为2～8时，$BiVO_4$的过量沉积使得$BiVO_4$的空位活性中心数量减少。未修饰TiO_2-NTAs、单一$BiVO_4$薄膜和具有不同$BiVO_4$沉积时间的m&t-$BiVO_4$/TiO_2-NTAs从5～20 h的E_{fb}如下：-0.375 eV、0.180 eV、-0.529 eV、-0.628 eV和-0.564 eV（vs. Ag/AgCl）。基于关系式$E_{NHE}=E_{Ag/AgCl}+0.1976$（25 ℃）[150]，它们分别为-0.175 eV、0.377 eV、-0.329 eV、-0.428 eV和-0.364 eV（vs. NHE）。因为大多数N型半导体的CB电势位置（E_{CB}）比E_{fb}高0.1 eV[216]，因此从M-S图中可以得到未修饰TiO_2-NTAs的E_{fb}值为-0.175 eV（vs. NHE），与先前发表的文献完全一致[217]。未修饰TiO_2-NTAs的E_{CB}计算值为-0.275 eV，这与其他研究人员报道的E_{CB}位置（-0.250 eV）几乎一致[218]。V_O缺陷被认为是电子供体，增加了E_{CB}的潜在高度[219]。此外具有不同$BiVO_4$水热沉积时间（从5～20 h）的m&t-$BiVO_4$/TiO_2-NTAs纳米异质结的E_{CB}约为-0.429 eV，-0.528 eV和-0.464 eV（vs. NHE）。m&t-$BiVO_4$中暴露在表面的V_O缺陷进一步加强了它们作为电子供体的证据，这可以促进m&t $BiVO_4$/TiO_2-NTAs纳米异质结的导电性。V_O缺陷的存在将m&t-$BiVO_4$的CB边缘背向VB移动，导致带隙增加。这种效应是由于m&t-$BiVO_4$和TiO_2-NTAs之间的E_F拉平，这增加了m&t-$BiVO_4$和TiO_2-NTAs之间界面处的能带弯曲程度，同时又促进了电荷的分离和转移。

根据上述获得的NTRT-PL光谱和M-S曲线的实验结果，可以提出合理的机制来解释在室温下，飞秒激光在波长为266 nm时对未修饰TiO_2-NTAs和单一$BiVO_4$薄膜的瞬态电荷转移过程。如图4-12所示，可以清楚地看到，在光激发电荷载流子形成之前，未修饰TiO_2-NTAs和单一$BiVO_4$薄膜分别在大气环境中没有光照的情况下吸附了大气中的氧分子（O_2）在其表面。此外，从图4-3（b）中的Tauc曲线可以得到TiO_2-NTAs的E_g为3.15 eV，TiO_2-NTAs的E_F、E_{CB}和VB的电势位置（E_{VB}）的值为-0.10 eV、-0.25 eV和2.9 eV（vs. NHE）[218]，这与M-S分析结果一致，如图4-12（a）所示。根据之前提到的研究[218,220-221]，在无光照条件下，t-$BiVO_4$和 m-$BiVO_4$ 的 E_{CB}和 E_F分别是 0.24 eV、1.44 eV、0.34 eV 和 0.9 eV（vs. NHE），它们的 E_g值分别是 2.9 eV 和 2.4 eV，通过公式 $E_{VB}=E_g-E_{CB}$ 可以得到 t-$BiVO_4$ 和 m-$BiVO_4$ 的 E_{VB} 的值分别为 3.14 eV 和 2.74 eV（vs. NHE），如图4-12（c）所示。

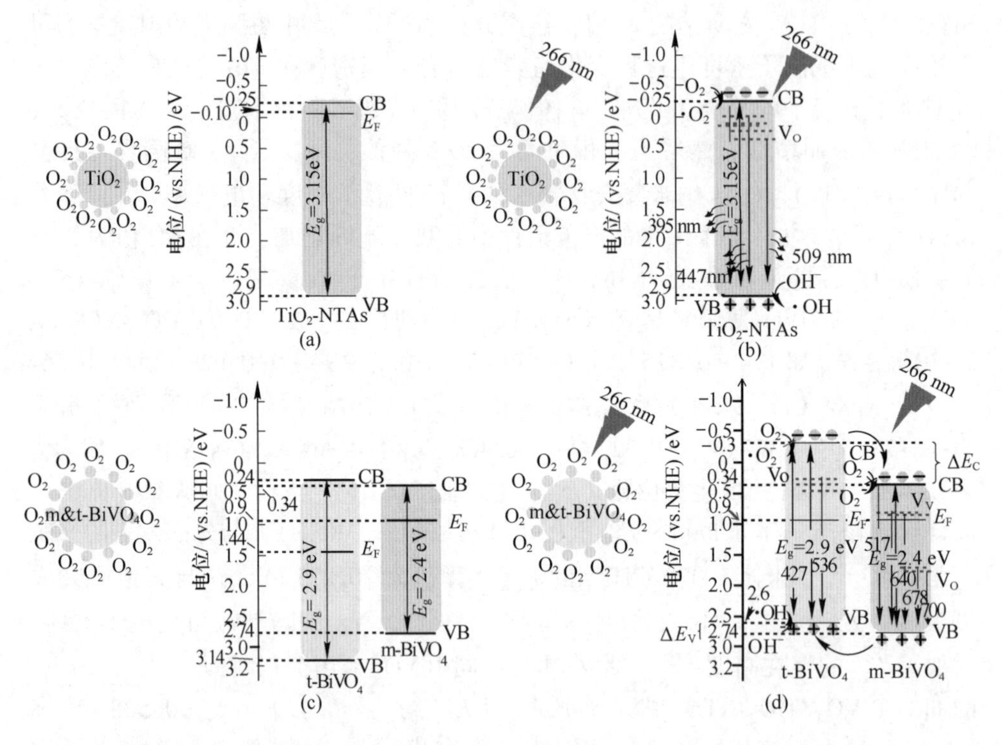

图 4-12 无光照条件下 TiO_2-NTAs（a）和 $BiVO_4$（c）的 CB、VB 和 E_F电位（vs. NHE）位置，及 266 nm 光照射下 TiO_2-NTA（b）和 $BiVO_4$（d）光生载流子的产生、转移和复合

在图 4-12（b）和（d）中，阐述了当使用 266 nm 的光照射时，未修饰 TiO_2-NTAs 和单一 $BiVO_4$薄膜中的光激发电荷载流子的产生、转移和复合的过程。入射光能量（4.7 eV）大于 TiO_2-NTAs 的带隙能量（3.15 eV），对于未修饰 TiO_2-NTAs，VB 中的大量电子被激发到 CB，在 TiO_2的 CB 中留下空穴。在图 4-9（a）中有 395 nm 和 509 nm 处的两个瞬态 PL 峰，分别来自直接和间接辐射复合。正如先前的研究那样[209,219]，V_O 缺陷能级由一系列离散的能级组成，这些能级充当略低于 TiO_2的 CB 的浅施主能级。在 1.5~6 ns 的记录时间内，中心波长为 499 nm、488 nm、463 nm 和 477 nm 瞬态光致发光峰强度随着记录时间的延长而逐渐减弱，中心波长为 395 nm 的发光峰也有类似的变化趋势，这主要是由于 CB、V_O 和 VB 之间的直接和间接载流子辐射复合。基于之前的报道[150]，认为

浅缺陷能级的辐射概率比深陷阱缺陷能级的辐射概率大得多，从而导致瞬态 PL 峰的蓝移，这与逐渐减少的 e^-_{CB}浓度一致，如图 4-9（a）和图 4-12（b）所示。大气中的氧含量不能够从 TiO_2-NTAs 的 CB 中捕获电子以产生超氧自由基阴离子（$\cdot O_2^-$），因为 E_{CB}能级位置（−0.25 eV vs. NHE）比 $O_2/\cdot O_2^-$的氧化还原电位（−0.33 eV vs. NHE）更正[93]，这是影响 PEC 性能的重要活性氧物质。VB 中的空穴（h^+_{VB}）可以将大气中的 OH^-氧化成羟基自由基（$\cdot OH$），这是因为 h^+_{VB}能级位置（2.90 eV vs. NHE）比 $\cdot OH/OH^-$（1.99 eV vs. NHE）的氧化还原电位更正[122]。

在图 4-12（d）中呈现了在达到热力学平衡后并被 266 nm 飞秒激光照射的 m-$BiVO_4$/t-$BiVO_4$纳米异质结半导体的能带图。在 m-$BiVO_4$和 t-$BiVO_4$紧密接触之后，t-$BiVO_4$的 E_F从 1.44 eV 变成了 0.9 eV（vs. NHE），m-$BiVO_4$的 E_F值也是如此。同时，t-$BiVO_4$的 E_{CB}从 0.24 eV 下降到了−0.30 eV，E_{VB}从 3.14 eV 下降到了 2.60 eV，并且在界面处 N-N 结的建立产生了平衡电场，然后又促进了内建电场的形成。m-$BiVO_4$的能带减小，而 t-$BiVO_4$的能带增加，从而使纳米系统达到平衡态。因此，Ⅱ型异质结带隙结构导致了 t-$BiVO_4$的 E_{CB}和 E_{VB}的位移超过了 m-$BiVO_4$。计算出的 CB 偏移（ΔE_C）为 0.64 eV，VB 偏移（ΔE_V）为 0.14 eV。当使用 266 nm 的光照射 m-$BiVO_4$/t-$BiVO_4$ Ⅱ型异质结时，由于辐射的光子能量大于 t-$BiVO_4$和 m-$BiVO_4$的 E_g值，m&t-$BiVO_4$的 VB 中的电子不可避免地被激发到 CB 上，同时在 VB 中产生空穴。

在飞秒激光照射结束时，m&t-$BiVO_4$中的 CB 的 e^-_{CB}浓度达到最大值，自发地引起 e^--h^+对的 NBE 直接辐射跃迁，这可能是位于 427 nm 和 517 nm 处的瞬态 PL 峰的原因。此外，Dai 和 Wang 等人[123-124]在先前的报道中提及了 t-$BiVO_4$的电荷载流子平均寿命（τ_e）比 m-$BiVO_4$短，并证明了 t-$BiVO_4$和 m-$BiVO_4$的 τ_e值分别是 4.59 ns 和 11.22 ns。τ_e与复合概率成反比，t-$BiVO_4$的直接辐射复合概率远大于 m-$BiVO_4$，这意味着 t-$BiVO_4$的 NBE 辐射发光强度（$\lambda_{PL}=427$ nm）高于 m-$BiVO_4$的 NBE 辐射发光强度（$\lambda_{PL}=517$ nm）。随着光谱记录时间从 0~1.5 ns（t=1.5 ns）的演变，在 536 nm、627 nm、640 nm、678 nm 和 700 nm 处出现了新的瞬态辐射 PL 峰，源于浅陷阱缺陷态的 e^-_{CB}和 m&t-$BiVO_4$的 VB 之间的直接辐射复合。当辐照时间从 1.5~3 ns（t=3 ns），t-$BiVO_4$的 e^-_{CB}浓度降低。ΔE_C为光生 e^-_{CB}从 t-$BiVO_4$的 CB 注入到 m-$BiVO_4$的 CB 中提供了一条便利的途径，ΔE_V促进了光生空穴 h^+_{VB}从 m-$BiVO_4$的 VB 转移到 t-$BiVO_4$的 VB，从而导致了位于 536 nm 处的 PL 峰强度增强和 m-$BiVO_4$的 e^-_{CB}浓度增加，这是位于 627 nm、640 nm、678 nm、和 700 nm 处的 PL 峰发射强度增强的原因。之后，随着光谱记录时间从 4.5~6 ns（t=4.5~6 ns）的演变，所有样品的瞬态 PL 峰强度都逐渐降低，这主要是因为 t-$BiVO_4$和 m-$BiVO_4$中 e^-_{CB}浓度的持续消耗。m&t-$BiVO_4$的 VB 中的 h^+_{VB}可

以将 OH^-转化为 · OH 自由基，这得益于其 E_{VB}电位位置比 OH/OH^-的氧化还原电位更正（2.60 eV 和 2.74 eV）。m&t-$BiVO_4$的 CB 中捕获的 O_2不能转化为 · O_2^-，这是因为 E_{CB}能级位置低于 O_2/ · O_2^-的氧化还原电位（−0.30 eV 和 0.34 eV），如图 4-12（d）所示。

众所周知，在光电化学（PEC）过程中，光吸收、电荷转移和分离是关键因素。为了更好地解释二元 m&t $BiVO_4$/TiO_2-NTAs 异质结纳米复合材料在大气环境下在波长为 266 nm 的飞秒脉冲激光照射下的 NTRT-PL 发射强度和峰位随记录时间演变的变化，提出了纳米异质结界面 CT 的可能动力学过程。这个过程依赖于 m&t-$BiVO_4$与水热沉积时间相关的含量比和 pH 值介导的 V_O 缺陷的数量的协同效应，如图 4-13 所示。

在图 4-13（a）中呈现了未修饰 TiO_2-NTAs 和单一 $BiVO_4$薄膜相对于 NHE 的 CB、VB 和 E_F的势能位置。这些材料的势能值与图 4-12 所示一致。在单一 $BiVO_4$薄膜和未修饰 TiO_2-NTAs 接触之前没有 CT 过程，导致 $BiVO_4$薄膜和 TiO_2-NTAs 的能带相对平坦。

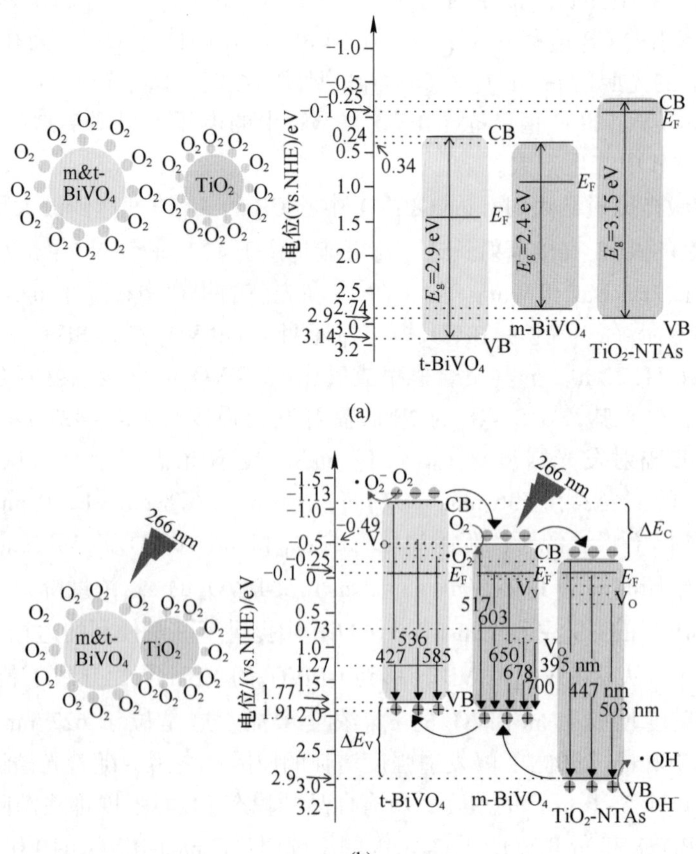

(a)

(b)

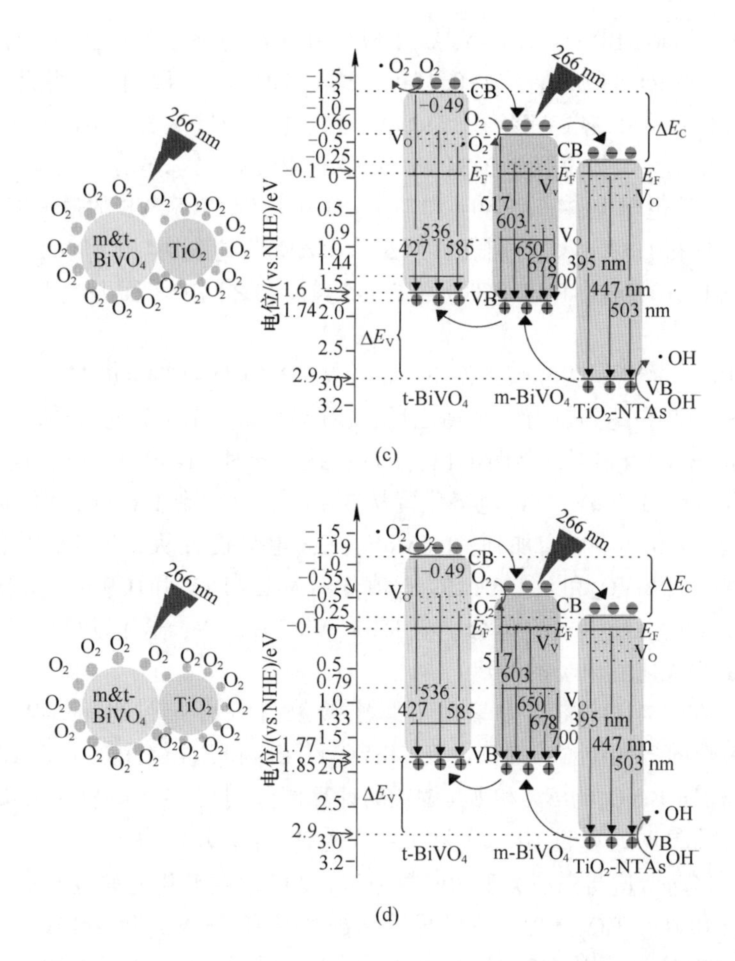

图 4-13 TiO_2-NTAs 和 $BiVO_4$的 CB、VB 和 E_F电位（vs. NHE）位置（a）和不同 $BiVO_4$ 沉积时间 m&t $BiVO_4$/TiO_2-NTAs（b）~（d）在 266 nm 光照射前后的带隙结构、光激发载流子和瞬态 CT

在图 4-13（b）中展示了在 266 nm 飞秒激光照射之前和之后 m&t-$BiVO_4$/TiO_2-NTAs-5 异质结的光生电荷载流子的产生、分离和传输过程的能带结构示意图。在光照之前，单一 t-$BiVO_4$和 m-$BiVO_4$的 E_F详细势能位置分别为 1.27 eV 和 0.73 eV（vs. NHE)，这与之前的报道一致[140,225]。单个 t-$BiVO_4$和 m-$BiVO_4$的 CB 位置分别是 0.24 eV 和 0.34 eV，而 TiO_2-NTAs 的 CB 和 E_F值分别是-0.25 eV 和−0.1 eV。因此可以得出 t-$BiVO_4$、m-$BiVO_4$和 TiO_2-NTAs 的 VB 电势位置分别位于 3.14 eV、2.74 eV 和 2.9 eV，并且 t-$BiVO_4$、m-$BiVO_4$和 TiO_2-NTAs 的 E_g值分别是 2.9 eV、2.4 eV 和 3.15 eV。当水热合成时间为 5 h 的 m&t-$BiVO_4$和 TiO_2-NTAs 紧密接触时，由于它们不同的 E_F能级位置的排列，在 $BiVO_4$与 TiO_2之间的

界面处形成了 m&t-$BiVO_4$/TiO_2-NTAs 集成的异质结势垒。当建立热力学平衡时，t-$BiVO_4$和 m-$BiVO_4$的 E_F值变为-0.1 eV，这与 TiO_2的 E_F值相同。此外，t-$BiVO_4$的 E_{CB}电势位置从 0.24 eV 变为-1.13 eV，E_{VB}电势位置从 3.14 eV 变为 1.77 eV；而 m-$BiVO_4$的 E_{CB}电势位置从 0.34 eV 变为-0.49 eV，E_{VB}电势位置从 2.74 eV 变为 1.91 eV。从逻辑上讲，t-$BiVO_4$和 TiO_2-NTAs 之间 CB 和 VB 的最大能量差值分别为 0.88 eV 和 1.13 eV，分别表示为 ΔE_C和 ΔE_V，这表明与 t-$BiVO_4$/m-$BiVO_4$ Ⅱ型异质结相比，在 m&t-$BiVO_4$/TiO_2-NTAs-5 异质结之间的界面上产生了增强的内建电场。

图 4-13（c）所示为黑暗条件下，m&t-$BiVO_4$/TiO_2-NTAs-10 异质结的能带电势位置示意图。在达到热力学平衡之后，t-$BiVO_4$和 m-$BiVO_4$的 E_F值为-0.1 eV，这与 TiO_2的 E_F能级相同，与图 4-13（b）一致。同时，t-$BiVO_4$的 E_{CB}电势位置从 0.24 eV 增加到-1.3 eV，E_{VB}电势位置从 3.14 eV 增加到 1.6 eV；而 m-$BiVO_4$的 E_{CB}电势位置从 0.34 eV 增加到-0.66 eV，E_{VB}电势位置从 2.74 eV 增加到 1.74 eV，这是由于 t-$BiVO_4$和 m-$BiVO_4$的 E_F值分别为 1.44 eV 和 0.9 eV。m&t-$BiVO_4$/TiO_2-NTAs-10 的 ΔE_C和 ΔE_V值分别为 1.05 eV 和 1.3 eV，这生动展示了由库仑排斥力驱动的强大内置电场的构建。

此外，在图 4-13（d）中呈现了紧密接触且没有光照的 m&t-$BiVO_4$/TiO_2-NTAs-20 带隙的势能位置。计算得到 t-$BiVO_4$的 E_{CB}和 E_{VB}位置分别在-1.19 eV 和 1.71 eV，而 m-$BiVO_4$的 E_{CB}和 E_{VB}位置的计算值分别是-0.55 eV 和 1.85 eV。当达到热力学平衡时，源自 t-$BiVO_4$和 m-$BiVO_4$的 E_F值分别为 1.33 eV 和 0.9 eV，向-0.1 eV 移动，这与先前关于功函数随 V_O 缺陷浓度变化的描述非常一致[199]。因此，m&t-$BiVO_4$/TiO_2-NTAs-20 的异质结排列具有 t-$BiVO_4$和 m-$BiVO_4$之间的最大 ΔE_C和 ΔE_V值，分别是 0.94 eV 和 1.19 eV。对于 m&t-$BiVO_4$/TiO_2-NTAs 纳米复合材料，在 5~10 h，$BiVO_4$-NPs 的 ΔE_C和 ΔE_V值随着水热沉积时间的增加而增加，当水热沉积时间为 20 h 时，其 ΔE_C和 ΔE_V值随时间增加而减少。结果表明，在所有制备的样品中 m&t-$BiVO_4$/TiO_2-NTAs-10 的 ΔE_C和 ΔE_V表现出最大值，这表明它是 CT 驱动力最有力的补充，这与 V_O 缺陷量的变化趋势和电子迁移率有效加速的事实完全一致。

在图 4-13（b）~（d）中详细说明并描述了在常温常压的环境中在 266 nm 飞秒激光照射下具有不同 $BiVO_4$水热沉积时间（5 h、10 h 和 20 h）的 m&t-$BiVO_4$/TiO_2-NTAs 异质结的典型 CT 途径。m&t-$BiVO_4$/TiO_2-NTAs 在 266 nm 光照射的环境下，由于入射光能量（约 4.7 eV）大于 t-$BiVO_4$、m-$BiVO_4$和 TiO_2半导体的 E_g阈值而导致大量电子从 VB 被激发到 CB。同时在 VB 中留下空穴，从而形成 e^--h^+对。当光脉冲被切断时，m&t-$BiVO_4$/TiO_2-NTAs 纳米系统不再产生光诱导的 e^--h^+对。大气中的 O_2分子可以被 V_O 空位吸附并活化，产生活性氧物质

（$\cdot O_2^-$ 和 · OH）。反应方程为：$O_2+e_{CB}^- \rightarrow \cdot O_2^-$，$\cdot O_2^-+2e_{CB}^-+2H^+ \rightarrow \cdot OH+OH^-$[226]，也可以作为 CT 通道消耗 CB 中过量的 e_{CB}^-，这归因于 m&t-$BiVO_4$的 E_{CB}能级位置比 $O_2/\cdot O_2^-$的还原电位更负（−0.33 eV vs. NHE）。此外，大气水分子中的 OH^-可以被 TiO_2中的空穴氧化生成 · OH（$OH^-+h_{VB}^+ \rightarrow \cdot OH$），受益于 TiO_2-NTAs 的 E_{VB}电势位置（2.9 eV vs. NHE）比 OH^-/OH 更正。m&t-$BiVO_4$/TiO_2-NTAs 异质结之间的瞬态 CT 过程引入了足够的 V_O 和 V_V 缺陷，从而导致了电荷载流子浓度的大幅增加和空位缺陷周围的强电子扰动[139,227]，以至于引起 E_{CB}和 E_{VB}电势位置的上移，从而使 ΔE_C和 ΔE_V增大，这可以加速光激发载流子的迁移。

通过结合图 4-10（a）~（c）中具有不同 $BiVO_4$-NPs 沉积量的 m&t-$BiVO_4$/TiO_2-NTAs 的 NTRP-PL 光谱，可以看到存在位于 3.1 eV、2.9 eV 和 2.4 eV 处的几乎相同的瞬态 PL 峰，这是由于 TiO_2、t-$BiVO_4$和 m-$BiVO_4$的光生载流子在 CB 和 VB 之间的直接辐射复合跃迁。同时，还可以清楚地分辨出四个 NTRT-PL 谱带，包括区域Ⅰ（2.31~2.12 eV）、区域Ⅱ（2.05~1.91 eV）、区域Ⅲ（1.83~1.77 eV）和区域Ⅳ（2.77~2.46 eV），其源自 m&t-$BiVO_4$和 TiO_2-NTAs 中 V_O 和 V_V 缺陷态的自陷电子的间接辐射复合跃迁，如图 4-8 所示。

在初始阶段，纳米材料在 266 nm 的光照射下（$t=0$ ns），大量的 e_{CB}^-被光激发并聚集在 $BiVO_4$的 CB 中，同时在 VB 中留下空穴，这是由于与 TiO_2-NTAs 的基底相比，表面覆盖的 $BiVO_4$-NPs 薄膜吸收了大部分入射光子能量。随着演化时间从 0 ns 增加到 3 ns，区域Ⅰ中 2.9 eV 处的辐射峰强度逐渐增强。由于 m&t-$BiVO_4$/TiO_2-NTAs 纳米复合材料的能带电位符合形成具有跨带隙异质结所需的要求，t-$BiVO_4$的 E_{CB}边缘电位比 m-$BiVO_4$和 TiO_2的 E_{CB}边缘电位更负，并且在内建电场力的激励下，光生高能电子倾向于更自由地从 t-$BiVO_4$的 CB 向 m-$BiVO_4$和 TiO_2-NTAs 的 CB 转移。因此，位于 2.4 eV 的瞬态 PL 峰强度，区域Ⅰ和区域Ⅲ，随着记录时间从 0 ns 增加到 3 ns 而增加。在光谱记录的最后阶段（$t=4.5$~6 ns），由于 CB、空位缺陷和 VB 中的 h_{VB}^+之间的直接和间接辐射复合，$BiVO_4$中光致 e_{CB}^-的消耗增加，导致位于 2.9 eV 和 2.4 eV 的区域Ⅰ-Ⅲ的瞬态 PL 强度降低。除了 t-$BiVO_4$的 E_{CB}电势之外，m-$BiVO_4$的 E_{CB}边缘也具有比 TiO_2-NTAs 的 E_{CB}边缘更上级的电势，因此，与单个的 m&t-$BiVO_4$光阳极相比，可以提供一个较小电阻的电子传输路径，代表 m-$BiVO_4$的 E_{CB}电势位置与 TiO_2的 E_{CB}电势位置之间的 ΔE_C，并且可以充当由库仑排斥力驱动的次级内建电场力，这加速了电荷载流子从 m&t-$BiVO_4$的 CB 到相邻 CB 的转移速率和迁移速率。从理论上讲，中心在 3.1 eV 处和区域Ⅳ的辐射峰强度随着演化时间从 1.5 ns 增加到 4 ns 而增加，而中心在 2.9 eV 和 2.4 eV 的区域Ⅰ-Ⅲ的瞬态 PL 强度在 NTTR-PL 记录时间为 4 ns 时下降，这是由于 TiO_2中 CB 的 e_{CB}^-的浓度升高，以及 $BiVO_4$CB 中 e_{CB}^-的含量减少，原因是形成 m&t-$BiVO_4/TiO_2$-NTAs 异质结而导致光生载流子从 $BiVO_4$的 CB 注入到 TiO_2的 CB。

在光谱记录的最后阶段（t = 6 ns），中心位于 3.1 eV 处和区域Ⅳ的瞬态 PL 发射强度逐渐下降，主要由于 TiO_2-NTAs 的 CB 中的 e_{CB}^-通过 PL 辐射复合导致其浓度急剧下降，如图 4-10（a）~（c）所示。结果表明，随着水热沉积时间的增加，m&t-$BiVO_4/TiO_2$-NTAs 异质结的 NTRT-PL 强度逐渐减弱，这与光生载流子辐射复合浓度密切相关，而光生载流子辐射复合浓度则依赖于 m&t-$BiVO_4$-NPs 的修饰程度。然而，与所有样品相比，m&t-$BiVO_4/TiO_2$-NTAs-10 表现出最强的瞬态 PL 强度，阐明了制备 pH 值介导的沉积量和沉积时间与 V_O 缺陷含量之间的协同作用，这引起了所制备样品之间 $\Delta E_C/\Delta E_V$的差异，并且对于 $BiVO_4$水热沉积时间的不同（分别为 5 h、10 h 和 20 h），其 $\Delta E_C/\Delta E_V$的比值（0.88 eV/1.13 eV，1.05 eV/1.30 eV 和 0.94 eV/1.19 eV）几乎相同。

4.6 界面电荷转移动力学过程

时间分辨荧光寿命（TRPL）测量是收集和揭示Ⅱ型纳米异质结中载流子寿命和界面电荷转移速率的强大分析工具，它使人们能够通过监测感兴趣组分上的发射跃迁来检查激发态的动力学过程。图 4-14 展示了通过重复激发 375 nm 激光脉冲来记录的典型荧光衰减曲线。除了在单一 $BiVO_4$薄膜样品中记录的 678 nm（约 1.8 eV）的荧光衰减迹线外，其他样品的荧光衰减迹线分别在 447 nm（约

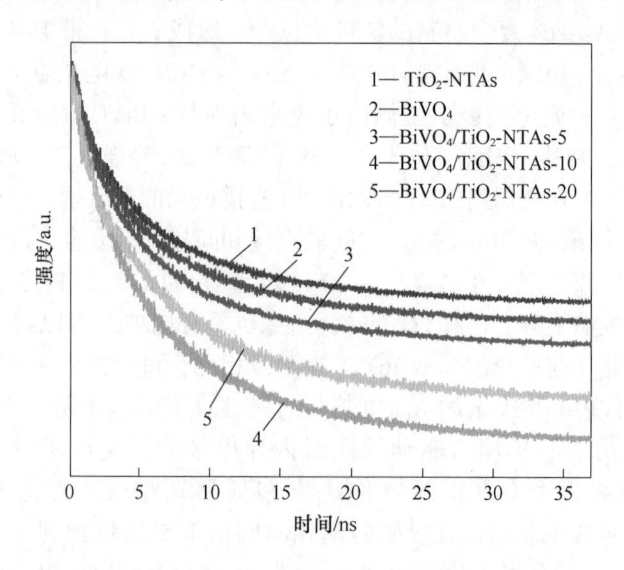

图 4-14 TiO_2-NTAs、$BiVO_4$和不同 $BiVO_4$沉积时间 m&t-$BiVO_4/TiO_2$-NTAs 的时间分辨 PL 光谱

2.8 eV）处进行，这源自 e_{CB}^-在 V_O 缺陷间接辐射复合过程中向 $BiVO_4$和 TiO_2的 h_{VB}^+转变。当紫外光照射时，错位的能带偏移使得 m&t-$BiVO_4$和 m&t-$BiVO_4$/TiO_2-NTAs 异质结产生内建电场，促使超快光生电子注入 $BiVO_4$和 TiO_2的 CB 中。这些光激发的 e_{CB}^-优先转移到 V_O 缺陷能级，导致 $BiVO_4$和 TiO_2的 CB 中自由电子耗尽，并伴随着荧光衰减动力学的显著变化。通过比较未修饰 TiO_2-NTAs、单一 $BiVO_4$薄膜和修饰有不同 $BiVO_4$-NPs 量的 TiO_2-NTAs 之间的发射衰减曲线，可以定量确定有关样品之间的载流子命运的深入信息。

与未修饰 TiO_2-NTAs 和单一 $BiVO_4$薄膜样品相比，不同 $BiVO_4$沉积时间的三个 m&t-$BiVO_4$/TiO_2-NTAs 样品展示了明显的电荷分离特征，表现为加快的荧光衰减动力学。根据双指数速率定律，载流子的寿命可以从 TRPL 光谱中得到，并且它符合双指数函数定律：$I(\tau)=A_1\exp(-\tau/\tau_1)+A_1\exp(-\tau/\tau_2)$[227]，其中 τ_1 和 τ_2 分别是快分量和慢分量，分别源自缺陷诱导的非辐射复合和辐射复合；A_1 和 A_2 都对应于衰减幅度[228]。使用公式 $\tau_{avg}=(A_1\tau_1^2+A_2\tau_2^2)/(A_1\tau_1+A_2\tau_2)$ 计算载流子的平均寿命(τ_{avg})。见表 4-7，对于未修饰 TiO_2-NTAs、单一 $BiVO_4$薄膜和具有不同 $BiVO_4$-NPs 水热沉积时间（分别为 5 h、10 h 和 20 h）的 m&t-$BiVO_4$/TiO_2-NTAs，τ_{avg}值分别是 4.99 ns、4.53 ns、4.29 ns、3.86 ns 和 4.06 ns。所有样品的 τ_{avg}的数量级与先前报道的一致[229-230]，并且一致地证实了简化动力学模型的有效性，该模型考虑了水热沉积含量和 V_O 缺陷浓度之间的协同效应，以介导 m&t-$BiVO_4$/TiO_2-NTAs 异质结纳米复合材料的 CT。

表 4-7　TiO_2-NTAs、$BiVO_4$和不同 $BiVO_4$沉积时间 m&t-$BiVO_4$/TiO_2-NTAs 的 PL 平均寿命（τ_{avg}）

样品	λ_{ex} /nm	λ_{em} /eV	τ_1 /ns	$A_1/(A_1+A_2)$ /%	τ_2 /ns	$A_2/(A_1+A_2)$ /%	τ_{avg} /ns
TiO_2-NTAs	375	2.8	2.33	54.0	6.16	46.0	4.99
$BiVO_4$	375	1.8	2.38	52.8	5.56	47.2	4.53
m&t-$BiVO_4$/TiO_2-NTAs-5	375	2.8	2.35	60.1	5.53	39.9	4.29
m&t-$BiVO_4$/TiO_2-NTAs-10	375	2.8	2.21	42.8	4.47	57.2	3.86
m&t-$BiVO_4$/TiO_2-NTAs-20	375	2.8	2.31	56.5	5.09	43.5	4.06

显然，所有具有异质结的样品的 τ_{avg}均比未修饰 TiO_2-NTAs 和单一 $BiVO_4$薄膜样品的 τ_{avg}值小。尤其是沉积时间为 10 h 的 m&t-$BiVO_4$/TiO_2-NTAs，其具有最小的 τ_{avg}值（3.86 ns），这与最高的带偏移值（ΔE_C和 ΔE_V）密切相关，这表明寿命越短，载流子注入效率越高[227]。有趣的是，$BiVO_4$-NPs 掺入对 CT 速率具有很大的影响。与此同时，还分析了 m&t-$BiVO_4$/TiO_2-NTAs 异质结的界面 CT 动

力学，假定 $BiVO_4$和 TiO_2之间的异质结界面是观察到的载流子寿命降低的原因。可以通过以下公式估计 CT 速率常数（k_{ct}）：k_{ct}（$* \rightarrow TiO_2$）$= 1/\tau_{avg}$（$*/TiO_2$）$- 1/\tau'_{avg}$(未修饰 TiO_2-NTAs)，其中 * 表示 $BiVO_4$，它是形成异质结的替代半导体。对应 $BiVO_4$沉积时间 5 h、10 h 和 20 h，m&t-$BiVO_4/TiO_2$-NTAs 的 k_{ct}值分别为 $3.27\times10^7\ s^{-1}$，$5.86\times10^7\ s^{-1}$和 $4.59\times10^7\ s^{-1}$。k_{ct}值的变化趋势与 VB 偏移值的变化趋势成正比，这是促进光生 h^+_{VB}从 TiO_2的 VB 向相邻 $BiVO_4$的 VB 转移的驱动力，因为 TRPL 的载流子寿命直接取决于纳米异质结中少数载流子的复合寿命。同时，m&t-$BiVO_4/TiO_2$-NTAs-10 的 k_{ct}值高于其他样品，这说明随着 V_O 缺陷浓度的增大，能带偏移值（ΔE_C和 ΔE_V）增大，产生较强内建电场力，这实现了光生 e^--h^+对在 m&t-$BiVO_4/TiO_2$-NTAs 纳米异质结界面最有效的分离和输运，促进了大量 TiO_2的 e^-_{CB}和 $BiVO_4$的 h^+_{VB}参与氧化还原反应。

4.7 光电化学性能分析

为了进一步验证所提出的暂态 CT 机制的可行性和协同效应，对未修饰 TiO_2-NTAs、单一 $BiVO_4$和具有不同 $BiVO_4$沉积时间的 m&t-$BiVO_4/TiO_2$-NTAs 异质结纳米复合材料在紫外-可见光照射下进行了对亚甲基橙（MO）的光降解性能测试。本节提出了一种可能的机制来解释 m&t-$BiVO_4/TiO_2$-NTAs 异质结对 MO 的降解作用。在紫外-可见光照射下，所发射的光子能量大于 m&t-$BiVO_4/TiO_2$-NTAs 纳米复合材料的带隙能量，因此 $BiVO_4$和 TiO_2都可以吸收紫外-可见光子来产生 e^-_{CB}-h^+_{VB}对。随后，溶解的氧气（O_2）俘获了位于 V_O 缺陷处的 e^-_{CB}，形成了预期的活性基团 $\cdot O_2^-$，它们作为吸附和光降解模拟污染物的活性位点。然后，$\cdot O_2^-$与 H_2O 反应形成过氧基自由基（$\cdot HO_2$），产生了氧化剂（H_2O_2）和 $\cdot OH$。最终，生成的活性物种包括 $\cdot O_2^-$、$\cdot OH$ 和 h^+_{VB}，它们是强氧化剂，用于分解 MO 有机染料。涉及的化学反应如下所示：

$$TiO_2 - NTAs + h\nu \longrightarrow h^+_{VB}(TiO_2) + e^-_{CB}(TiO_2) \tag{4-5}$$

$$m\&t\text{-}BiVO_4 + h\nu \longrightarrow h^+_{VB}(BiVO_4) + e^-_{CB}(BiVO_4) \tag{4-6}$$

$$m\&t\text{-}BiVO_4/TiO_2 - NTAs + h\nu \longrightarrow e^-_{CB}(BiVO_4/TiO_2) + h^+_{VB}(BiVO_4/TiO_2) \tag{4-7}$$

$$e^-_{CB} + O_2 \longrightarrow \cdot O_2^- \tag{4-8}$$

$$\cdot O_2^- + H^+ \longrightarrow \cdot HO_2 \tag{4-9}$$

$$e^-_{CB} + H^+ + \cdot HO_2 \longrightarrow H_2O_2 \tag{4-10}$$

$$H_2O_2 + e^-_{CB} \longrightarrow \cdot OH + OH^- \tag{4-11}$$

$$\cdot O_2^-,\ \cdot OH,\ h^+_{VB} + MO \longrightarrow \text{降解产物} \tag{4-12}$$

针对基于 TiO_2-NTAs 的异质结纳米复合材料进行了标准模拟太阳光谱辐照下的紫外-可见光光降解性能测试。所有降解实验采用浓度 10 mg/L 的 MO 溶液进行。制备好的样品通过双面胶带固定在自制的反应容器中，使 MO 染料吸附的面朝上，朝向光源。首先，为了消除 MO 的光漂白效应，将无催化剂的空白 MO 染料溶液暴露在紫外-可见光下，以验证光催化降解 MO 的机制。确保染料在样品上的吸附-解吸过程达到平衡，然后将光催化纳米异质结浸入 MO 溶液中，在黑暗条件下搅拌 1 h，通过记录光降解实验前的 UV-Vis 吸收光谱，确定 MO 在纳米异质结上的最大吸附量。

如图 4-15 所示，对 MO 的内在自降解、未修饰 TiO_2-NTAs、单一 $BiVO_4$ 薄膜和不同 $BiVO_4$ 水热沉积时间的 m&t-$BiVO_4$/TiO_2-NTAs 异质结，在黑暗和紫外-可见光（光通量为 77.5 W/m^2）照射下，分别进行了吸附过程和光降解效率 η 的测试，持续 180 min。每隔 20 min 检测降解的 MO 溶液浓度，根据方程式[231]计算光降解效率：$\eta = (C_i - C_f)/C_i \times 100\%$，其中 C_i 和 C_f 分别是照射后 MO 溶液的初始浓度和最终浓度。MO 的自光降解效率 η 小于 5%，可完全忽略不计。此外，未修饰 TiO_2-NTAs 和单一 $BiVO_4$ 薄膜，在紫外-可见光照射下，光降解活性较低（分别为 27%和 56%），主要归因于其在紫外-可见光区域吸收能力较差和 CB 较高的还原能势位置。明显地，m&t-$BiVO_4$/TiO_2-NTAs 异质结比单一的 TiO_2 和 $BiVO_4$ 半导体表现出更高的 MO 染料光降解性能，这要归功于更广泛的光吸收范围和Ⅱ型异质结构的逐级能带结构的协同效应，可以使更多的高能载流子参与氧化还原反应。值得注意的是，随着 $BiVO_4$ 水热沉积时间从 5 h 增加到 10 h，m&t-

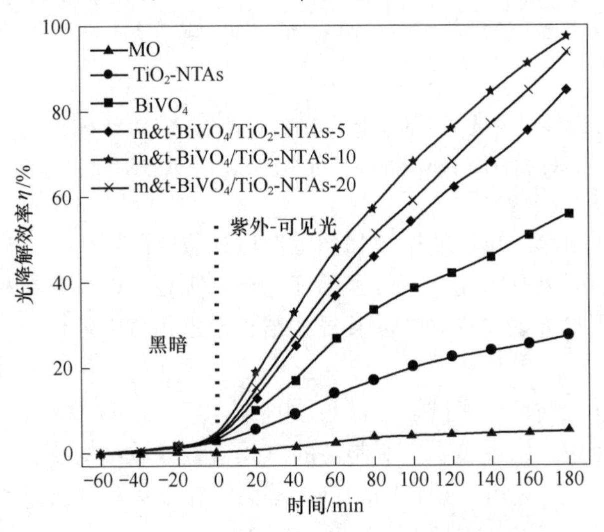

图 4-15 MO、TiO_2-NTAs、$BiVO_4$ 和不同 $BiVO_4$ 沉积时间 m&t-$BiVO_4$/TiO_2-NTAs 分别在黑暗和紫外-可见光照射下的吸附过程和光降解效率 η

$BiVO_4/TiO_2$-NTAs 的光降解效率从约 85%提高到约 97%；而 $BiVO_4$的沉积时间进一步增加到 20 h 时，其 η 下降到约 93%，这提供了有力的证据，即升级的电荷转移速率可能略微优于载流子寿命的影响。

为了定量检验反应动力学，假设 MO 溶液的光催化行为符合由方程 $\ln(C_0/C_t)=kt$[232] 绘制的伪一级动力学模型，其中 k、C_0和 C_t分别代表反应速率常数、初始 MO 浓度和时间 t 时的 MO 浓度，如图 4-16 所示。该图还包括 MO 的自降解反应，可以通过绘制 $\ln(C_0/C_t)$ 作为时间的函数来确定速率常数。所有曲线显示伪一级速率常数的最大值为 m&t-$BiVO_4/TiO_2$-NTAs-10，表明在紫外-可见光照射下，它是各种 TiO_2基异质结纳米复合材料中对 MO 光降解具有最高 η 的最佳组合。

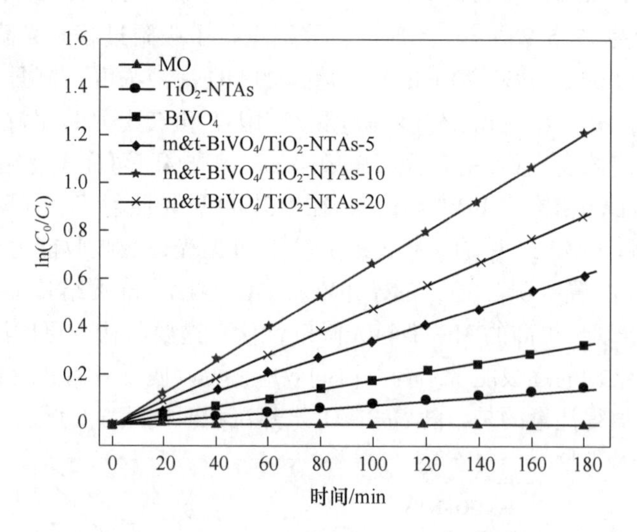

图 4-16 在紫外-可见光照射下，MO、TiO_2-NTAs、$BiVO_4$和不同 $BiVO_4$沉积时间 m&t-$BiVO_4/TiO_2$-NTAs 的 $\ln(C_0/C_t)$ 与辐照时间的关系

除了光催化效率，循环使用性和稳定性也是重要因素，可以提高经济可行性并减少对环境的影响。因此，进行了循环光降解实验，以探究在相同条件下连续 6 次照射紫外-可见光的 TiO_2-NTAs 基异质结纳米复合材料的再利用性，如图 4-17 所示。

对于每个催化循环，测试样品经过去离子水洗涤，随后在烘箱中晾干过夜，然后再次重复使用。结果表明，所制备的三元Ⅱ型异质结对于去除 MO 的光催化性能有轻微下降，这是可以预料的，可能是由于在收集和洗涤过程中不可避免的损耗。即使经过连续 6 个循环，m&t-$BiVO_4/TiO_2$-NTAs 纳米复合材料的光降解性能最大退化仅约为 15%，证明了合成的 m&t-$BiVO_4/TiO_2$-NTAs 三元异质结具有相对优异的光降解稳定性。

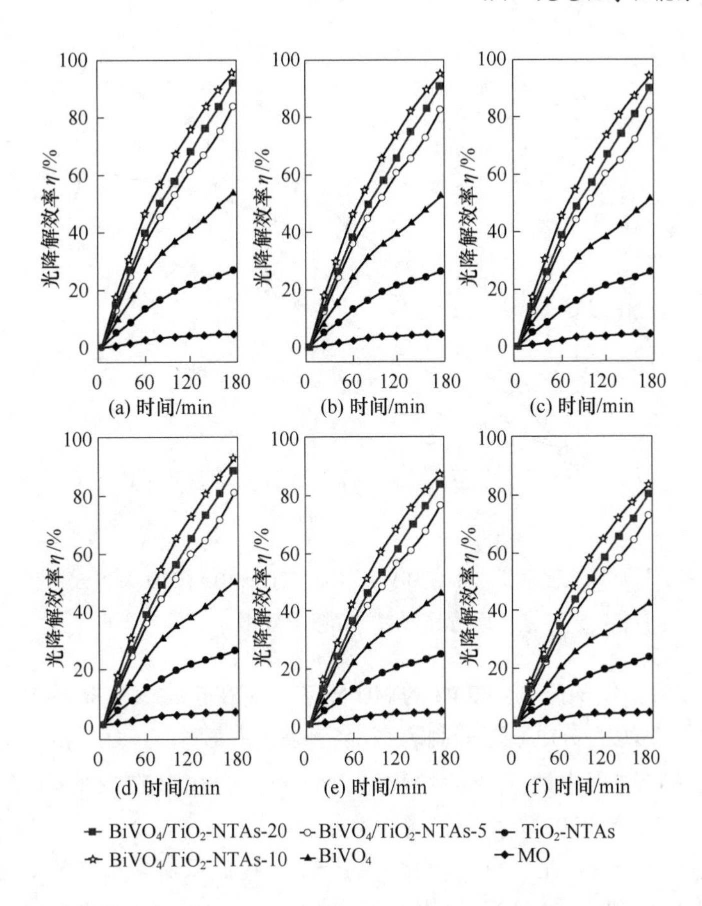

图 4-17 在紫外-可见光照射下，MO、TiO_2-NTAs、$BiVO_4$和不同 $BiVO_4$沉积时间 m&t-$BiVO_4$/TiO_2-NTAs 循环 6 次的光降解效率 η

（a）第 1 次；（b）第 2 次；（c）第 3 次；（d）第 4 次；（e）第 5 次；（f）第 6 次

正如预期的那样，光催化剂在溶液中产生各种反应性物种，如 h^+、· OH 和 · O_2^-，可以将目标污染物氧化为新的无毒无害物质。为了确定在 m&t-$BiVO_4$/TiO_2-NTAs-10 异质结上光降解 MO 染料主要是由哪些反应性物种引起的，进行了自由基捕获实验，如图 4-18 所示。

在没有甲醇和异丙醇等 h^+ 和 · OH 自由基清除剂的情况下，m&t-$BiVO_4$/TiO_2-NTAs-10 对 MO 的光降解效率约为 97%，然而，在存在甲醇和异丙醇的情况下，MO 染料的去除率分别约为 73%和 53%，明显表明 MO 的光催化降解不仅仅通过 h^+和 · OH 自由基介导，h^+和 · OH 自由基只是反应中的部分活性物种，并且对降解过程的影响只是“适度”的。为了进一步确认 · O_2^- 自由基在 MO 光催化降解中的作用，实验过程中在常温下持续通入高纯度的 N_2气体，这样可以消除反应溶液中溶解的 O_2 含量，防止 · O_2^-的形成。结果明确表明，在紫外-可见光

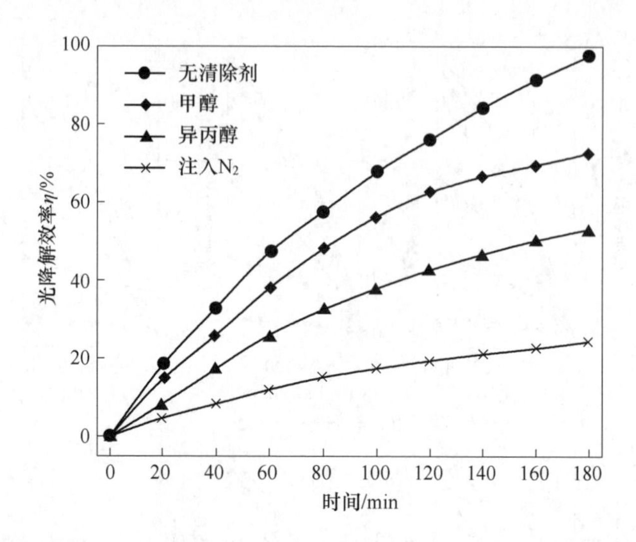

图 4-18 在紫外-可见光照射下，m&t-$BiVO_4/TiO_2$-NTAs-10 对 MO 染料分别在有清除剂和无清除剂时的光降解效率 η

照射 180 min 后，仅探测到约 24%的 MO 降解，而在正常大气条件下为 97%，因此，光催化活性现象受到显著抑制。综上实验结果表明，· OH 和 · O_2^- 自由基可能是光催化降解过程中的主要活性物种，而 · O_2^- 自由基在反应中起主导作用，其强烈依赖于 V_O 缺陷的数量。

谷胱甘肽（GSH）是一种抗氧化生物分子，可以抵御多种疾病。最近，具有类氧化酶活性的纳米酶被广泛用于检测 GSH。由于优异的类氧化酶活性，$BiVO_4/TiO_2$-NTAs 异质结纳米复合材料是一种适用于检测 GSH 的生物传感平台。m&t-$BiVO_4/TiO_2$-NTAs 异质结的 GSH 检测机制如图 4-19 所示。在模拟太阳光的激发下，$BiVO_4$和 TiO_2同时吸收光子产生 e_{CB}^-和 h_{VB}^+对。由于存在能带阶梯异质结构，光诱导的 CB 电子可以快速从 $BiVO_4$的 CB 传输到 TiO_2的 CB，然后传输到外

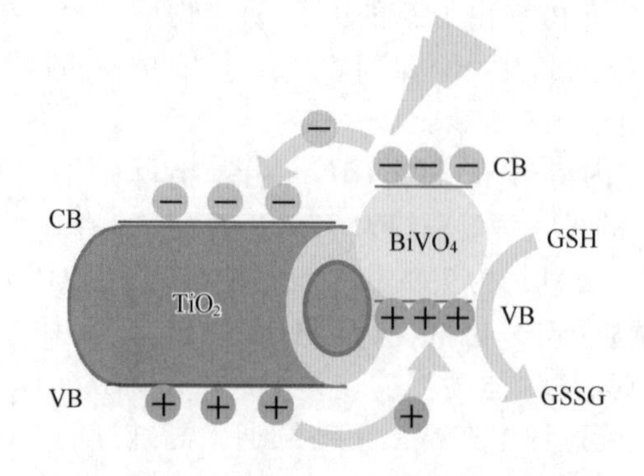

图 4-19 GSH 光电化学生物传感检测机理图

部电路。同时，光激发的 h_{VB}^+ 从 TiO_2 的 VB 迁移到 $BiVO_4$ 的 VB，这是 $BiVO_4$ 和 TiO_2 之间的内建电场的作用。值得一提的是，内建电场的方向与施加的正偏压（0.5 V vs. Ag/AgCl）的方向相同，从 TiO_2 指向 $BiVO_4$。在电荷转移过程中，GSH 可以被 $BiVO_4$ 的 VB 中的空穴氧化为谷胱甘肽二硫化物（GSSG），从而阻止电子-空穴对的快速复合，导致显著提高光电流响应（与图 4-7（a）中的瞬态 *I-t* 测试相比）。因此，GSH 浓度与放大的光电流效应之间的关系构成了生物传感功能的基础。

在模拟太阳光照射下，以 0.1 mol/L PBS 溶液（pH=7.0）为介质，在 0.5 V（vs. Ag/AgCl）的电位下，对不同浓度（0～500 μmol/L）的 GSH 溶液进行了构建的 m&t-$BiVO_4$/TiO_2-NTAs 异质结的 PEC 生物传感器定量测试，并记录了浓度-电流曲线，如图 4-20（a）所示。可以明显观察到，合成的样品的光电流响应随着 GSH 浓度的增加而逐渐增加，并且 m&t-$BiVO_4$/TiO_2-NTAs-10 的光电流密度明显高于 m&t-$BiVO_4$/TiO_2-NTAs-5 和 m&t-$BiVO_4$/TiO_2-NTAs-20，在 GSH 浓度增加时，无疑证实前者具有优于其他样品的光诱导载流子 CT 效率和分离能力，这主要归因于 m&t-$BiVO_4$/TiO_2-NTAs-10 的 ΔE_C 和 ΔE_V 值更大，受到协同效应的影响。此外，图 4-20（b）显示，m&t-$BiVO_4$/TiO_2-NTAs-10 的光电流响应与 GSH 浓度之间存在良好的线性关系（$R^2=0.9889$），线性范围为 0～500 μmol/L。这种上限检测更适用于检测生物样本中的 GSH，因为细胞内的 GSH 浓度在毫摩尔水平上[233]。同时，m&t-$BiVO_4$/TiO_2-NTAs-10 的 PEC 生物传感性能显示出检测限（LOD）为 2.6 μmol/L（在信噪比为 3 的情况下），灵敏度为 960 mA/(cm^2 · (mol · L^{-1}))，分别比 m&t-$BiVO_4$/TiO_2-NTAs-5 和 m&t-$BiVO_4$/TiO_2-NTAs-20 大 1.92 倍和 1.38 倍。

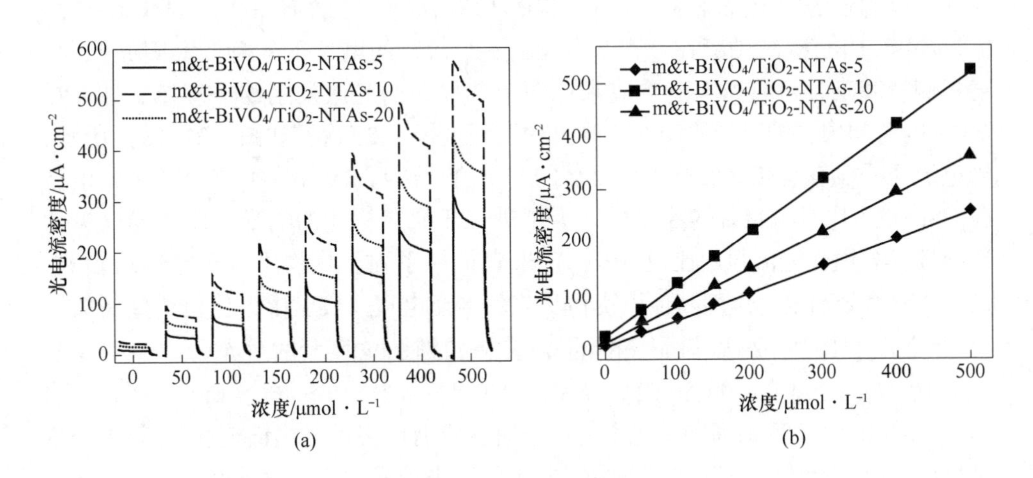

图 4-20 不同 $BiVO_4$ 沉积时间 m&t-$BiVO_4$/TiO_2-NTAs 的光电流响应（a）和光电流密度与 GSH 浓度的关系（b）

将本章中使用的 m&t-$BiVO_4$/TiO_2-NTAs 纳米异质结复合材料 GSH 分析性能与文献中其他改性材料进行了比较，结果列在表 4-8 中。其线性响应范围较比色法生物传感器、荧光生物传感器和其他 PEC 方法更宽。与荧光法和其他 PEC 方法相比，m&t-$BiVO_4$/TiO_2-NTAs 对 GSH 的检测限也更低。最重要的是，所提出的 $BiVO_4$/TiO_2-NTAs 异质结 PEC 生物传感方法不仅方便、直观，节省时间，无须昂贵且复杂的设备，而且具有优异的稳定性和选择性。

表 4-8 GSH 各种检测方法的线性范围和检测限比较

传感类型	传感方法	线性范围/μmol · L^{-1}	检测限/μmol · L^{-1}	参考文献
BSA-AuNP@ $ZnCo_2O_4$	比色生物传感	0. 5～15	0. 0885	[234]
CuPd@ H-C_3N_4	比色生物传感	2～40	0. 58	[235]
In_2O_3/In_2S_3	PEC 生物传感	1～100	0. 82	[236]
N, S-Cdots-MnO_2	荧光测定法	0～250	28. 5	[237]
Bi_2S_3/TiO_2-NTAs	PEC 生物传感	15～200	7	[238]
m&t-$BiVO_4$/TiO_2-NTAs	PEC 生物传感	0～500	2. 6	本章工作

众所周知，良好的稳定性和选择性对于测量 PEC 生物传感器也是重要的标准。选择 m&t-$BiVO_4$/TiO_2-NTAs-10 作为稳定性和选择性测试的候选样品，该样品在所有制备的纳米混合体中具有最佳的 PEC 性能。在含有 100 μmol/L GSH 的 0. 1 mol/L PBS 溶液中，在 0. 5 V（vs. Ag/AgCl）的电位下，模拟太阳光照射，通过测量基于时间的光电流响应来评估所选样品的光激发生物传感稳定性。在 260 s 的时间内，纳米异质结的检测过程循环进行了 20 次，如图 4-21（a）所示，光电流几乎没有衰减，保持了 96. 5%的初始值，证明 m&t-$BiVO_4$/TiO_2-NTAs 电极在 GSH 检测中具有良好的稳定性。为了进一步研究构建的纳米异质结光电极的选择性，采用光电流强度比值（I/I_0）来表征一系列干扰物质对光电流的影响，其中 I 和 I_0 分别表示添加其他干扰物质前后的光电流。实验中，使用了金属离子（K^+、Cu^{2+}、Fe^{2+}、Zn^{2+}、Ca^{2+} 和 Mg^{2+}）、葡萄糖和抗坏血酸（AA）。如图 4-21（b）所示，在含有 200 μmol/L GSH 的 0. 1 mol/L PBS 电解质中连续添加 200 μmol/L AA、葡萄糖和其他金属离子时，没有明显的光电流变化。其中，AA 是良好的电子给体，可以被制备的纳米异质结进行光催化氧化，因此 AA 也会导致光电流略微增加，但对实验结果影响较小。最终，通过间歇光电流响应测试验证了 m&t-$BiVO_4$/TiO_2-NTAs 光电极的生物传感稳定性。

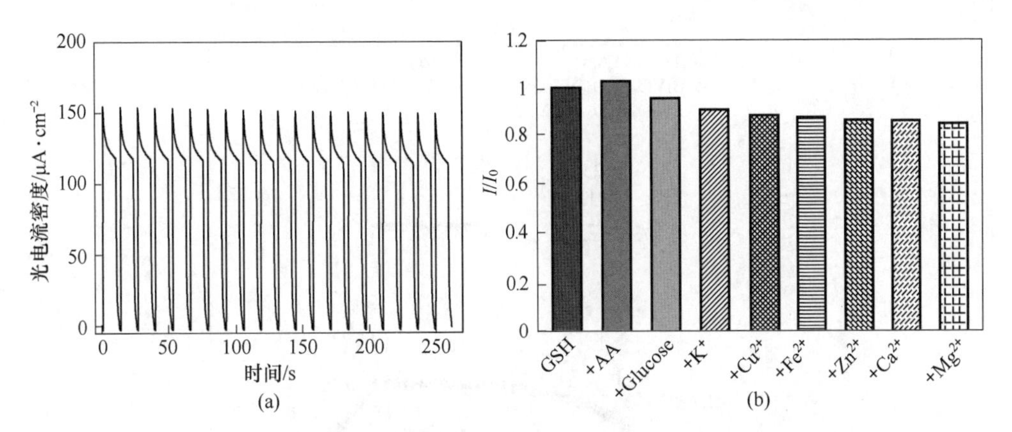

图 4-21 m&t-$BiVO_4$/TiO_2-NTAs-10 经过几个循环照射后的基于时间的光电流性能（a）和连续加入不同的干扰物质（所有其他干扰物质的浓度为 200 μmol/L），m&t-$BiVO_4$/TiO_2-NTAs-10 的光电流比 I/I_0（b）

为了进一步探究 V_O 缺陷介导的界面电荷转移在增强 PEC 性能和传感应用方面的机制，对 m&t-$BiVO_4$/TiO_2-NTAs Ⅱ型纳米异质结进行了气体传感测试。在详细讨论光辅助气体传感机制之前，可以定义传感器的参数灵敏度（S）如下[239]：$S = I_g/I_a$，其中 I_g 和 I_a 分别是 NH_3气体流动和空气流动条件下实验记录的稳定电流值。同时，响应时间（τ_{res}）定义为达到最终平衡值的 90%所需的时间。图 4-22 分别展示了在室温下，在紫外-可见光照射下，NH_3浓度为 0.01%时，未修饰 TiO_2-NTAs、单一 $BiVO_4$薄膜和不同 $BiVO_4$沉积时间（5 h、10 h 和 20 h）m&t-$BiVO_4$/TiO_2-NTAs 纳米复合材料的灵敏度与时间关系及电流响应性能的比较。正如预期的那样，明显地显示出在 NH_3渗透（$t = 200$ s）时 S 值呈指数增加，而在空气注入（$t = 850$ s）时，S 值呈指数下降。同时，未修饰 TiO_2-NTAs 和单一 $BiVO_4$薄膜的气体传感灵敏度较小（约为 0.5 和 0.8），这是由于它们都具有较大的电子传输阻抗和较窄的光吸收范围，导致光激发载流子电流响应较差。此外，随着 $BiVO_4$水热沉积时间从 5 h 增加到 10 h，S 值从约 1.8 增加到约 2.4；而随着 $BiVO_4$制备时间增加到 20 h，S 值降低到约 2.2，这与上述光降解和 PEC 生物传感实验结果的变化趋势相一致。此外，未修饰 TiO_2-NTAs 和单一 $BiVO_4$薄膜的 τ_{res}值分别为 307 s 和 302 s。同时，作为比较，m&t-$BiVO_4$/TiO_2-NTAs-5 对 NH_3气体的感测的 τ_{res} 约为 290 s。而 m&t-$BiVO_4$/TiO_2-NTAs-10 和 m&t-$BiVO_4$/TiO_2-NTAs-20 的 τ_{res}分别计算约为 250 s 和 271 s。明显表明，m&t-$BiVO_4$/TiO_2-NTAs 纳米异质结的气体传感性能在灵敏度和响应速度方面优于单独的 $BiVO_4$和 TiO_2半导体。特别是，m&t-$BiVO_4$/TiO_2-NTAs-10 是气体传感的理想平台，与 m&t-$BiVO_4$/TiO_2-NTAs-5 和 m&t-$BiVO_4$/TiO_2-NTAs-20 相比，具有更高的灵敏度和更快的响应速度。

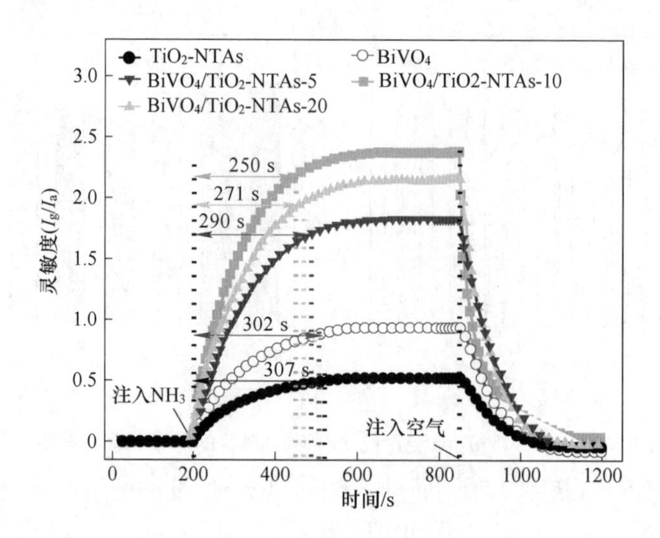

图 4-22 TiO_2-NTAs、$BiVO_4$和不同 $BiVO_4$沉积时间 m&t-$BiVO_4/TiO_2$-NTAs 的灵敏度与时间关系及响应特性

基于上述结果，可以简单解释合成的 m&t-$BiVO_4/TiO_2$-NTAs 异质结对 NH_3的气体传感机制。值得指出的是，异质结纳米复合材料的导电性主要由传导电子的浓度决定。最初，大气中的 O_2可以被吸附在 m&t-$BiVO_4/TiO_2$-NTAs 的表面，并通过 V_O 缺陷活性位点的 e_{CB}^-耗尽而转化为 · O_2^-，从而降低了纳米系统中导电电子的浓度，即 O_2（气体）+ e_{CB}^-→ · O_2^-（吸附）。NH_3气体是众所周知的还原剂或电子给体。暴露于 NH_3气体时，还原性气体分子可以与这些带负电的 · O_2^-反应，释放出电子作为自由电荷载体，从而增加异质结纳米系统的导电性，并将电中性的 N_2 释放回环境，反应机制如下：$4NH_3$（气体）+ 3 · O_2^-(吸附)→ $6H_2O$(气体)+$2N_2$(气体)+$3e^-$。因此，当传感器装置暴露于 NH_3气体时，e_{CB}^-的浓度增加，得益于分析物气体的电子给体性质。值得强调的是，m&t-$BiVO_4/TiO_2$-NTAs 异质结纳米复合材料可以从 $BiVO_4$的 CB 向 TiO_2的 CB 注入过量的电子，在紫外-可见光辐照下加速 · O_2^-的形成。m&t-$BiVO_4/TiO_2$-NTAs-10 在与 · O_2^-浓度相关的光辅助降解和气体传感测量中呈现出最佳的实验结果，这归因于 V_O 缺陷活性位点的数量和与较大的 ΔE_C和 ΔE_V相关的更大的 CT 能力。

本章通过将 $BiVO_4$纳米颗粒与具有良好有序排列的 TiO_2-NTAs 进行策略性整合，成功构建了独特的 m&t-$BiVO_4/TiO_2$-NTAs Ⅱ型异质结纳米复合材料。在紫外-可见光照射下，与未修饰 TiO_2-NTAs 和单一 $BiVO_4$ 薄膜相比，制备的 m&t-$BiVO_4/TiO_2$-NTAs 纳米异质结预计将展现出明显增强的光催化降解、生物传感和气体传感性能，这与 PEC 活性测试中的电流-时间曲线和交流阻抗谱测量结果相吻合。这主要归因于与水热沉积时间相关的 $BiVO_4$含量和 pH 值介导的 V_O 缺陷之间的正协同效应，其诱导了能带偏移的提升，促进了与 V_O 缺陷相关的反应活性位点的暴露。通过 NTRT-PL 和 TRPL 光谱探测的表征结果，对异质结界面之间的电荷转移动力学过程进行了定性和定量分析，揭示了 m&t-$BiVO_4$/TiO_2-NTAs 异质结纳米复合材料中光诱导的电子-空穴对复合过程显著受阻，从而促进了活性载流子的分离。因此，可以合理地认为 m&t-$BiVO_4$/TiO_2-NTAs Ⅱ型异质结纳米复合材料不仅为高活性光催化剂提供了新的理解，而且在 PEC 生物传感和气体传感器方面探索了新的发展前景。

5 MoS_2/TiO_2-NTAs 异质结纳米复合材料

通过简便的阳极氧化法和电沉积法成功合成了在紫外-可见光照射下具有促进光电化学（PEC）光降解和传感性能的新型 MoS_2 纳米带（MoS_2-NBs）修饰高度有序排列的 TiO_2 纳米管阵列（TiO_2-NTAs）。同时，MoS_2/TiO_2-NTAs 纳米复合材料在 PEC 性能测试中表现出显著增强的性能，这主要归因于 MoS_2-NBs 和 TiO_2-NTAs 之间的协同效应，能够有效分离光生载流子，这是硫空位缺陷引起的扩大的错位能带偏移所致。此外，通过纳秒时间分辨瞬态光致发光和时间分辨光致发光光谱的评估，提出了 MoS_2/TiO_2-NTAs Ⅱ型异质结的自洽界面电荷转移（CT）机制和令人信服的定量动态过程（即 CT 速率常数）。此外，对 MoS_2/TiO_2-NTAs-2 进行了 PEC 生物传感分析，用于检测谷胱甘肽。

5.1 引言

迄今为止，人类社会可持续发展面临着严重的威胁，主要包括致命的病毒感染和传统化石燃料资源（如煤炭、天然气和石油）的枯竭。在这种背景下，基于半导体的光催化剂和生物传感器因其可持续能源和可回收性而引起了人们的极大关注[240]。在藤岛和本田关于以二氧化钛（TiO_2）作为光电极在紫外光照射下进行水分解的开创性工作之后[44]，TiO_2 引起了广泛关注，并被认为是光催化降解材料和生物传感电极的最有前景的候选材料之一，因为它具有生物良性、适宜的氧化还原反应电位、耐腐蚀性和丰富的可用性[241]。在过去几十年中，已经合成和研究了具有各种形态的纳米结构 TiO_2，并与光电化学（PEC）生物分析相关联，如纳米颗粒（NPs）[242]、介孔结构[243]、纳米片[244]、纳米线[245-246]、纳米棒[247]、中空球[248]等。其中，沿着钛基底垂直排列的自组织高度有序的 TiO_2 纳米管阵列（NTAs），通过钛片阳极氧化工艺制备，被证明是促进 PEC 生物传感性能的期望纳米结构[249]。与其他 TiO_2 纳米结构相比，具有平整光滑表面的 TiO_2-NTAs 具有以下五个优点：（1）一维几何形状显示出较大的比表面积，有利于沿轴向进行电荷传递[250]；（2）这种结构可以显著缩短电荷在纳米管壁上的扩散路径，自动减少由于电子在颗粒之间跳跃而导致的电荷损失的概率[251]；（3）生长在钛片基底上的 TiO_2-NTAs 电极相对于超小颗粒更容易回收利用，超小颗粒在每个循环后需要高昂的收集成本[250]；（4）NTAs 形态可以通过精心设计的阳极氧化工艺进行精确控制[252]；（5）独特而精确的 NTAs 结构可以通过捕获入射光来增强光吸收[253]。尽管 TiO_2-NTAs 具有良好的特性，但它也继承了 TiO_2 的典型特点。为了解决 TiO_2-NTAs 在 PEC 实际应用中的障碍，已经探索了各种方案，以构建 TiO_2-NTAs 基异质结构，这得益于其内建电场和氧空位（V_O）的固有缺陷状态的优势[254]。总结如下[255-257]：首先，TiO_2-NTAs 基异质结构已经发展起来，以扩展其在可见光范围内的光吸收窗口，每个组分都被独立选择和调整以实现设计的功能；其次，在错位的 TiO_2-NTAs 基异质结构纳米复合材料中，由于 E_F 的对齐以及界面处的斜率引起的带偏移的存在，加速了光生电荷载流子的迁移，通过内部电场的驱动力缓解了载流子复合的影响，提高了 PEC 性能；再次，TiO_2-NTAs 基纳米异质结构的巨大优势在于其能够保留具有较高氧化还原电位的光生电子和空穴，有助于形成参与光催化反应的活性基团，这有利于提高 PEC 性能。在这个框架内，最近引起了许多关注的是金属硫化物/ TiO_2-NTAs 异质结构，因为具有以下特点：（1）在相当短的时间内构建了具有优秀重复性的异质系统；（2）当受到光照时，金属硫化物/ TiO_2-NTAs 的能带能量可调；（3）在室温下进行简单的制备技术，实现低成本生产[258]。

特别是，钼二硫化物（MoS_2）作为过渡金属硫化物中的代表性半导体类别，近年来因其无毒、抗光腐蚀稳定性、丰富的地球资源和良好的生物相容性而引起了更多关注[259]。它的晶格由二维结构组成，通过范德华力与相邻层弱结合。对于光电化学（PEC）应用而言，对少层 MoS_2 的兴趣是由于窄带隙（约 1.9 eV）、高电子迁移率、优良的电导率和丰富的硫空位（V_S）缺陷[260]。到目前为止，已报道了与 MoS_2 相关的类Ⅱ型异质结纳米复合材料，如 MoS_2/WS_2[261]、$MoS_2/MgIn_2S_4$[262]、Mo_2C/MoS_2[263] 和 MoS_2/rGO 纳米复合材料[264]，具有出色的光电化学、生物传感和气体传感性能。特别是，韩等人[265]报道了水热法制备富含 V_S 缺陷的 TiO_2/MoS_2 光阳极，实现了增强的光电流密度和改善的 PEC 水分解性能，这是由于 V_S 缺陷和内建电场的协同效应增强了光激发的电荷载流子分离和传输效率。巧合的是，马等人[266]合成了含丰富 V_S 缺陷的 MoS_2/Mo 二元异质结，有效激活惰性氮分子并促进电催化还原反应，这归因于与 V_S 缺陷相关的低能垒。因此，有充分的理由相信，通过充分利用 MoS_2 和 TiO_2 之间与表面缺陷态相关的积极协同效应，可以实现高效的电荷分离和传输，从而提高 PEC 活性和效率。然而，据我们所知，目前关于 MoS_2 和 TiO_2 表面缺陷态（即 V_O 和 V_S）之间的定性界面电荷转移（CT）机制和定量动态过程的研究非常有限，这是通过瞬态光致发光动力学探测技术进行的。

在本章中，利用阳极氧化法制备了具有清洁顶部表面的高度有序排列的 TiO_2 纳米管阵列（TiO_2-NTAs），为经过改进的电沉积方法均匀涂覆 MoS_2 纳米带

(MoS_2-NBs) 提供了便利，成功构建了 MoS_2/TiO_2-NTAs Ⅱ型异质结纳米复合材料。同时，通过退火处理故意引入了 MoS_2/TiO_2-NTAs 中的内在缺陷态，包括 V_O 和 V_S，并通过调整 MoS_2 沉积时间获得了最佳的缺陷态浓度。此外，由于与 V_S 缺陷相关的抬升的错位能带偏移和增加的暴露反应活性位点的协同效应，光生 e^--h^+ 对在 MoS_2 和 TiO_2 之间的界面上得到有效分离和传输，从而提高了 PEC 降解性能以及生物传感和气体传感的灵敏度。这一点在纳秒时间分辨瞬态光致发光 (NTRT-PL) 和时间分辨光致发光 (TRPL) 光谱技术中得到了验证。此外，该研究提供了一种调控 MoS_2/TiO_2-NTAs 表面缺陷的通用策略，并展示了一种设计具有显著优势的纳米复合材料用于甲基橙 (MO) 的光降解、氧化谷胱甘肽 (GSH) 的生物传感和氨气传感应用的实用方法。

5.2 MoS_2/TiO_2-NTAs 异质结纳米复合材料的形貌和组分表征

5.2.1 形貌表征

未修饰 TiO_2-NTAs 和不同 MoS_2 电沉积时间 (1 min、2 min 和 5 min) 的 MoS_2/TiO_2-NTAs 纳米异质结的表面形貌和横截面特征通过扫描电子显微镜 (SEM) 和透射电子显微镜 (TEM) 进行了表征，如图 5-1 所示。可以观察到纯净、干净、均匀的 TiO_2-NTAs 制备在纯钛片上，纳米管的平均孔径范围为 85~100 nm，纳米管的壁厚可达到 18~20 nm，如图 5-1 (a) 所示。图 5-1 (a) 中的插图是单个纳米管的 TEM 图像，表明外径约为 100 nm，与顶视 SEM 观察相符。图 5-1 (b) 是裸露的 TiO_2-NTAs 的横截面形貌的 SEM 图像，明确显示有序且垂直定向的长度约为 2 μm 的 TiO_2-NTAs。图 5-1 (c) 展示了经过 450 ℃退火后，MoS_2/TiO_2-NTAs 纳米复合材料的横截面 SEM 图像。为了明确显示 MoS_2/TiO_2-NTAs Ⅱ型异质结的形成，选择 MoS_2/TiO_2-NTAs-5 作为 SEM 表征的横截面的代表样品，原因是在 TiO_2-NTAs 表面上沉积了最多的 MoS_2。可以明显观察到 MoS_2/TiO_2-NTAs 纳米复合材料的表面变得凹凸不平，这是 MoS_2 纳米颗粒的沉积导致的。在一些区域，TiO_2-NTAs 开口处的入口被形成的 MoS_2 纳米颗粒簇屏蔽，清晰地展示了 MoS_2 纳米颗粒和 TiO_2-NTAs 之间的紧密接触，证明了 MoS_2/TiO_2-NTAs 异质结的成功合成。

图 5-1 (d)~(f) 为经过 450 ℃退火后，具有不同 MoS_2 电沉积时间 (1 min、2 min 和 5 min) 的 MoS_2/TiO_2-NTAs 异质结纳米复合材料的顶视形貌的典型 SEM 图像。在将 MoS_2 装饰到 TiO_2-NTAs 上后，可明显观察到不同的纳米拓扑结构 (从透明的纳米颗粒到聚集的纳米颗粒)。图 5-1 (d) 展示了 MoS_2 电沉积时间为

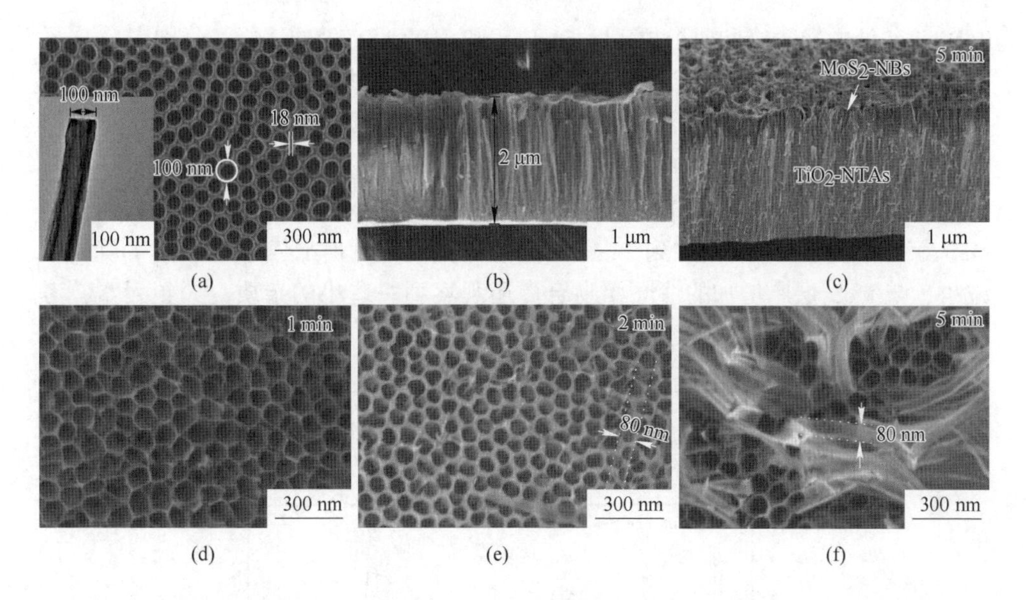

图 5-1 TiO_2-NTAs 的顶视（a）和横截面（b）SEM 图像，MoS_2 沉积 5 min MoS_2/TiO_2-NTAs 的横截面 SEM 图像（c）及不同 MoS_2沉积时间 MoS_2/TiO_2-NTAs 的顶视 SEM 图像（d）~（f）

1 min 的 MoS_2/TiO_2-NTAs 纳米复合材料的 SEM 图像，标记为 MoS_2/TiO_2-NTAs-1。可以清晰地观察到少量薄的 MoS_2纳米颗粒的碎片状分布，填充了纳米管阵列的间隙。同时，图 5-1（e）展示了 MoS_2电沉积时间为 2 min 的 MoS_2/TiO_2-NTAs 纳米异质结的 SEM 图像，标记为 MoS_2/TiO_2-NTAs-2。可以明显注意到，适量的薄 MoS_2纳米颗粒相互连接，在管顶表面和管间空隙均匀分布，而管内部保持未填充，TiO_2-NTAs 骨架的形貌变化不明显。图 5-1（f）展示了 MoS_2电沉积时间为 5 min 的 MoS_2/TiO_2-NTAs 纳米复合材料的 SEM 图像，标记为 MoS_2/TiO_2-NTAs-5。结果进一步证实，MoS_2的沉积时间是关键因素，因为它们很可能通过形成纳米颗粒簇聚在一起，在纳米管的顶部表面上随机分布，这与引入外来物种到阳极 TiO_2-NTAs 的研究报告[267]相符，通常会阻塞纳米管的开口。由于表面导电特性的差异，当将 MoS_2与 TiO_2-NTAs 耦合时，在自排列纳米管阵列顶部形成均匀分布或聚集分布[268]。

5.2.2 组分表征

不同类型半导体异质结构的摩尔比通过使用 EDXRF 探测光谱仪进行分析，并使用表面敏感、非破坏性和标准的分析方法确定其特征元素。图 5-2 展示了未修饰 TiO_2-NTAs 和不同 MoS_2电沉积时间二元 MoS_2/TiO_2-NTAs 纳米复合材料的能量色散 X 射线荧光光谱（EDXRF）。明确指出，在所有样品中，存在一个位于

0.52 keV 处的轻微峰和两个位于 4.51 keV 和 4.92 keV 处的强峰，分别来自 O 元素的 Kα 峰和 Ti 元素的 Kα、Kβ 峰的发射线[269]。此外，制备的 MoS_2/TiO_2-NTAs 纳米复合材料的 EDXRF 光谱显示在相应位置上存在 Ti、O、Mo 和 S 元素峰，进一步证明了 MoS_2/TiO_2-NTAs 纳米异质结构的成功制备。0.25 keV 和 2.30 keV 的特征峰属于 Mo 原子，而 2.30 keV 的强特征峰则归属于 S 原子[270]。同时，通过将 MoS_2沉积时间从 1 min 增加到 5 min，Mo 和 S 的峰强度增加，而 Ti 和 O 的峰强度减小，与 MoS_2层厚增加的情况相吻合。还观察到一些小的杂质，如碳元素，考虑到其在未经纯化的纳米复合材料中引入的可能性。

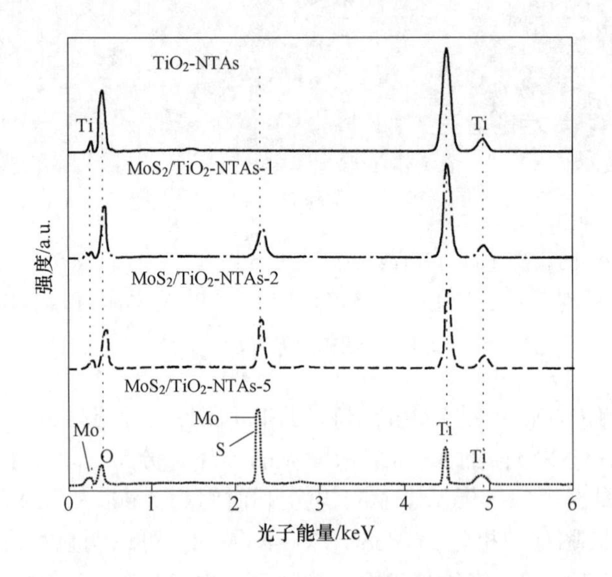

图 5-2 TiO_2-NTAs 和不同 MoS_2沉积时间 MoS_2/TiO_2-NTAs 的 EDXRF 光谱

根据测量强度与元素浓度之间的直接比例关系，表 5-1 列出了通过 UniQuant 软件对未修饰 TiO_2-NTAs 样品和具有不同量 MoS_2的二元 MoS_2/TiO_2-NTAs 纳米复合材料进行 EDXRF 定量分析的元素组成质量分数和原子比结果。可以清楚地观察到，随着 MoS_2的沉积时间从 1 min 增加到 5 min，Ti 和 O 元素的特征峰强度和质量分数减小，而 Mo 和 S 元素增加。表 5-1 中给出的相应元素分析表明，对于未修饰 TiO_2-NTAs 和不同 MoS_2沉积时间从 1~5 min 的二元 MoS_2/TiO_2-NTAs 纳米复合材料，Ti∶O 的原子比分别为 1∶1.52、1∶1.50、1∶1.14 和 1∶1.43。此外，对于不同 MoS_2沉积时间的 MoS_2/TiO_2-NTAs 双重纳米复合材料，Mo∶S 的原子比分别为 1∶1.82、1∶1.42 和 1∶1.67。由此可见，由于 O 和 S 元素的非化学计量比，制备的样品中形成了预期的 V_O 和 V_S 缺陷，优化了 MoS_2/TiO_2-NTAs 样品中的元素含量。需要强调的是，MoS_2/TiO_2-NTAs 纳米复合材料的不同质量分数和原子比对 PEC 性能产生影响，这将在下一节中讨论。

表 5-1 使用 EDXRF 分析测定的所形成的 TiO_2-NTAs 和不同 MoS_2沉积时间 MoS_2/TiO_2-NTAs 的元素组成（质量分数）和原子比

样品	O/%（质量分数）	Ti/%（质量分数）	S/%（质量分数）	Mo/%（质量分数）	Ti：O 原子比	Mo：S 原子比
TiO_2-NTAs	33.67	66.33	—	—	1：1.52	—
MoS_2/TiO_2-NTAs-1	28.72	57.13	5.36	8.79	1：1.50	1：1.82
MoS_2/TiO_2-NTAs-2	19.43	50.56	9.68	20.33	1：1.14	1：1.42
MoS_2/TiO_2-NTAs-5	12.12	25.36	22.46	40.06	1：1.43	1：1.67

为了确认结构、相位和晶体性质，记录了四个制备样品（未修饰 TiO_2-NTAs 和不同 MoS_2电沉积时间 MoS_2/TiO_2-NTAs 二元纳米复合材料：1 min、2 min 和 5 min）的 XRD 图谱，如图 5-3 所示。所有样品显示出窄而尖锐的峰，表明产物具有良好的晶体性。从图 5-3（a）可以看出，单一 TiO_2-NTAs 样品的 7 个衍射峰（用“▼”标记）位于 $2\theta = 25.37°$、37.88°、48.12°、53.97°、55.09°、62.14° 和 62.74°处，分别对应于锐钛矿 TiO_2 相（JCPDS 卡片号 21-1272）的（101）、（004）、（200）、（105）、（211）、（213）和（204）衍射面。根据先前的报道，倾向于认为锐钛矿相 TiO_2与其他晶相相比具有更出色的 PEC 活性，这要归功于较高的 E_F[271]、较轻的有效质量和光激发电子-空穴对的更长寿命[272]。在图 5-3（b）~（d）中分别呈现了具有不同 MoS_2沉积时间（1 min、2 min 和 5 min）的 MoS_2/TiO_2-NTAs 纳米复合材料的 XRD 图谱。MoS_2/TiO_2-NTAs 纳米复合材料的 XRD 谱中存在锐钛矿相 TiO_2的所有衍射峰，表明在 MoS_2电沉积过程中，TiO_2-NTAs 的内在结构得到了很好的保留。因此，由 MoS_2纳米晶体装饰的光催化剂仍然表现出卓越的 PEC 性能。明显观察到 MoS_2/TiO_2-NTAs 异质结中 TiO_2衍射峰的强度随着 MoS_2沉积时间从 1 min 增加到 5 min 而减小，这归因于 MoS_2纳米晶体对 TiO_2-NTAs 的覆盖。根据图 5-3（c）和（d）所示的沉积时间为 2 min 和 5 min 的 MoS_2纳米晶体装饰的 TiO_2-NTAs 的衍射图样可知，尽管存在轻微的强度差异，但两个衍射曲线仍显示出类似的典型峰。两者都显示出特征性的衍射峰（用‘·’标记）分别位于 $2\theta = 14.01°$和 33.34°，明确对应于 MoS_2的（002）和（100）晶面，分别对应 JCPDS 卡片号 37-1492。MoS_2/TiO_2-NTAs-5 中（002）衍射峰的强度高于其他样品，表明其具有更高的晶体性和更好的堆积结构，从而证实了

MoS_2纳米晶体存在于 TiO_2-NTAs 电极表面。有趣的是，MoS_2/TiO_2-NTAs-1 样品（图 5-3（b））中 MoS_2的典型衍射峰，尤其是（002）晶面的峰，完全消失了。Paul 等人[273]已经证明，衍射峰（$2\theta=14.01°$）对应于 MoS_2的 c 平面，并可用于研究 MoS_2的结构，其中 Mo 原子与 S 原子配位形成 S-Mo-S 三明堆积层。其消失表明 MoS_2纳米晶体的含量非常低，太薄以至于无法被 XRD 检测到。此外，与 TiO_2-NTAs 相比，MoS_2的 XRD 特征峰在 MoS_2/TiO_2-NTAs 中较弱，这表明在制备过程中未修饰 TiO_2-NTAs 可能抑制了 MoS_2沿特定晶面的生长[274]。

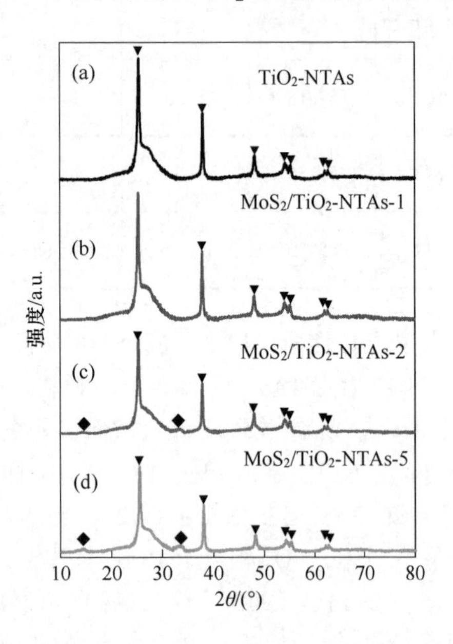

图 5-3 TiO_2-NTAs（a）和不同 MoS_2 沉积时间 MoS_2/TiO_2-NTAs（b）~（d）的 XRD 谱图

作为 XRD 的有效补充技术，进行了 UV-Vis DRS 测量，以评估未修饰 TiO_2-NTAs 和具有不同 MoS_2纳米结晶体沉积时间（1 min、2 min 和 5 min）的 MoS_2/TiO_2-NTAs 双异质结纳米复合材料的光吸收性质和带隙，这对于构建优化的 PEC 纳米杂化材料至关重要。如图 5-4（a）中未修饰 TiO_2-NTAs 的曲线所示，明显展现了特征光谱，其基本吸收边缘位于 380 nm 处，这源自固有带隙吸收。同时，当少层 MoS_2纳米晶体被引入到 TiO_2-NTAs 上后，如 MoS_2/TiO_2-NTAs 的曲线所示，纳米复合材料样品的吸收边缘明显延伸到更长的可见光区域，这是由于 MoS_2的固有窄带隙，并且明显呈现出增强的可见光区域吸收强度，这归因于 MoS_2纳米晶体与 TiO_2-NTAs 之间的异质结构的协同效应。此外，值得一提的是，493 nm、600 nm 和 655 nm 的吸收峰，分别标记为区域Ⅰ、Ⅱ和Ⅲ，对应于 TiO_2-

NTAs 的 V_O 缺陷吸收、MoS_2的 A_1和 B_1激子峰，这是由于能带（VB）和自旋轨道耦合引起的能量分裂导致的直接跃迁[275-276]。随后，可以使用 Tauc 图绘制来估计不同样品的带隙能量，如图 5-4（b）所示。根据以下方程式绘制 $(\alpha h\nu)^{1/n}$ 与光子能量($h\nu$)之间的曲线[277]：$(\alpha h\nu)^{1/n} = A(h\nu - E_g)$，其中 α 是吸收系数，A 是常数，h 是普朗克常数，E_g 是带隙能量，ν 是入射光的频率，n 应该等于 1/2，对于 TiO_2和 MoS_2来说，它们都是直接跃迁半导体[278-279]。因此，可以通过将 $(\alpha h\nu)^2$与 $h\nu$ 的图线外推到零来从 $(\alpha h\nu)^2$-$h\nu$ 图中得到样品的带隙能量。未修饰 TiO_2-NTAs、MoS_2/TiO_2-NTAs-1、MoS_2/TiO_2-NTAs-2 和 MoS_2/TiO_2-NTAs-5 的计算带隙能量分别约为 3.20 eV、3.16 eV、2.97 eV 和 2.75 eV。同时，已经证明 MoS_2/TiO_2-NTAs 纳米异质结的带隙能量随着 MoS_2的沉积量增加而降低，与先前的研究结果一致，这是由于从单层到团簇的 MoS_2导致的间接到直接带隙转变，源自量子限制效应[280]。上述结果加强了 MoS_2的存在对可见光吸收有益的假设，并且 MoS_2/TiO_2-NTAs 纳米复合材料能够在可见光照射下激发产生更多的电子-空穴对。更倾向于认为 MoS_2/TiO_2-NTAs 纳米杂化材料的 Tauc 光谱由两部分组成，较大斜率部分应归因于未修饰 TiO_2-NTAs 的固有带隙，而较小的斜率可以归因于 MoS_2纳米晶体的沉积[281]。这可以推断出制备不同 MoS_2沉积量的带隙分别为 2.17 eV、2.13 eV 和 2.11 eV。

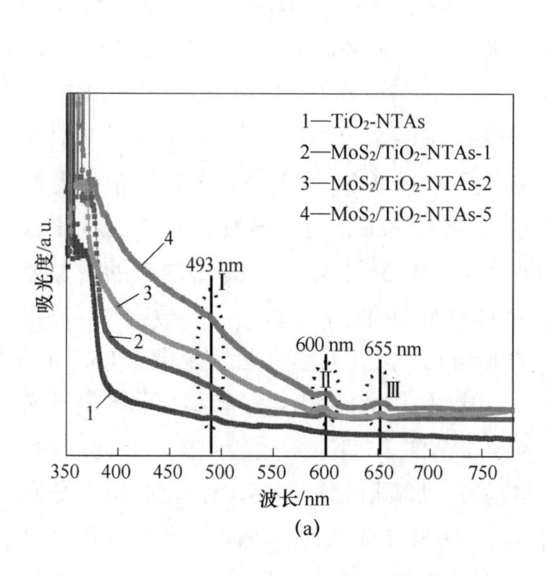

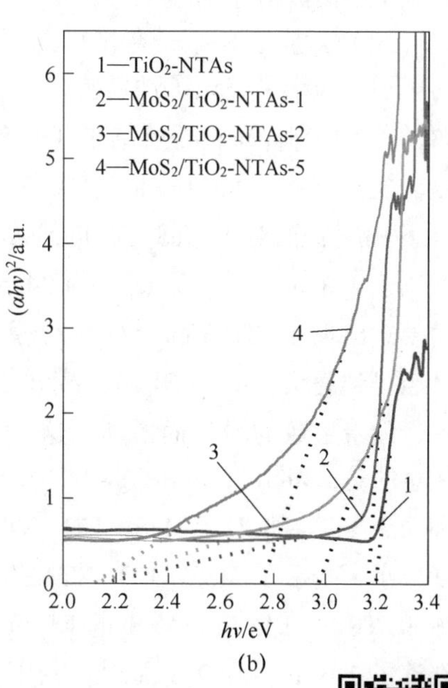

图 5-4 TiO_2-NTAs 和不同 MoS_2沉积时间 MoS_2/TiO_2-NTAs 的 UV-Vis DRS 光谱（a）和光学带隙的 Tauc 图（b）

彩图

通过激发波数范围为 100~800 cm^{-1}的拉曼光谱（激发光为 532 nm 激光线），进一步评估未修饰 TiO_2-NTAs 和不同 MoS_2沉积量的 MoS_2/TiO_2-NTAs 纳米复合材料的组成、晶体质量和层数。图 5-5 展示了未修饰 TiO_2-NTAs 样品和不同 MoS_2沉积时间（1 min、2 min 和 5 min）的 MoS_2/TiO_2-NTAs 纳米复合材料的拉曼光谱。以未修饰 TiO_2-NTAs 样品作为参考，可以明显观察到位于 149.6 cm^{-1}处的强烈拉曼峰，对应于锐钛矿 TiO_2 的主要 E_g^1 振动模式。此外，位于 397.8 cm^{-1}、512.8 cm^{-1}和 636.7 cm^{-1}处的其他三个峰可以归因于锐钛矿 TiO_2的拉曼活性模式 B_{1g}^1、$A_g^1+B_{1g}^2$和 E_g^2[282]。在图 5-5 中可以明显观察到 MoS_2/TiO_2-NTAs 纳米异质结构与未修饰 TiO_2-NTAs 之间的拉曼图案差异，主要可以归类为以下几个方面：（1）与未修饰 TiO_2-NTAs 相比，MoS_2/TiO_2-NTAs 纳米复合材料中 TiO_2的声子振动模式 E_g^1、$A_g^1+B_{1g}^2$和 E_g^2出现了小的蓝移，这可能归因于 MoS_2纳米晶体沉积在 TiO_2-NTAs 表面上引起的压缩应变，源自 TiO_2晶格中的非化学计量 V_O 缺陷[283]。此外，随着 MoS_2沉积量从 1 min 增加到 5 min，TiO_2的 E_g^1振动模式的拉曼峰强度降低，这可能是由于沉积的 MoS_2 外层也削弱了底层 TiO_2-NTAs 的拉曼信号。（2）在具有不同 MoS_2沉积时间的 MoS_2/TiO_2-NTAs 纳米复合材料的拉曼光谱中，与未修饰 TiO_2-NTAs 相比，可明显观察到两个一阶拉曼活性模式，前者峰（E_{2g}^1）对应于平面晶格振动模式，S 原子沿着 Mo-S 键的基面平行振动，后者峰振动模式（A_g^1）对应于 S 原子在基面外振动的峰[284]。MoS_2/TiO_2-NTAs 纳米复合材料的声子光谱结果确认了预期装饰有 MoS_2 纳米结晶体的 TiO_2-NTAs 表面，与 XRD 图样和 UV-Vis DRS 测量结果相一致。此外，对于 MoS_2/TiO_2-NTAs-1 样品，E_{2g}^1振动模式位于 383.1 cm^{-1}，A_g^1 模式位于 404.7 cm^{-1}，导致波数差（Δ）为 21.6 cm^{-1}；而对于 MoS_2/TiO_2-NTAs-2 样品，E_{2g}^1振动模式位于 384.1 cm^{-1}，A_g^1模式位于 408.6 cm^{-1}，导致 Δ 为 24.5 cm^{-1}；对于 MoS_2/TiO_2-NTAs-5 样品，E_{2g}^1振动模式出现在 381.8 cm^{-1}处，A_g^1模式位于 408.1 cm^{-1}处，导致 Δ 为 26.3 cm^{-1}。已经得到确认，A_g^1和 E_{2g}^1声子模式之间的频率差 Δ 与 MoS_2-NBs 中层数的增加相关，随着层数的增加而增加，这与上述的 SEM 和 TEM 实验结果一致[285]。值得注意的是，MoS_2/TiO_2-NTAs-2 中 MoS_2的 E_{2g}^1和 A_g^1拉曼振动峰明显蓝移了 1.0 cm^{-1}和 3.9 cm^{-1}，相对于 MoS_2/TiO_2-NTAs-1，这可以解释为由电子转移引起的电子密度减小，暗示了 MoS_2/TiO_2-NTAs 纳米异质结的 P 型掺杂效应[286]。与此同时，MoS_2/TiO_2-NTAs-5 中 MoS_2的 E_{2g}^1和 A_g^1拉曼振动峰相对于 MoS_2/TiO_2-NTAs-2 分别红移了 2.3 cm^{-1}和 0.5 cm^{-1}，归因于 MoS_2纳米晶体在 TiO_2-NTAs 表面沉积时产生的压缩和拉伸应变的增加[275,287]。与未修饰 TiO_2-NTAs 相比，不同 MoS_2 含量的 MoS_2/TiO_2-NTAs 纳米复合材料中还出现了一个较弱的额外拉曼峰，位于 821.1 cm^{-1}处，源自 O—Mo—O 键合[288]。

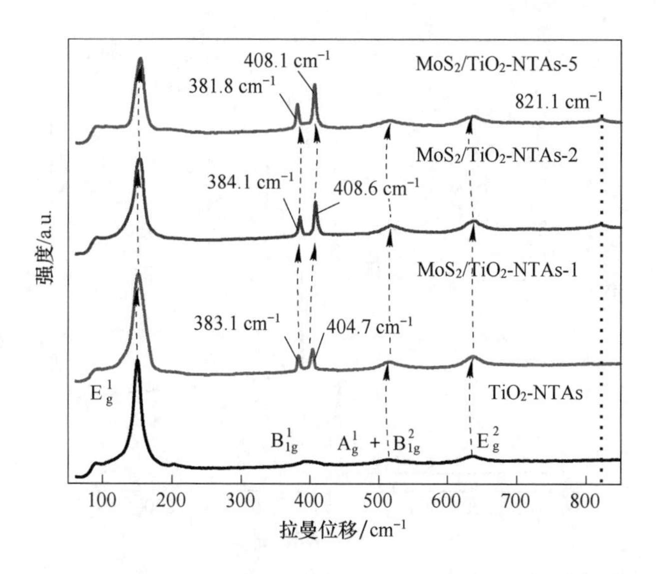

图 5-5 TiO_2-NTAs 和不同 MoS_2 沉积时间 MoS_2/TiO_2-NTAs 的拉曼光谱

为了进一步研究核心能级光谱并揭示化学键合状态，进行了 X 射线光电子能谱（XPS）测量，以观察未修饰 TiO_2-NTAs 和 MoS_2/TiO_2-NTAs 纳米复合材料的表面缺陷态、化学成分和键合结构。同时，采用全能量范围（0~1000 eV）的 XPS 测量来确定 MoS_2/TiO_2-NTAs-2 异质结中的主要元素，以未修饰 TiO_2-NTAs 为参考，结果如图 5-6 所示。显然，TiO_2-NTAs 的 XPS 全谱扫描显示出 Ti、O、C 峰，这归因于 TiO_2 样品的典型元素，除了来自碳杂质的 C 1s 峰。除了 Ti、O、C 峰外，MoS_2/TiO_2-NTAs-2 的 XPS 全谱扫描明确显示样品的主要元素是 Mo 和 S，进一步证实了 MoS_2/TiO_2-NTAs 异质结的形成，这与 EDXRF 检测的实验结果一致。值得一提的是，与未修饰的 TiO_2-NTAs 相比，MoS_2/TiO_2-NTAs 二元异质结纳米复合材料中的 Ti 的 XPS 信号强度较弱，这是由于上方的 MoS_2 窄带隙半导体层阻挡了 TiO_2-NTAs 基底[289]。

通过 XPS 测量结果，进一步展示了未修饰和修饰后的 TiO_2-NTAs 中 V_O 和 V_S 相关的表面缺陷，如图 5-7 所示。在使用 XPS Peak Fit 软件减去 Shirley 型非弹性背景后，通过混合高斯-洛伦兹函数和非线性最小二乘拟合算法将峰分解为组分。如图 5-7（a）所示，Ti 2p 的 HRXPS 光谱显示出两个明显峰位能（BE）分别约为 458.4 eV 和 464.2 eV 的强峰，分别对应 Ti $2p_{3/2}$ 和 Ti $2p_{1/2}$，表明 Ti 元素的主要状态是 Ti^{4+}，这是通过未修饰 TiO_2-NTAs 中 Ti $2p_{3/2}$ 和 Ti $2p_{1/2}$ 峰之间自旋能量分离为 5.8 eV 的比较得出的[290]。此外，与未修饰 TiO_2-NTAs 相比，经过在 TiO_2-NTAs 上沉积 2 min 的 MoS_2 纳米带后，MoS_2/TiO_2-NTAs 异质结中Ti 2p 核层能级的 BE 向较低能态移动，分别位于 458.3 eV 和 464.1 eV，对应

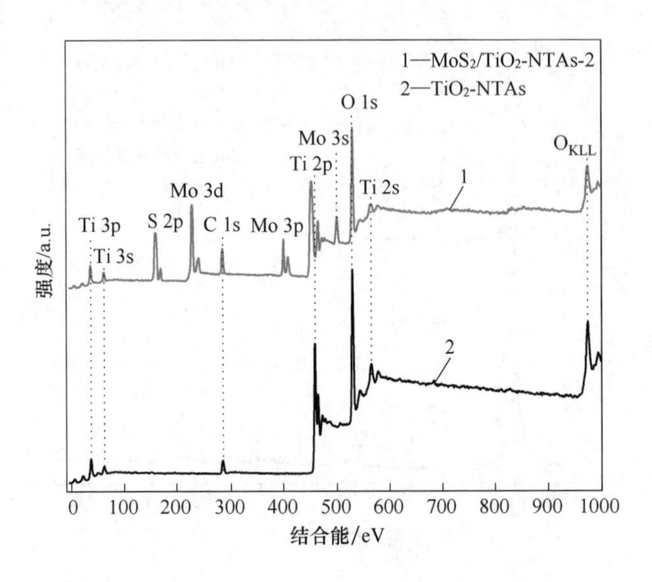

图 5-6 TiO_2-NTAs 和 MoS_2/TiO_2-NTAs-2 的 XPS 光谱

Ti $2p_{3/2}$和 Ti $2p_{1/2}$。Ti 2p 峰的移动现象可以归因于 TiO_2和 MoS_2之间不同的 E_F位置，分别为-4.7 eV 和-5.1 eV（vs. vac）[291-292]，在这些能级上从 TiO_2-NTAs 注入电子到 MoS_2，正如先前的研究所描述的[293]。Ti 2p 光谱可以分解为来自 Ti^{3+}和 Ti^{4+}的两个组分。众所周知，Ti^{4+}价态与化学计量比的 TiO_2相关联，而 Ti^{3+}价态则形成于中间氧化态，直接与 V_O 缺陷态相关[294]。通过拟合 Ti 2p XPS 光谱中的自旋轨道分裂 Ti $2p_{3/2}$和 Ti $2p_{1/2}$峰，可以得到未修饰 TiO_2-NTAs 和 MoS_2/TiO_2-NTAs-2 纳米复合材料中 Ti^{3+}/Ti^{4+}的表面原子比，见表 5-2。拟合峰位能分别为 458.1 eV、458.3 eV、463.5 eV 和 463.9 eV 的 BE 被归属于 Ti^{3+}状态，此外，拟合峰位能为 458.6 eV、464.3 eV 和 464.4 eV 的 BE 被归属于 Ti^{4+}氧化态，与先前报道的数据相一致[295]。值得注意的是，特征峰的积分拟合面积可以指示相应 Ti^{3+}或 Ti^{4+}元素的浓度[296]。可以清楚地看到，未修饰 TiO_2-NTAs 和 MoS_2/TiO_2-NTAs-2 的表面原子比 Ti^{3+}/Ti^{4+}分别为 0.64 和 0.96。这个结果可能归因于热退火效应和 MoS_2与 TiO_2-NTAs 之间的纳米异质结的协同作用[273,297]。图 5-7（b）展示了未修饰 TiO_2-NTAs 和 MoS_2/TiO_2-NTAs-2 纳米复合材料的 O 1s HRXPS 光谱，峰位于约 530.1 eV 处[298]，其中一个峰向较高 BE 区域延伸形成了不对称的长尾，使光谱呈现非对称性。对于未修饰 TiO_2-NTAs，O 1s 的两个拟合曲线峰位能分别为 530.0 eV 和 531.8 eV，分别对应晶格氧（$\cdot O_2^-$）和表面 · OH[299]。与此同时，MoS_2/TiO_2-NTAs 的 O 1s 核层的两个主要拟合峰位能分别位于 530.1 eV 和 531.2 eV，分别归因于 Ti—O—Ti 键和 V_O 缺陷附近的 O 原子[300]。此外，MoS_2/

TiO_2-NTAs-2 的 O 1s 核层光谱可以分解为两个拟合峰，包括 529.8 eV 和 530.9 eV 的峰位能，前者与金属氧键形成（Ti—O）相关，后者与 V_O 相关的态相关[301]。值得注意的是，在形成纳米异质结后，尤其是在装饰有 MoS_2 纳米带的 TiO_2-NTAs 上，V_O 缺陷的浓度增加，这通过 O 1s 核层光谱的峰变宽来验证[302]，与图 5-8（a）的 XPS 结果一致。

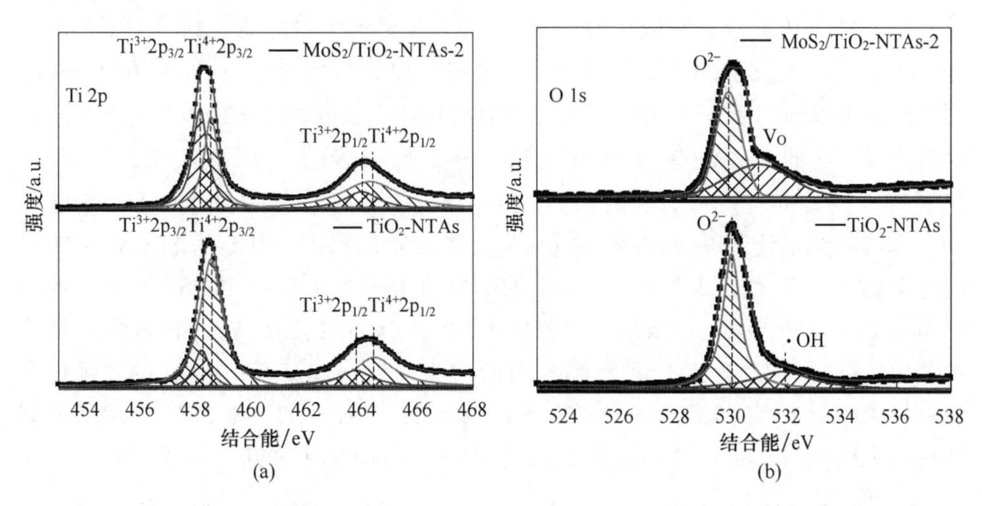

图 5-7 TiO_2-NTAs 修饰前后 Ti 2p（a）和 O 1s（b）结合态的 HRXPS 光谱

表 5-2 TiO_2-NTAs 的 MoS_2/TiO_2-NTAs 的 Ti 2p XPS 光谱中自旋轨道分裂双峰 Ti $2p_{1/2}$ 和 Ti $2p_{3/2}$ 的表面原子比 Ti^{3+}/Ti^{4+}

样品	类型	结合能/eV	表面原子比 Ti^{3+}/Ti^{4+}
TiO_2-NTAs	Ti^{3+} $2p_{3/2}$	458.3	0.64
	Ti^{4+} $2p_{3/2}$	458.6	
	Ti^{3+} $2p_{1/2}$	463.9	
	Ti^{4+} $2p_{1/2}$	464.4	
MoS_2/TiO_2-NTAs	Ti^{3+} $2p_{3/2}$	458.1	0.96
	Ti^{4+} $2p_{3/2}$	458.6	
	Ti^{3+} $2p_{1/2}$	463.5	
	Ti^{4+} $2p_{1/2}$	464.3	

同时，通过 XPS 测试展示了不同 MoS_2 沉积时间 MoS_2/TiO_2-NTAs 异质结纳米复合材料中元素组成和与 V_S 相关的缺陷的进一步证明，如图 5-8 所示。如图 5-8

（a）显示了不同 MoS_2 沉积时间（1 min、2 min 和 5 min）MoS_2/TiO_2-NTAs 的归一化 Mo 3d XPS 光谱。对于 MoS_2/TiO_2-NTAs-1，Mo 3d 核层 XPS 光谱的 BE 值显示出两个主要峰位能分别位于 229.5 eV 和 232.6 eV，分别对应 MoS_2 的 Mo $3d_{5/2}$ 和 Mo $3d_{3/2}$ 组分[303]，暗示了 Mo^{4+} 的形成。此外，MoS_2/TiO_2-NTAs-2 和 MoS_2/TiO_2-NTAs-5 纳米复合材料的高分辨率 Mo 3d 光谱显示出两个峰位能分别位于 229.3 eV 和 229.4 eV，对应于 Mo $3d_{5/2}$，以及另外两个峰位能分别位于 232.3 eV 和 232.5 eV，对应于 Mo $3d_{3/2}$[304-305]。这些分离能分别等于 3.0 eV 和 3.1 eV，所有这些可以归因于 MoS_2 中 Mo 物种的典型特征，表明存在 MoS_2/TiO_2 纳米复合材料[306-307]。此外，Mo 3d 的 XPS 光谱被分解为两组峰，分别可以归属于空位缺陷的 MoS_2（v-MoS_2）和内在的 MoS_2（i-MoS_2），而解卷积的 Mo^{4+} $3d_{5/2}$ 和 Mo^{4+} $3d_{3/2}$ 双峰峰位描述了 v-MoS_2 和 i-MoS_2 的贡献。MoS_2/TiO_2-NTAs-1 的 v-MoS_2 能量值位于 229.2 eV 和 232.3 eV，i-MoS_2 的能量值位于 229.5 eV 和 232.7 eV。而对于 MoS_2/TiO_2-NTAs-2，v-MoS_2 的双峰位于 229.1 eV 和 232.2 eV，i-MoS_2 的双峰位于 229.4 eV 和 232.6 eV。至于 MoS_2/TiO_2-NTAs-5，v-MoS_2 和 i-MoS_2 的双峰位置分别对应 229.2 eV、232.3 eV、229.5 eV 和 232.7 eV。图 5-8（b）展示了不同 MoS_2 沉积时间（1 min、2 min 和 5 min）MoS_2/TiO_2-NTAs 的归一化 S 2p XPS 光

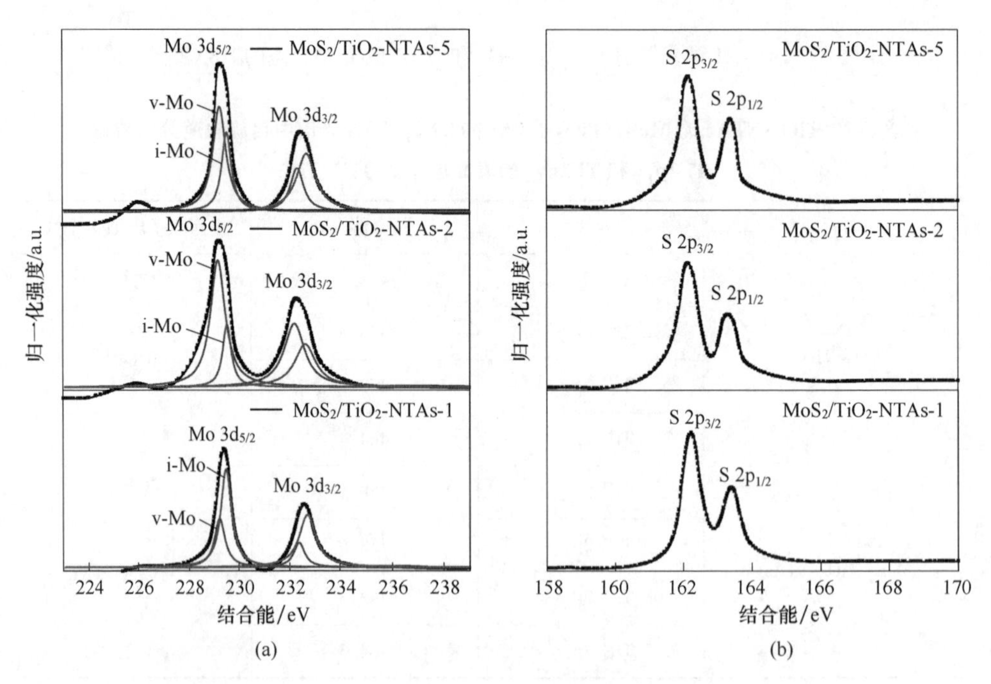

图 5-8 不同 MoS_2 沉积时间 MoS_2/TiO_2-NTAs 的 Mo 3d（a）和 S 2p（b）核心能级的 XPS 光谱

谱，分别显示了两个自旋-轨道双峰的S。特征峰的BE出现在162.3 eV、162.1 eV和162.2 eV处，被归属于 S $2p_{3/2}$ 自旋轨道，而出现在 163.5 eV、163.3 eV 和 163.4 eV处的峰位被归属于 MoS_2 中二价硫化物离子（S^{2-}）的 S $2p_{1/2}$ 轨道[308-310]，确认了 MoS_2/TiO_2-NTAs 纳米异质结的成功制备，这与 SEM、TEM、XRD、UV-Vis DRS 和拉曼测试结果一致。

与 MoS_2/TiO_2-NTAs-1 和 MoS_2/TiO_2-NTAs-5 相比，MoS_2/TiO_2-NTAs-2 的 Mo 3d 和 S 2p 核层的 BE 位置显示出最明显的负偏移，这是由于 V_S 缺陷含量的最大化，因为 v-MoS_2的峰面积直接与 V_S 缺陷的浓度相关。通过 S 2p 和 Mo 3d 核态的 XPS 光谱面积比，进一步量化了 V_S 缺陷的定量信息，其原子比值为 S/Mo，详细描述见表 5-3。在沉积时间为 1 min、2 min 和 5 min 的 MoS_2/TiO_2-NTAs 样品中，S/Mo 比值从 1.89 降至 1.36，然后增加至 1.63。倾向于认为 V_S 缺陷浓度的变化趋势在很大程度上取决于 MoS_2 中的载流子数量。正如早期研究所报道的[311]，空位缺陷态的形成无疑可以通过热激发将被困的载流子释放到附近的能带中，抑制从 TiO_2注入 MoS_2的电子，并提高 MoS_2/TiO_2-NTAs 异质结的光电化学和光电流性能[312]。

表 5-3 不同 MoS_2沉积时间 MoS_2/TiO_2-NTAs 的自旋轨道分裂双峰 Mo 3d 和 S 2p 的原子比 S/Mo

样品	类型	结合能/eV	原子比 S/Mo
MoS_2/TiO_2-NTAs-1	Mo $3d_{5/2}$	229.5	1.89
	Mo $3d_{3/2}$	232.6	
	S $2p_{3/2}$	162.3	
	S $2p_{1/2}$	163.5	
MoS_2/TiO_2-NTAs-2	Mo $3d_{5/2}$	229.3	1.36
	Mo $3d_{3/2}$	232.3	
	S $2p_{3/2}$	162.1	
	S $2p_{1/2}$	163.3	
MoS_2/TiO_2-NTAs-5	Mo $3d_{5/2}$	229.4	1.63
	Mo $3d_{3/2}$	232.5	
	S $2p_{3/2}$	162.2	
	S $2p_{1/2}$	163.4	

5.3 光电化学性能测试

有共识认为，光电化学性能强烈依赖于光生载流子的分离效率。因此，为了验证光电化学活性与缺陷态浓度之间的内在关系，在间歇模拟太阳光辐照下的 0.5 mol/L Na_2SO_4溶液中进行了无偏光响应切换测量。同时，使用 2 mmol/L 的甲醇水溶液作为空穴捕获剂。图 5-9 展示了通过光的 9 次开关循环来检查样品的光电流响应的 *I-t* 曲线，光开和光关之间的时间间隔为 10 s。所有曲线都表现出明显的光诱导开关行为，即当辐照中断时，光电流迅速下降至接近零（稳态值），一旦光再次打开，光电流恢复到其原始值，表明垂直排列的 TiO_2-NTAs 光电极对于多次开/关光照具有良好的重复性。未修饰 TiO_2-NTAs 和不同 MoS_2沉积时间（1 min、2 min 和 5 min）的二元 MoS_2/TiO_2-NTAs 异质结的明亮状态的光电流密度值分别为 6.25 μA/cm^2、18.76 μA/cm^2、30.06 μA/cm^{2}和 23.69 μA/cm^2。毫不奇怪的是，未修饰 TiO_2-NTAs 显示出最小的光电流响应，这是由于其宽禁带阻碍了对长波长的光吸收的扩展。

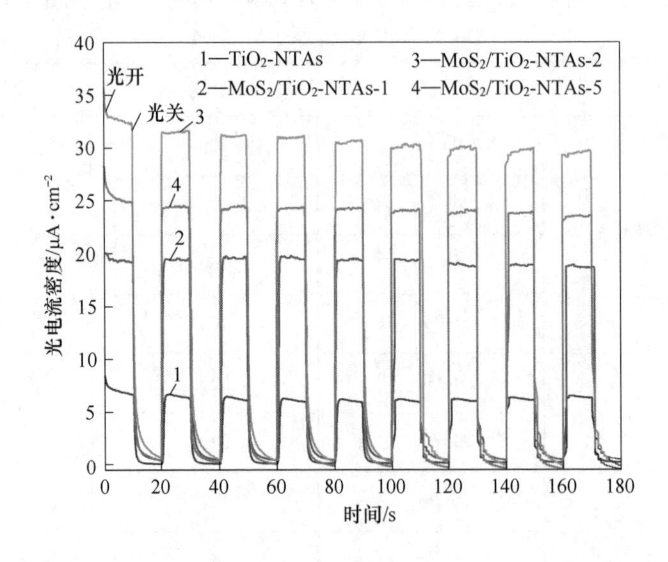

图 5-9 TiO_2-NTAs 和不同 MoS_2沉积时间 MoS_2/TiO_2-NTAs 的光电流响应曲线（*I-t* 曲线）

引人注目的是，MoS_2/TiO_2-NTAs 纳米复合材料的光电流密度比未修饰的 TiO_2-NTAs 更高，这意味着 MoS_2和 TiO_2-NTAs 的混合具有更强的产生电子-空穴对和延长光生电荷寿命的能力，这很可能归因于 MoS_2和 TiO_2界面之间的密切相

互作用以及 MoS_2 中的 V_S 缺陷态介导的促进电荷分离效应[312]。此外，还观察到 MoS_2/TiO_2-NTAs-1 和 MoS_2/TiO_2-NTAs-2 电极的光电流响应最小和最高，约为未修饰 TiO_2-NTAs 电极的 3.0 倍和 4.8 倍。当 MoS_2 纳米线沉积时间为 5 min 时，MoS_2/TiO_2-NTAs-5 的光电流密度约为未修饰 TiO_2-NTAs 的 3.8 倍。倾向于认为光电化学性能的不同增强效果归因于 MoS_2/TiO_2-NTAs 混合材料中不同浓度的 V_S 缺陷，其不仅作为电子传输通道促进电子-空穴对的分离，还与电解液自发反应，提供额外的高反应活性位点[313]。同时，研究表明，随着 MoS_2 沉积时间从 1 min 增加到 2 min，V_S 缺陷的数量增加，但过多的 MoS_2 可能会降低 MoS_2/TiO_2-NTAs-5 的光电化学活性，主要是由于被过量的 MoS_2 层覆盖后表面暴露的 V_S 缺陷数量减少，这与 SEM 表征结果一致。

为了进一步表征制备的纳米材料并揭示电荷转化和复合的深层关系，使用电化学阻抗谱（EIS）探测依赖其评估电极/电解质溶液界面电荷转移和分离过程的实质能力来逐步组装 PEC 性能。图 5-10 分别展示了未修饰 TiO_2-NTAs 和不同 MoS_2 沉积时间 MoS_2/TiO_2-NTAs 二元异质结纳米复合材料在 0.5 mol/L Na_2SO_4 电解质中的奈奎斯特图，光照条件为 AM 1.5 模拟太阳光辐照。PEC 系统的等效电路模型显示在图 5-10 中，R_s、R_{ct1}、R_{ct2}、Z_w 和 CPE，分别表示电极的总欧姆电阻、对电极的电荷转移电阻、电极/电解质之间的电荷转移电阻、扩散电阻和界面电容[283]。特征的奈奎斯特曲线由阻抗的虚部（Z''）与实部（Z'）绘制而成，在高频区域有一个半圆，中频区域有一个斜线，低频区域有一个倾斜的沃伯格线。此外，半圆的直径代表形成样品的表面电荷转移电阻。电阻越低、半径越

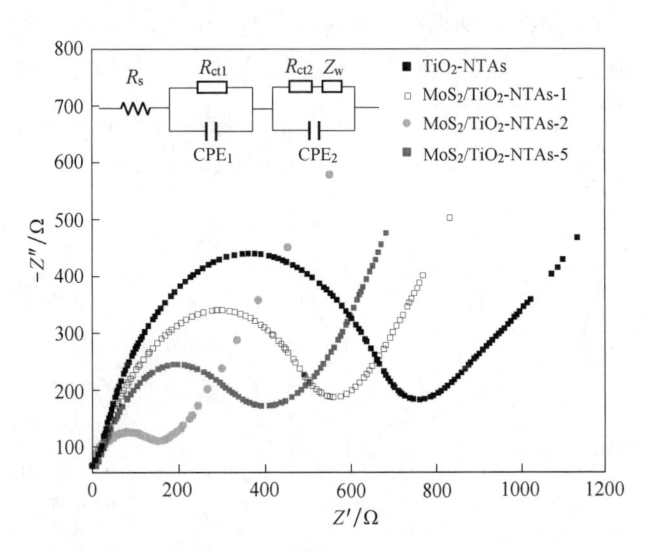

图 5-10 TiO_2-NTAs 和不同 MoS_2 沉积时间 MoS_2/TiO_2-NTAs EIS 测量的奈奎斯特图
（插图是相应的等效电路）

小，对于电荷转移过程更有利。可以清楚地看到，未修饰 TiO_2-NTAs 的直径最大，这可能是由于 TiO_2对长波长光的响应较差，导致电子传导速率减慢。显然，对于 MoS_2/TiO_2-NTAs 双异质结纳米杂化材料，随着 MoS_2沉积时间从 1 min 增加到 5 min，EIS 奈奎斯特曲线的圆弧半径逐渐减小，然后在 MoS_2沉积时间为 5 min 时增加，表明 MoS_2-NBs 与 TiO_2-NTAs 之间的密切界面接触可以有效改善快速电子传输并降低电荷转移接触电阻，从而产生比未修饰 TiO_2-NTAs 更优异的 PEC 性能，这与上述瞬态光电流响应的变化趋势相符。值得强调的是，MoS_2/TiO_2-NTAs-2 的奈奎斯特曲线直径最小，显示出最低的界面层电阻和最高的光诱导载流子迁移效率，这归因于适当的 MoS_2沉积量可以提高导电性并增强界面电荷转移，但过量的 MoS_2沉积可能会阻碍电荷转移过程。此外，在低频区域，MoS_2/TiO_2-NTAs-2 的奈奎斯特图具有最大斜率，表明了增强的质量传递动力学过程[265]，并且证明了最大的缺陷量能够提供最优的暴露活性位点，进而能够促进表面反应动力学。

5.4 稳态及纳秒时间分辨瞬态光致发光光谱的表征

光致发光（PL）发射光谱是一种非破坏性的表征工具，用于揭示固体半导体纳米结构的本征电子结构并准确定位表面缺陷态的数量。它源于光激发的自由载流子的辐射复合过程，与半导体纳米结构的光电化学性能密切相关。图 5-11 展示了未修饰 TiO_2-NTAs 和由 MoS_2-NBs 装饰的不同沉积时间（1 min、2 min 和 5 min）的 MoS_2/TiO_2-NTAs 纳米杂化材料在室温下大气环境中，以 266 nm 飞秒激光激发波长下的稳态 PL 光谱。在测试的光谱范围内，稳态 PL 采集时间为 100 ms。

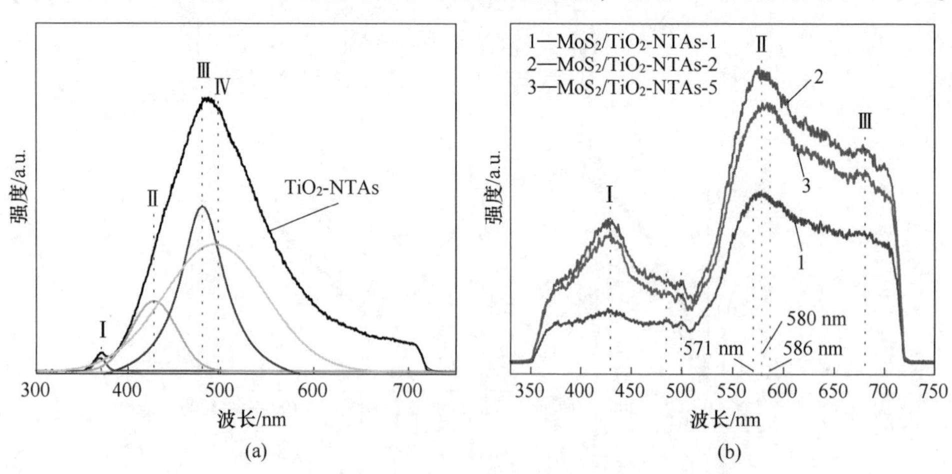

图 5-11 266 nm 光激发下，TiO_2-NTAs（a）和不同 MoS_2 沉积时间 MoS_2/TiO_2-NTAs（b）的稳态 PL 光谱

明显观察到未修饰 TiO_2-NTAs 样品的稳态 PL 光谱呈现出不对称的波带发射图，如图 5-11（a）所示，可分解为四个发射峰。根据 Noor 等人的先前报告[314]，倾向于认为位于 378 nm 的 PL 发射峰Ⅰ对应于 TiO_2-NTAs 中光生电子-空穴对的近带边（NBE）直接辐射复合，与 3.2 eV 的带隙吻合。此外，还有其他三个解离的 PL 辐射峰Ⅱ、Ⅲ和Ⅳ，分别位于 427 nm（约 2.9 eV）、480 nm（约 2.6 eV）和 498 nm（约 2.5 eV），这是由于自俘电子在 V_O 缺陷与 TiO_2-NTAs VB 中的空穴之间的间接辐射复合跃迁[315-316]。然而，对于具有不同沉积时间（1 min、2 min 和 5 min）的 MoS_2/TiO_2-NTAs 异质结纳米杂化材料的样品，有三个显著的 PL 辐射发射峰，分别标记为峰Ⅰ、峰Ⅱ和峰Ⅲ，分别位于 2.9 eV、2.1 eV 和 1.8 eV，如图 5-11（b）所示。根据上述陈述，位于 427 nm 的峰Ⅰ与 TiO_2-NTAs 中 V_O 缺陷态相关的俘获电子辐射复合有关。至于峰Ⅱ的 PL 发射（约 580 nm），它可能是由于 MoS_2 的 CB 和 VB 之间的 NBE 光激发电子直接跃迁复合，这与 MoS_2 的带隙为 2.1 eV[281]相吻合。此外，Haldar 等人[317]已经阐明峰Ⅲ（约 683 nm）的 PL 辐射起源于 MoS_2 CB 中的电子与 V_S 缺陷之间的辐射复合跃迁。值得明确指出的是，经沉积的 MoS_2-NBs 的带隙随着制备的 MoS_2/TiO_2-NTAs 二元异质结的层厚增加而减小，即 2.17 eV（约 571 nm）、2.13 eV（约 580 nm）和 2.11 eV（约 586 nm），与 UV-Vis DRS 测量相当吻合，这可以归因于量子限制效应[280]。同时，所有记录的 PL 光谱中还存在两个较弱发射强度的锯齿状卫星峰，分别位于 2.6 eV（约 480 nm）和 2.5 eV（约 500 nm），最可能源于 TiO_2 中与 V_O 缺陷相关的间接复合。先前的研究人员已验证稳态 PL 强度对于与 V_S 缺陷的分子吸附非常敏感[318]，这也取决于 MoS_2-NBs 的沉积量。特别值得指出的是，与未修饰 TiO_2-NTAs 相比，MoS_2/TiO_2-NTAs 二元纳米复合材料中缺少 378 nm 的 PL 发射，主要归因于 MoS_2 的沉积阻碍了 TiO_2 基底的光激发，导致 NBE 直接复合的概率最小化。

理解半导体纳米结构中自由载流子的产生、传输、俘获和复合过程对于典型的光电化学（PEC）和生物传感转化效率至关重要。超快激光瞬态 PL 光谱被采用来阐明通过界面传递的电荷载流子的去向，并作为实时分析平台，用于检测电荷转移动力学过程，从而为二元Ⅱ型异质结的光电转换性能提供关键见解。图 5-12 展示了未修饰 TiO_2-NTAs 和 MoS_2/TiO_2-NTAs 二元Ⅱ型异质结纳米复合材料的 NTRT-PL 光谱，通过在室温下使用单色 fs 激光波长 266 nm 进行每 1.5 ns 间隔时间演化照射。如图 5-12（a）所示，未修饰 TiO_2-NTAs 样品显示出一个在 373 nm 附近的瞬态 PL 发射峰，归因于 VB 和 CB 之间的电子跃迁[319]。此外，可以明确地看到单一 TiO_2-NTAs 的瞬态 PL 发射峰出现了蓝移现象，分别位于 500 nm、494 nm、490 nm、486 nm 和 473 nm，并且随着时间演化逐渐减弱，这是由于 V_O 缺陷引起的禁带区内的缺陷能级态导致的间接辐射发射[320-321]，这与图 5-11（a）中的稳态 PL 光谱非常吻合。此外，图 5-12（b）~（d）展示了不同

MoS_2沉积时间（1 min、2 min 和 5 min）的 MoS_2/TiO_2-NTAs 二元异质结纳米复合材料的 NTRT-PL 光谱。通过 6 ns 的时间演化，可以在所有制备的 MoS_2/TiO_2-NTAs 样品中明确观察到来自不同起源的前峰（位于 427 nm 和 429 nm）、中峰（位于 571 nm、580 nm 和 586 nm）和末峰（位于 683 nm 和 685 nm）的瞬态 PL

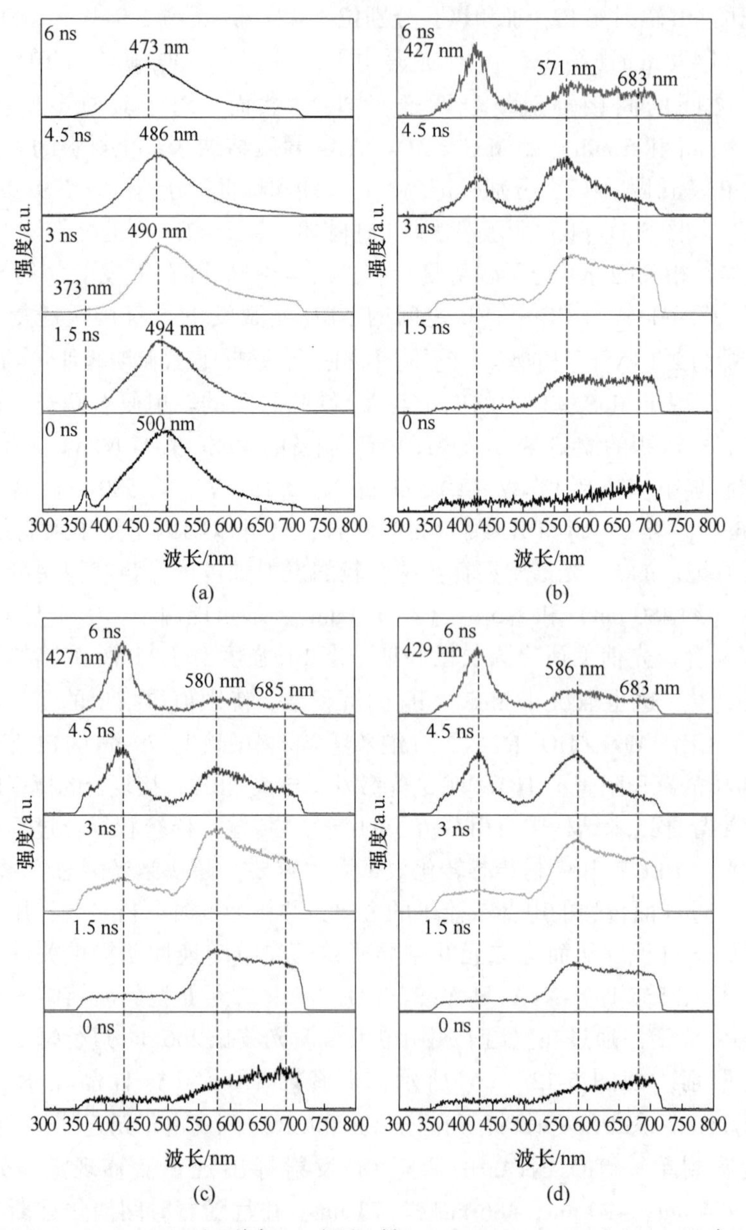

图 5-12 TiO_2-NTAs（a）和不同 MoS_2沉积时间 MoS_2/TiO_2-NTAs（b）~（d）在 266 nm 单色波长照射下的 MoS_2的 NTRT-PL 光谱

发射峰，分别源自困于 V_O 缺陷处的电子与 TiO_2-NTAsVB 中的空穴之间的间接辐射跃迁，NBE 光激发电荷载流子的直接辐射复合以及与 MoS_2 中的 V_S 缺陷相关的间接辐射发射，这与图 5-11（b）中的稳态 PL 光谱非常吻合。

5.5 界面电荷转移机理

为了进一步研究光生载流子的界面电荷转移机制，需要确定未修饰 TiO_2-NTAs 和 MoS_2/TiO_2-NTAs 纳米复合材料的带隙结构信息。莫特-肖特基（Mott-Schottky，M-S）分析是表征半导体和电解质之间结合的有用工具，模拟太阳光环境下以 1 kHz 的频率对设计好的光电极进行分析，并将结果绘制在图 5-13 中。为评估给体载流子密度（N_d）和平带电位（E_{fb}），绘制了 M-S 曲线（C^{-2}-电位），并使用 M-S 公式计算了这些参数，具体如下所示[322]：$1/C^2 = (2/e\varepsilon_0\varepsilon_r N_d)(E - E_{fb} - k_B T/e)$，其中 C 是赫姆霍兹层的微分电容，e 是电子电荷，ε_0 是真空的介电常数，ε_r 是制备样品的相对介电常数，E 是施加的电极电位，k_B 是玻耳兹曼常数，T 是绝对温度，E_{fb} 是一个能带弯曲和半导体带平坦的电位，可以通过将 $1/C^2$ 外推到 M-S 图中的 x 轴上获得。同时，通过采用方程式[382]：$N_d = (2/e\varepsilon_0\varepsilon_r)[d(1/C^2)/dE]^{-1}$，可以从 M-S 图的斜率计算形成样品的载流子密度 N_d。如预期的那样，所有样品都是 N 型半导体，M-S 曲线的 $1/C^2$ 与电位之间的斜率为正，且对所合成样品计算得到的 N_d、E_{fb} 和 CB 位置的值列于表 5-4 中。

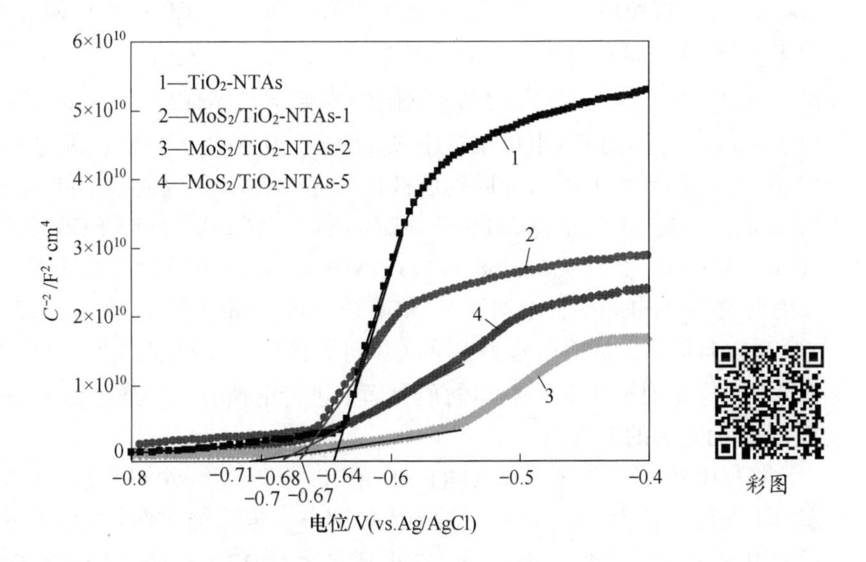

图 5-13 TiO_2-NTAs 和不同 MoS_2 沉积时间 MoS_2/TiO_2-NTAs 的 M-S 图

表 5-4　TiO_2-NTAs 和不同 MoS_2 沉积时间 MoS_2/TiO_2-NTAs 的供体载流子密度（N_d）、平带电势（E_{fb}）和 CB 位置

样品	N_d/cm^{-3}	E_{fb}/(vs. NHE)	CB 位置（vs. NHE）
TiO_2-NTAs	8.2×10^{17}	−0.44	−0.54
MoS_2/TiO_2-NTAs-1	3.5×10^{18}	−0.47	−0.67
MoS_2/TiO_2-NTAs-2	9.3×10^{18}	−0.51	−0.71
MoS_2/TiO_2-NTAs-5	6.8×10^{18}	−0.48	−0.68

由表5-4可知，未修饰 TiO_2-NTAs 和不同 MoS_2 沉积时间（1 min、2 min 和5 min）的 MoS_2/TiO_2-NTAs 纳米异质结的载流子浓度分别为 8.2×10^{17} cm^{-3}、3.5×10^{18} cm^{-3}、9.3×10^{18} cm^{-3}和 6.8×10^{18} cm^{-3}。未修饰 TiO_2-NTAs 的 N_d 值明显低于 MoS_2 修饰的 TiO_2-NTAs，充分验证了异质结中内建电场促进载流子分离的作用，从而显著抑制了载流子的复合。此外，可以清晰地观察到，随着 MoS_2 纳米带沉积时间从 1 min 增加到 2 min，N_d 值增加，然后随着更密集的纳米带沉积时间（5 min）而减少，这是由于随着 MoS_2 的增加，诱导的空位态活性位点逐渐增加，并且被过量的 MoS_2 沉积所阻塞。因此，未修饰 TiO_2-NTAs 和具有不同 MoS_2 含量（1 min、2 min 和5 min）的 MoS_2/TiO_2-NTAs 纳米混合体的 E_{fb} 分别为−0.64 eV、−0.67 eV、−0.71 eV 和−0.68 eV（vs. Ag/AgCl）。根据关系式 $E_{NHE}=E_{Ag/AgCl}+0.1976$ eV（25 ℃），E_{fb} 分别约为−0.44 eV、−0.47 eV、−0.51 eV 和−0.48 eV（vs. NHE）。按照经验法则，对于未修饰 TiO_2-NTAs，CB 位置比通过 M-S 图获得的 E_{fb} 值更负，即−0.54 eV（vs. NHE）[323]，几乎与先前报道的−0.50 eV 的 CB 位置一致[324]，这主要归因于 V_O 缺陷作为电子给体提高了 CB 的电位高度[325]。由于 MoS_2 半导体的 CB 电位位置比 E_{fb} 高 0.1~0.3 eV[326-328]，因此，MoS_2/TiO_2-NTAs 纳米复合体中 MoS_2 的区别值被认为是 0.2 eV。因此，不同 MoS_2 沉积时间（1 min、2 min 和 5 min）的 MoS_2/TiO_2-NTAs 纳米复合体的 CB 电位分别约为−0.67 eV、−0.71 eV 和−0.68 eV（vs. NHE）。作为电子给体的暴露的 V_S 缺陷可以提高 MoS_2 的电导率，增加的 V_S 缺陷预计将使 MoS_2 的 E_F 向与 p 掺杂效应相关的 VB 方向移动，从而引起 MoS_2 的 CB 向上移动，导致 MoS_2 与 TiO_2 之间 E_F 的对齐[329]，这有助于在半导体-电解质界面上进行电荷分离，通过增加 MoS_2 与 TiO_2-NTAs 界面之间的带弯曲程度。

根据上述实验观察到的 NTRT-PL 光谱，提出了一个可行的机制，以解释在室温下使用波长为 266 nm 的飞秒激光辐照下，未修饰 TiO_2-NTAs 在瞬态界面 CT 过程中的现象，如图 5-14 所示。在形成纳米异质结之前，未修饰 TiO_2-NTAs 表面在大气环境中没有光照的情况下，自发地吸附了大气中的氧分子（O_2）。TiO_2-

NTAs 半导体的带隙能量（E_g）为 3.2 eV，其 E_F为−4.55 eV（相对于真空能级 E_{vac}）[330]。根据正常氢电极（NHE）的电位（E_{NHE}）与真空能级 E_{vac}之间的转换关系，即 $E_{vac}=-E_{NHE}-4.44$ eV[331]，TiO_2-NTAs 的 E_F相对于 E_{NHE}为 0.11 eV，而 TiO_2-NTAs 的 CB 能级（E_{CB}）为−0.5 eV（vs. NHE）[324,330]。同时，TiO_2-NTAs 的 VB 能级（E_{VB}）为 2.7 eV（vs. NHE）[324]，如图 5-14（a）所示。当未修饰 TiO_2-NTAs 纳米半导体受到 266 nm 光照射时，光致激发的电荷载流子的瞬态过程如图 5-14（b）所示，包括生成、转移和辐射复合。显然，VB 中的许多电子被激发穿越能带隙到达 CB（e^-_{CB}），而 TiO_2的 VB 中保留了空穴（h^+_{VB}），这是由于入射光子能量（约 4.7 eV）大于 TiO_2-NTAs 的带隙阈值。需要强调的是，e^-_{CB}的浓度达到最大值后，未沉积的 TiO_2-NTAs 不再生成光诱导的 e^--h^+对，直到 266 nm 飞秒光照终止。在 266 nm 光激发的初始时间（$t=0$ ns），可以观察到两个瞬态 PL 峰位于 373 nm 和 500 nm，分别与 NBE 直接和 V_O 缺陷间接辐射复合相关，如图 5-14（a）中的 NTRT-PL 光谱所示。同时，大气中的 O_2可以从 TiO_2-NTAs 的 CB 捕获 e^-_{CB}，生成 $\cdot O_2^-$阴离子，即 $O_2+e^-_{CB}\rightarrow \cdot O_2^-$，其 CB 电平位置比 $O_2/\cdot O_2^-$的氧化还原电位（−0.33 eV vs. NHE）更负（−0.50 eV vs. NHE）；而 TiO_2-NTAs 中剩余的 h^+_{VB}可以将大气中的 OH^-氧化为 $\cdot OH$，这是由于其 VB 电平位置比 $\cdot OH/OH^-$ 的氧化还原电位（1.99 eV vs. NHE）更正（2.70 eV vs. NHE）[332]。正如预期的那样[333]，V_O 缺陷的能级结构由一系列离散的能级组成。可以想象，随着记录时间从 1.5~6 ns 的演变，瞬态 PL 发射峰位于 494 nm、490 nm、486 nm 和 473 nm 的强度逐渐减小，这主要是由于 e^-_{CB}的消耗和 TiO_2-

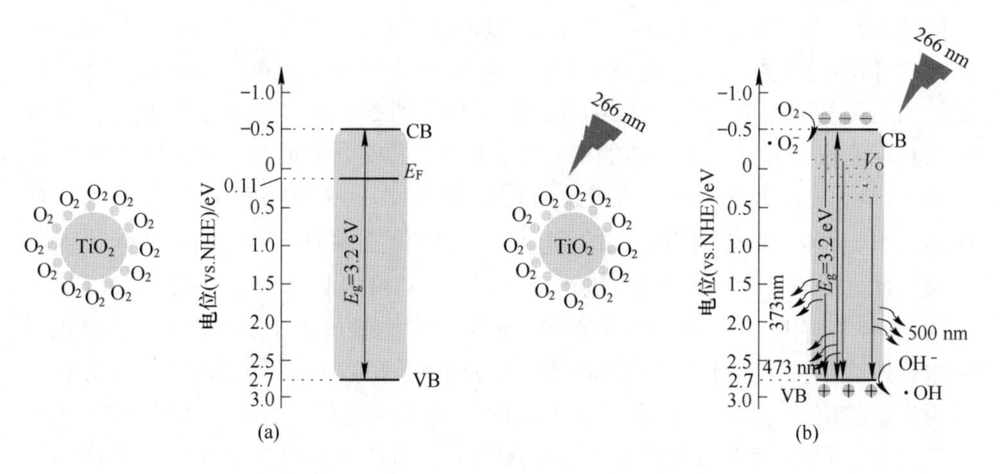

图 5-14 无光照条件下 TiO_2-NTAs 的 CB、VB 和 E_F的电位（vs. NHE）位置（a）和在 266 nm 光照射下 TiO_2-NTAs 的光生载流子产生、转移和复合过程（b）

NTAs 中载流子的复合之间的竞争。此外，光激发的 e_{CB}^-被浅陷阱缺陷捕获的辐射概率远大于与深陷阱缺陷级别的复合概率，这导致了瞬态 PL 峰的蓝移，随着 e_{CB}^-浓度的逐渐减少，正如图 5-12（a）和图 5-14（b）所示。

为了更好地理解在大气环境下以 266 nm 波长辐照的情况下，MoS_2/TiO_2-NTAs 异质结的瞬态光致发光峰强度和位置随记录时间演化的变化，提出了与 P 型掺杂效应相关的二元纳米异质结中Ⅱ型界面电荷转移的可能动力学过程，如图 5-15 所示。图 5-15（a）展示了在无光照条件下单独的 MoS_2和 TiO_2-NTAs 与 NHE（标准氢电极）相关的基本势能位置，TiO_2-NTAs 的 CB、VB 和 E_F的具体势能值与前述相符。根据先前的报道[334]，单一 MoS_2的 CB 和 E_F的详细势能位置分别为-0.74 eV 和-0.04 eV（vs. NHE），MoS_2的带隙能量报道为 2.1 eV[281]，因此可以推断出 VB 的势能位置位于 1.36 eV。图 5-15（b）展示了在大气环境中无光照条件下整合的 MoS_2/TiO_2-NTAs Ⅱ型纳米复合材料的带隙调整的势能位置。可以合理地认为，O_2分子可以吸附在 MoS_2/TiO_2-NTAs 纳米复合材料的表面上。有理由相信，在 MoS_2和 TiO_2-NTAs 的界面区域建立了一个错位的Ⅱ型异质结屏障，其触发因素是它们不同的 E_F势能位置的对齐，正如前面所述。因此，在 MoS_2/TiO_2-NTAs 异质结中，CB 偏移（ΔE_C）和 VB 偏移（ΔE_V）分别计算为 0.09 eV 和 1.19 eV，导致 MoS_2/TiO_2-NTAs 的表面能带弯曲。值得强调的是，由于 MoS_2和 TiO_2之间的 E_F 差异形成的 ΔE_C和 ΔE_V与内建电场密切相关，这可以加速电子-空穴对的分离并产生大量的高能电荷参与氧化还原反应。

理论计算和实验研究均表明，O_2分子倾向于通过物理或化学吸附方式优先占据 V_S 缺陷位点[335-336]。根据 M-S 分析，图 5-15（c）~（e）展示了 MoS_2/TiO_2-NTAs 纳米复合材料中 MoS_2纳米带的电沉积时间分别为 1 min、2 min 和 5 min 时，在空气环境中经过 266 nm 光照射后，带隙和典型的Ⅱ型电荷转移途径的势能位置。当暴露的 MoS_2/TiO_2-NTAs 纳米复合材料受到 266 nm 照射时，大量光生载流子会自动激发并分布在半导体的 CB 和 VB 中。需要强调的是，吸附在空位位点上的 O_2分子将作为电荷转移通道，消耗过多的 e_{CB}^-，从而将 O_2还原为 $\cdot O_2^-$，即 $O_2+e_{CB}^- \rightarrow \cdot O_2^-$，这是因为它们的 CB 电子能级位置比 $O_2/\cdot O_2^-$的氧化还原电位更负。此外，TiO_2-NTAs 中的 VB 正空穴（h_{VB}^+）可以将水分子中的 OH^-氧化为 ·OH（羟基自由基），这是由于它的 VB 正空穴能级位置比 $\cdot OH/OH^-$的氧化还原电位边缘更正。给体型半导体和受体型分子之间的电荷转移引入了有效的 P 型补偿掺杂效应[337]，导致多数载流子浓度的减少，这有望引起 E_F的移动并实现 MoS_2/TiO_2-NTAs 异质结的较大 ΔE_C和 ΔE_V值。结合图 5-12（b）~（d）中所示的单一不同 MoS_2/TiO_2-NTAs 样品的 NTRT-PL 光谱，清楚地显示出几乎相同的瞬态荧光峰位分别位于 2.9 eV、2.1 eV 和 1.8 eV，分别与 TiO_2中 V_O 缺陷相关的辐射复合、MoS_2中 NBE 跃迁以及 MoS_2中 V_S 缺陷相关的辐射复合有关。此外，

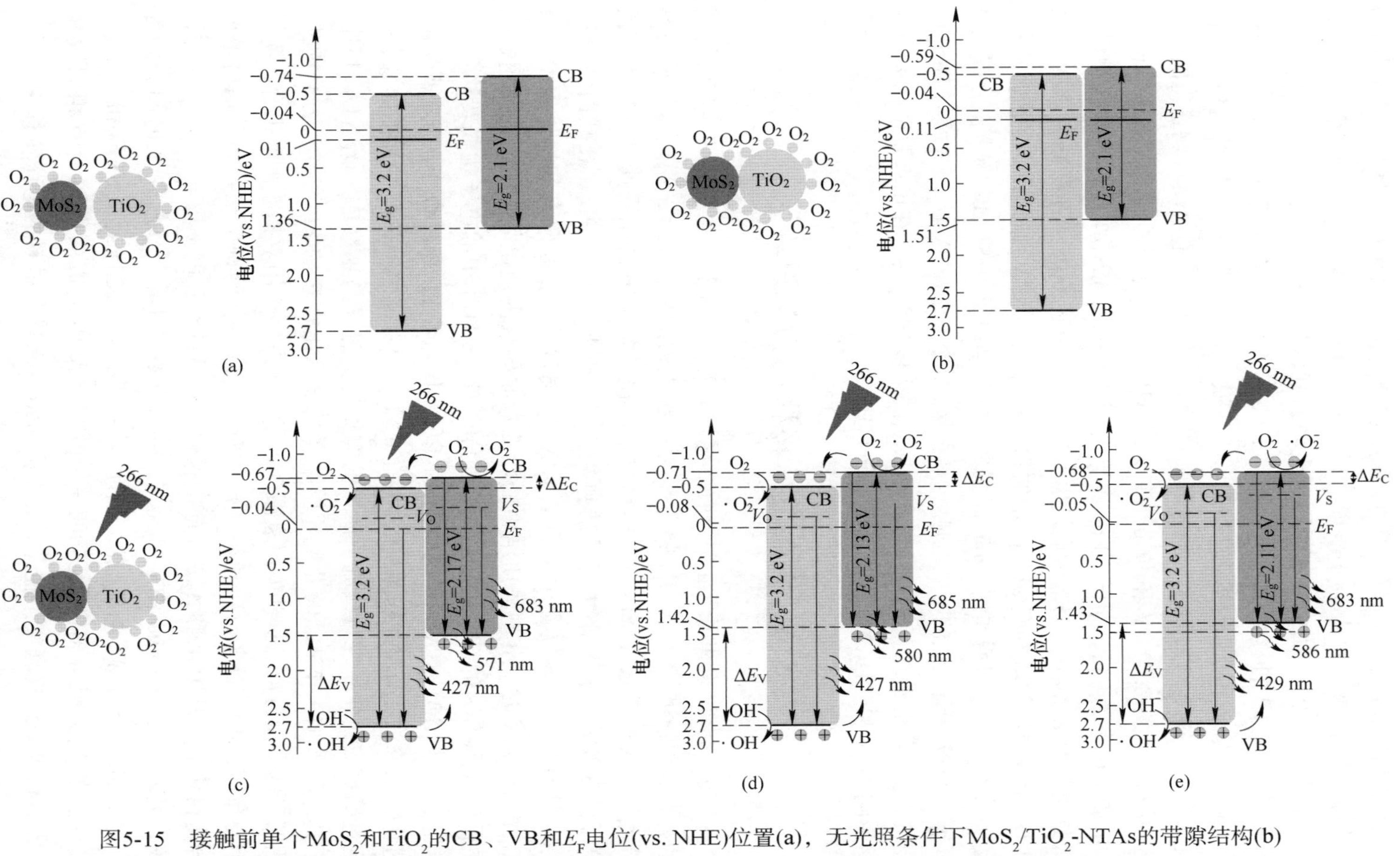

图5-15 接触前单个MoS_2和TiO_2的CB、VB和E_F电位(vs. NHE)位置(a)，无光照条件下MoS_2/TiO_2-NTAs的带隙结构(b)和266 nm光照射下不同MoS_2沉积时间MoS_2/TiO_2-NTAs的光生载流子瞬态转移路径(c)~(e)

以 2.1 eV 和 1.8 eV 为中心的辐射峰强度随着演化时间从 0 ns 增加到 3 ns 而增加；随后，在记录时间从 3~6 ns 时，以 2.1 eV 和 1.8 eV 为中心的瞬态荧光峰强度下降，而以 2.9 eV 为中心的瞬态荧光峰强度增加，这是由于 P 型掺杂效应导致不同沉积时间的样品之间的 $\Delta E_C/\Delta E_V$ 差异，分别为 0.17 eV/1.20 eV、0.21 eV/1.28 eV 和 0.18 eV/1.27 eV（vs. NHE），如图 5-15（c）~（e）所示。值得强调的是，MoS_2/TiO_2-NTAs 纳米异质结的 CB 电位可以通过 M-S 测量得到，分别为-0.67 eV、-0.71 eV 和-0.68 eV（vs. NHE），对应于不同的 MoS_2沉积时间 1 min、2 min 和 5 min。同样，Kumar 等人[338]观察到 MoS_2/TiO_2纳米复合材料的功函数随着 MoS_2的不同修饰量而发生变化。根据上述分析，随着 MoS_2-NBs 修饰的 TiO_2-NTAs 电沉积时间从 1 min 增加到 2 min，显露的 V_S 缺陷位点的数量增加，然后随着电沉积时间增加到 5 min 而减少，主要是由于 MoS_2 NBs 的堆积分布阻碍了显露的空位缺陷位点的有效区域。从逻辑上讲，吸附的 V-O_2的浓度与 MoS_2中显露的 V_S 缺陷的数量正相关，与 P 型掺杂的程度和 E_F的潜在位点紧密相关，这直接影响 MoS_2和 TiO_2之间的界面电荷转移速率。

5.6 界面电荷转移动力学过程

为了进一步收集和揭示Ⅱ型异质结构中载流子寿命和界面电荷转移速率的电荷动力学过程，进行了 TRPL 测量，这是一种强大的分析工具，通过监测感兴趣组分上的发射跃迁来检查激发态的动力学过程。图 5-16 展示了通过反复激发预制样品的 375 nm 激光脉冲记录的典型 PL 衰减曲线。这些 PL 衰减曲线是在 2.9 eV 处收集的，该位置对应于 TiO_2-NTAs 衬底中 V_O 缺陷态的峰值位置。当 UVC 光照射触发时，Ⅱ型异质结中的能带弯曲导致内建电场，从而促使超快光生电子注入到 TiO_2的 CB 中。这些光激发的 TiO_2的 CB 中的电子优先转移到 V_O 缺陷态，导致 TiO_2-NTAs 中自由电子的耗尽，伴随着 PL 衰减动力学的显著变化。通过比较未修饰 TiO_2-NTAs 和 MoS_2修饰的 TiO_2-NTAs 之间的发射衰减曲线，可以定量确定相关样品之间载流子命运的有见地信息。与未修饰 TiO_2-NTAs 相比，基于其他三种 TiO_2-NTAs 的Ⅱ型异质结样品显示出加速的 PL 衰减动力学特征，表明明显的电荷分离。这些发射衰减动力学曲线进一步用双指数函数拟合，生成两个寿命值，包括慢（τ_1）和快（τ_2）载流子寿命，分别与辐射和非辐射电荷复合途径相关。其中 A_1和 A_2是相应的振幅。然后计算强度平均寿命（τ_{avg}）进行比较。见表 5-5，未修饰 TiO_2-NTAs 和 MoS_2/TiO_2-NTAs（MoS_2沉积时间分别为 1 min、2 min 和 5 min）的 τ_{avg}值分别计算为 4.98 ns、4.35 ns、2.65 ns 和 3.43 ns。需要注意的是，所得到的 MoS_2的 τ_{avg} 值与文献中报道的数值具有相同数量级[340]。这种一致性证实了在介导Ⅱ型异质结纳米复合材料的电荷转移中考虑 P

型掺杂效应的简化动力学模型的有效性。显然，所有的异质结纳米复合材料相对于未修饰 TiO_2-NTAs 都显示出缩短的 τ_{avg}，其中 MoS_2/TiO_2-NTAs-2 的值最短，为 2.65 ns，这是由于从修饰的 MoS_2 到 TiO_2-NTAs 的电荷转移，这与载流子浓度与其寿命成反比的发现相吻合[341]。

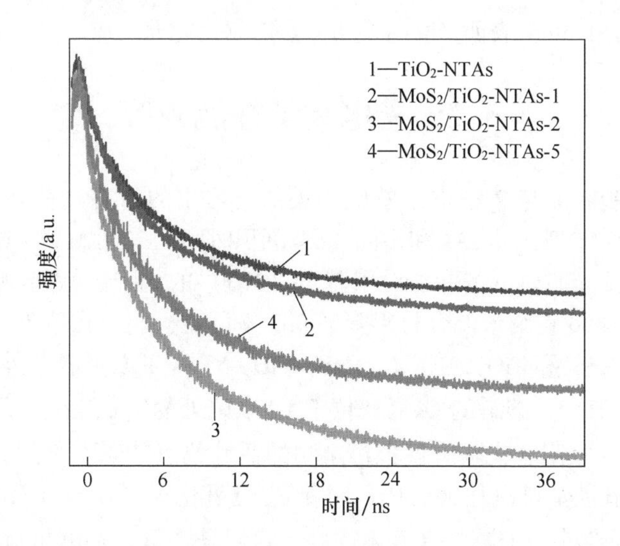

图 5-16 TiO_2-NTAs 和不同 MoS_2 沉积时间 MoS_2/TiO_2-NTAs 的 TRPL 光谱

表 5-5 TiO_2-NTAs 和不同 MoS_2 沉积时间 MoS_2/TiO_2-NTAs 的快慢衰减时间及其振幅和平均 PL 寿命（τ_{avg}）

样品	λ_{ex} /nm	λ_{em} /eV	τ_1 /ns	$A_1/(A_1+A_2)$ /%	τ_2 /ns	$A_2/(A_1+A_2)$ /%	τ_{avg} /ns
TiO_2-NTAs	375	2.9	2.33	54.0	6.17	46.0	4.98
MoS_2/TiO_2-NTAs-1	375	2.9	2.36	58.6	5.55	41.4	4.35
MoS_2/TiO_2-NTAs-2	375	2.9	2.11	76.3	3.69	23.7	2.65
MoS_2/TiO_2-NTAs-5	375	2.9	2.31	68.9	4.67	31.1	3.43

假设Ⅱ型异质结中的界面电荷转移对观察到的载流子寿命减小负有责任，使用以下公式计算了电荷转移的速率常数（k_{ct}）[342]：$k_{ct}(* \rightarrow TiO_2) = 1/\tau_{avg}(*/TiO_2) - 1/\tau'_{avg}$(未修饰 TiO_2-NTAs)，其中 * 代表 MoS_2。估计得到的 k_{ct} 值分别为 $0.291\times10^8\ s^{-1}$、$1.76\times10^8\ s^{-1}$ 和 $0.907\times10^8\ s^{-1}$，对应于 MoS_2/TiO_2-NTAs-1、MoS_2/TiO_2-NTAs-2 和 MoS_2/TiO_2-NTAs-5。需要强调的是，k_{ct} 的趋势与驱动力 ΔE_V 的趋势成正比，促进了从 TiO_2 的 VB 到 MoS_2 的 VB 的光生 h^+_{VB} 转移。换句话

说，半导体中的辐射 PL 寿命直接由少数载流子的复合寿命确定。值得注意的是，对于 MoS_2/TiO_2-NTAs-2 样品，k_{ct} 值比其他样品高一个数量级（$k_{ct}=1.76\times10^8\ s^{-1}$），表明 P 型掺杂效应引入了一个强大的内建场，实现了最有效的 e_{CB}^- 和 h_{VB}^+ 在 MoS_2/TiO_2-NTAs 异质结的不同侧面之间的电荷空间分离效率，并在 TiO_2 表面产生大量 e_{CB}^- 和 MoS_2 表面产生大量 h_{VB}^+ 参与氧化还原反应。

5.7 光电化学性能分析

为了进一步验证与 P 型掺杂效应相关的所提出的瞬态电荷转移机制的可行性，分别对未修饰 TiO_2-NTAs 和不同 MoS_2 沉积时间的二元 MoS_2/TiO_2-NTAs 异质结构在紫外可见光照射下进行了对甲基橙（MO）的光降解性能测试。可以提出 MoS_2/TiO_2-NTAs 双重纳米混合材料降解 MO 的可能机制。在紫外可见光照射下，光的能量大于 MoS_2 和 TiO_2 的能隙，MoS_2/TiO_2-NTAs 可以吸收紫外可见光子，形成 e_{CB}^--h_{VB}^+ 对。随后，溶解的 O_2 捕获位于 V_S 缺陷处的 e_{CB}^-，激发了预期的活性基团 $\cdot O_2^-$，其作为吸附和光降解模拟污染物的活性位点[343-344]。然后，$\cdot O_2^-$ 与 H_2O 反应生成过氧羟基自由基（$\cdot HO_2$），产生过氧化氢（H_2O_2）和 $\cdot OH$。最终，生成的活性物种包括 $\cdot O_2^-$、$\cdot OH$ 和 h_{VB}^+，它们是强氧化剂，可分解 MO 有机染料。所涉及的化学反应如下：

$$MoS_2/TiO_2\text{-NTAs} + h\nu \longrightarrow MoS_2/TiO_2\text{-NTA}\,(e_{CB}^- \text{-} h_{VB}^+) \tag{5-1}$$

$$e_{CB}^- + O_2 \longrightarrow \cdot O_2^- \tag{5-2}$$

$$\cdot O_2^- + H_2O \longrightarrow \cdot HO_2 + OH^- \tag{5-3}$$

$$H_2O + \cdot HO_2 \longrightarrow H_2O_2 + \cdot OH \tag{5-4}$$

$$H_2O_2 + e_{CB}^- \longrightarrow \cdot OH + OH^- \tag{5-5}$$

$$\cdot O_2^-,\ \cdot OH,\ h^+ + MO \longrightarrow \text{降解产物} \tag{5-6}$$

在标准模拟太阳光谱辐照下，对基于 TiO_2-NTAs 的双异质结纳米复合材料进行了紫外可见光光降解性能检测。所有降解实验采用 10 mg/L MO 进行。首先，为了消除 MO 的光漂白效应，将不加催化剂的空白甲基橙溶液暴露于紫外可见光下，以验证光催化降解的起因。确保染料在样品上的吸附-解吸达到平衡状态，然后将光催化纳米异质结构与 MO 水溶液混合，在黑暗条件下搅拌 1 h，通过记录光催化反应前的 UV-Vis 吸收光谱，确定 MO 在纳米混合材料上的最大吸附量。

根据图 5-17 所示，在紫外-可见光照射下，分别对 MO 的内在自降解、未修饰 TiO_2-NTAs 以及不同 MoS_2 沉积时间的 MoS_2/TiO_2-NTAs 纳米复合材料进行了 180 min 的光降解效率 η 实验。η 的计算采用以下公式：$\eta=(C_0-C)/C_0\times100\%$，其中 C_0 和 C 分别代表辐照后 MO 的初始浓度和最终浓度。自身光降解的 MO 含量低于 5%，可以完全忽略不计。此外，在紫外可见光灯照射下，未修饰

TiO_2-NTAs 表现出较差的光降解活性（约 26%），这可以归因于宽禁带半导体对可见光的光吸收能力较差。显然，MoS_2/TiO_2-NTAs 异质结显示出比纯净的 TiO_2-NTAs 更高的 MO 光降解能力，这得益于更广泛的光吸收范围和Ⅱ型异质结构的逐级能带结构的协同效应，可以使更多的高能载流子参与氧化还原反应。值得注意的是，随着 MoS_2沉积时间从 1 min 增加到 2 min，MoS_2/TiO_2-NTAs 的光降解性能从约 82%提高到约 96%。然而，当 MoS_2沉积时间增加到 5 min 时，其 η 降至约 92%。可以明显得出结论，MoS_2/TiO_2-NTAs 纳米复合材料的光电化学性能强烈依赖于 MoS_2纳米结构的沉积量。

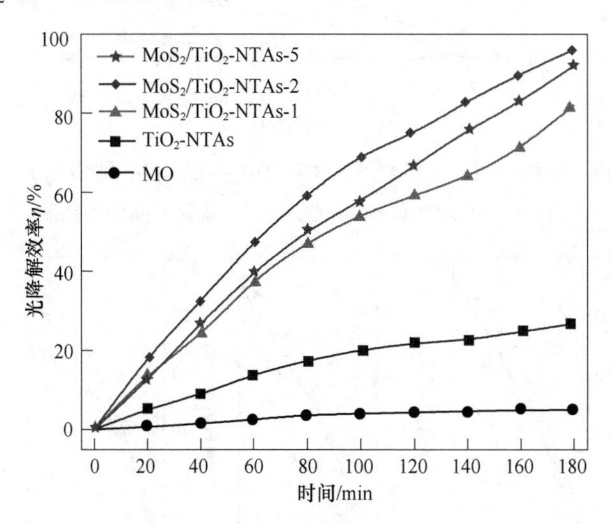

图 5-17 在紫外-可见光照射下，MO、TiO_2-NTAs 和不同 MoS_2 沉积时间的 MoS_2/TiO_2-NTAs 的光降解效率 η

为了定量地研究反应动力学，假设甲基橙水溶液的光催化行为符合伪一级动力学模型，其方程为 $\ln(C_0/C_t) = kt$[345]，其中 k、C_0 和 C_t分别代表反应速率常数、初始浓度和时间 t 时的浓度，如图 5-18 所示。该图还包括 MO 的自降解反应，并且可以通过绘制 $\ln(C_0/C_t)$ 随时间的变化来确定速率常数。所有的曲线显示，在各种基于 TiO_2的异质结纳米复合材料中，具有 2 min MoS_2纳米结构沉积时间的 MoS_2/TiO_2-NTAs 异质结构具有伪一级反应速率常数的最大值，表明这是在紫外-可见光照射下对 MO 光降解研究中最高 η 的最佳组成。

除了光催化效率，回收利用性和稳定性也被认为是关键因素，因为它可以提高经济可行性并减少对环境的影响。因此，循环光降解实验被用来研究基于 TiO_2-NTAs 的异质结纳米复合材料在相同条件下经紫外可见光照射后的重复使用性，如图 5-19 所示。每次实验后，样品都会用去离子水清洗，然后在烘箱中晾干过夜，然后再次使用。结果表明，制备的Ⅱ型异质结纳米复合材料对 MO 去

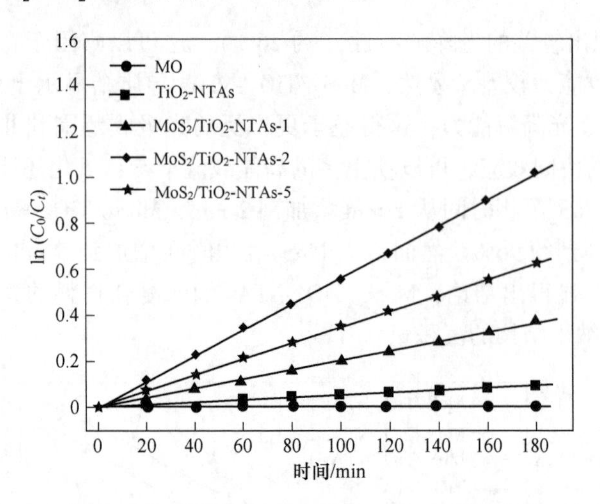

图 5-18　在紫外-可见光照射下，MO、TiO_2-NTAs 和不同 MoS_2沉积时间 MoS_2/TiO_2-NTAs 的 $\ln(C_0/C_t)$ 与辐照时间的关系

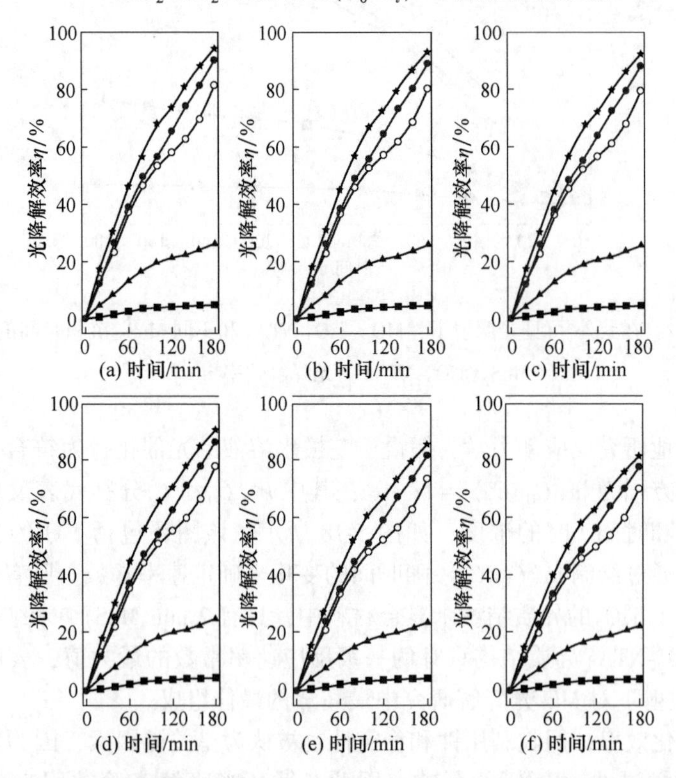

图 5-19　在紫外-可见光照射下，MO、TiO_2-NTAs 和不同 MoS_2 沉积时间 MoS_2/TiO_2-NTAs 循环 6 次光降解效率 η

（a）第 1 次；（b）第 2 次；（c）第 3 次；（d）第 4 次；（e）第 5 次；（f）第 6 次

除的光催化性能略有下降，这可以预料到，可能是由于收集和清洗过程中不可避免的重量损失。即使经过 6 个连续循环，MoS_2/TiO_2-NTAs 纳米复合材料的光降解性能最大恶化仅约为 15%，证明合成的 MoS_2 相关双重异质结构具有相对优异的光降解稳定性。

如预期的那样，光催化剂在溶液中产生各种反应性物种，如 h^+、·OH 和 ·O_2^-，可以将目标污染物氧化为新的无毒无害物质。为了确定主要参与 MoS_2/TiO_2-NTAs-2 纳米异质结构光催化降解 MO 的活性物种，进行了自由基捕捉实验，如图 5-20 所示。在存在甲醇和异丙醇等 h^+ 和 ·OH 自由基捕捉剂的情况下，MoS_2/TiO_2-NTAs-2 对 MO 的降解率在未添加捕捉剂之前为 96%，添加甲醇和 IPA 后的甲基橙去除率分别为 86%和 63%。这些结果明确表明，甲基橙的光催化降解不仅仅是通过 h^+ 和 ·OH 自由基介导的，这些自由基只是反应中的部分活性物种，并且对降解过程的影响较弱。为了进一步证明光催化降解 MO 过程中由 ·O_2^- 自由基引起的降解作用，另一个实验在 N_2 气氛下进行。在环境条件下，通过整个反应过程连续通入高纯度 N_2 气体，消除了反应溶液中的溶解氧含量，从而防止了 ·O_2^- 的形成。结果明确表明，在正常大气条件下，经过 180 min 的紫外-可见光照射后，MO 的降解率为 28%，而在 N_2 气氛下仅为 96%。因此，光催化活性现象被显著抑制。综上所述的实验结果表明，·OH 和 ·O_2^- 自由基可能是参与光催化降解过程的主要活性物种，而 ·O_2^- 自由基在反应中起主导作用。

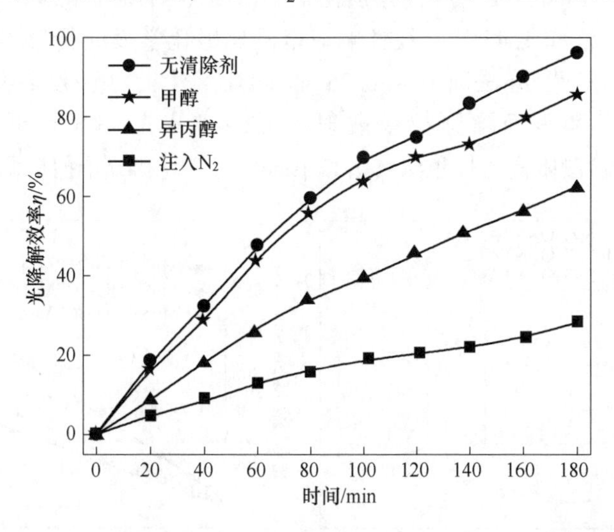

图 5-20 在紫外-可见光照射下，MoS_2 沉积 2 min 的 MoS_2/TiO_2-NTAs 对 MO 染料分别在有清除剂和无清除剂时的光降解效率 η

为了进一步比较不同 MoS_2 含量（1 min、2 min 和 5 min）与 P 型掺杂效应相关的 MoS_2/TiO_2-NTAs Ⅱ 型异质结构的敏感传感能力，图 5-21 展示了在 0 V (vs. Ag/AgCl) 施加偏压条件下，光电流响应对不同浓度 GSH 的变化。值得一提的是，作为候选材料，MoS$_2$/TiO$_2$-NTAs-2 具有所有 MoS$_2$ 相关纳米复合材料中最佳的光电催化活性。通过在模拟阳光照射下进行的时间依赖性电流测量，观察到 MoS$_2$/TiO$_2$-NTAs 上装饰有 MoS$_2$ 异质结构纳米电极对 GSH 的响应，如图 5-21 (a) 所示。我们知道，GSH 是细胞质中最丰富的巯基物种，也是生化过程中的主要还原剂，可以作为表面的 MoS$_2$/TiO$_2$-NTAs 异质结构产生的光生 h_{VB}^+ 的有效 e_{CB}^- 供体，从而抑制 e^--h^+ 对的复合。在这个过程中，GSH 被氧化为谷胱甘肽二硫化物 (GSSG)[346]，反应如下：$2GSH+2h^++2OH^- \rightarrow GSSG+2H_2O$。当光诱导的 h+VB 被 GSH 氧化消耗后，剩余的光诱导的 e_{CB}^- 会导致光电流急剧增加。因此，GSH 浓度和光电流密度之间的关系构成了生物传感功能的基础。此外，可以明显观察到 MoS$_2$/TiO$_2$-NTAs-2 的光电流密度相比 MoS$_2$/TiO$_2$-NTAs-1 和 MoS$_2$/TiO$_2$-NTAs-5 随着 GSH 浓度的增加显著更高，无疑证实了前者具有比其他样品更强的 e^--h^+ 对分离能力和载流子寿命，这归因于 P 型掺杂效应介导的较高 $\Delta E_C/\Delta E_V$。

图 5-21 (b) 呈现出光电流密度与 GSH 浓度之间的良好线性关系 (R^2 = 0.9966)，对于 MoS$_2$/TiO$_2$-NTAs-2 样品，线性范围从 0~600 μmol/L，上限检测更适合检测生物样品中的 GSH，因为正常细胞中的 GSH 浓度在 0.1~1 mmol/L 变化[347]。光电化学传感器显示了 1.6 μmol/L 的检测限 (信噪比为 3)，灵敏度为 930 mA/(cm^2 · (mol · L^{-1}))，分别比 MoS$_2$/TiO$_2$-NTAs-1 和 MoS$_2$/TiO$_2$-NTAs-5 样品高出 1.36 倍和 1.43 倍。线性响应范围比电化学发光传感器 (5 nmol/L~5 μmol/L)[348]、荧光法 (0 ~ 0.25 mmol/L)[349]、电化学传感 (0.5 ~ 10 μmol/L)[347] 和表面增强拉曼散射 (0.1 ~ 0.4 mmol/L) 更宽[350]。尽管 1.6 μmol/L 的检测限高于比色法 (0.15 μmol/L)[351] 和分子拥挤调控的荧光发射

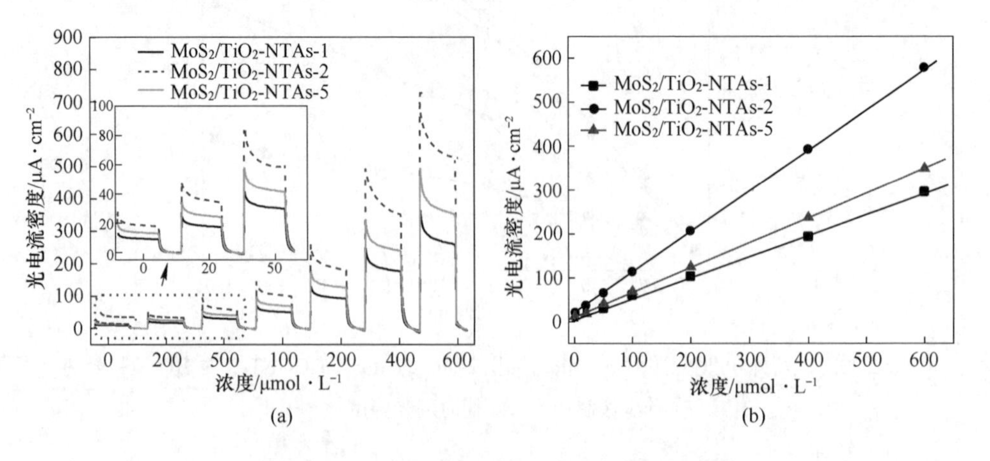

图 5-21 不同 MoS$_2$ 沉积时间 MoS$_2$/TiO$_2$-NTAs 的光电流响应 (插图为 0 μmol/L、20 μmol/L 和 50 μmol/L GSH 的详细视图) (a) 和光电流密度与 GSH 浓度的关系 (b)

法（1.7 ng/mL）[352]，但低于侧流等离子体生物传感器（9.8 μmol/L）[353]和其他电化学发光生物传感（8.7 μmol/L）[354]。此外，所提出的光电化学（PEC）传感具有简单操作、测试时间短和设备廉价等优点，相较于分子拥挤调控的荧光和比色法检测。因此，经过制备的 MoS_2/TiO_2-NTAs 异质结构基于 PEC 的生物传感器在监测 GSH 方面具有很大的潜力，具有相对较低的检测限和宽广的线性范围。

为了进一步探究 MoS_2/TiO_2-NTAs Ⅱ型异质结构中的 V_S 介导的界面电荷转移对增强 PEC 性能和传感应用的机制，对 MoS_2/TiO_2-NTAs Ⅱ型异质结构进行了气体传感测试。在详细讨论 MoS_2/TiO_2-NTAs Ⅱ型异质结构的光辅助气体传感机制之前，可以定义传感器的参数灵敏度（S）如下[355]：$S=I_g/I_a$，其中 I_g 和 I_a 分别是在 NH_3 气体流和空气气体流中实验记录的稳定电流值。同时，响应时间（τ_{res}）定义为达到最终平衡值的90%所需的时间，恢复时间（τ_{rec}）定义为降至最终平衡值的10%所需的时间。图 5-22 展示了在室温下，在紫外-可见光照射下，分别在 NH_3 浓度为 0.01%时，未修饰 TiO_2-NTAs 和具有不同 MoS_2 沉积时间（1 min、2 min 和 5 min）的 MoS_2/TiO_2-NTAs 纳米复合材料的参数灵敏度 S 与时间的关系图以及响应/恢复性能比较。正如预期的那样，对于各个样品，在 NH_3 渗透（t= 200 s）时，S 值呈指数增加；而在空气注入（t=800 s）时呈指数下降。可以发现，由于 TiO_2 具有较大的电阻和带隙，未修饰 TiO_2-NTAs 传感器的 S 值很小（约为 0.49），这导致光激发载流子电流较差。此外，随着 MoS_2 电沉积时间从 1 min 增加到 2 min，S 值从约 2.4 增加到约 3.1，然后随着 MoS_2 沉积时间增加到 5 min，S 值降低到约 2.8，这与以上光降解和 PEC 生物传感实验结果的变化趋势相一致。此外，MoS_2/TiO_2-NTAs-1 的 τ_{res} 约为 292 s，τ_{rec} 约为 225 s，用于感测 NH_3 气体。而 MoS_2/TiO_2-NTAs-2 和 MoS_2/TiO_2-NTAs-5 的 τ_{res}/τ_{rec} 分别约为 225 s/200 s 和 266 s/210 s。显然，MoS_2/TiO_2-NTAs-2 的传感性能在 τ_{res}/τ_{rec} 更短和响应速度更快方面优于 MoS_2/TiO_2-NTAs-1 和 MoS_2/TiO_2-NTAs-5。

基于上述结果，可以对合成的二元 MoS_2/TiO_2-NTAs 异质结构在 NH_3 气体传感方面的传感机制进行解释[356]。值得指出的是，异质纳米杂化体的电导率主要由导电电子的浓度决定。最初，大气中的氧分子（O_2）可以被吸附在 MoS_2/TiO_2-NTAs 表面，并通过 V_S 缺陷活性位点的 e^-_{CB} 耗尽转化为 $\cdot O_2^-$，从而降低了纳米系统中导电电子的浓度，即 O_2（气体）$+e^-_{CB}\rightarrow\ \cdot O_2^-$（吸附）。$NH_3$ 气体是众所周知的还原剂或电子给体。当暴露于 NH_3 气体时，还原性气体分子可以与这些带负电荷的氧分子（$\cdot O_2^-$）反应，释放出电子作为自由载流子，增加 MoS_2/TiO_2-NTAs 异质结的导电性，并将电中性的氮释放回环境，反应机制如下：$4NH_3$（气体）$+ 3\cdot O_2^-$（吸附）$\rightarrow 6H_2O$（气体）$+ 2N_2$（气体）$+ 3e^-$。因此，当传感器装置暴露于 NH_3 气体时，e^-_{CB} 的浓度增加，受益于分析物气体的电子给体特

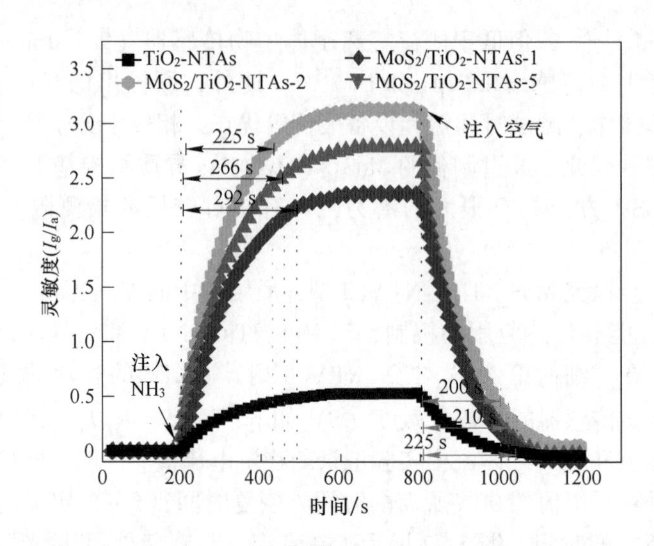

图 5-22 TiO_2-NTAs 和不同 MoS_2沉积时间 MoS_2/TiO_2-NTAs 的灵敏度与时间关系及响应/恢复特性

性。值得强调的是，在紫外-可见光照射下，MoS_2/TiO_2-NTAs 纳米复合材料可以从 MoS_2的 CB 注入过多的电子到 TiO_2的 CB 中，加速 $\cdot O_2^-$的形成。MoS_2/TiO_2-NTAs-2 在与 $\cdot O_2^-$浓度相关的光辅助降解和气体传感测量方面呈现出最佳的实验结果，这归因于其优越的 CT 能力和 V_S 缺陷活性位点的数量。

本章通过将 MoS_2纳米带（MoS_2-NBs）与具有良好有序排列的 TiO_2纳米管阵列（TiO_2-NTAs）巧妙地结合，构建了独特的二元 MoS_2/TiO_2-NTAs Ⅱ型异质结纳米复合材料。与未修饰 TiO_2-NTAs 相比，在紫外-可见光照射下，制备的 MoS_2/TiO_2-NTAs 二元异质结构预计展示出明显增强的光催化降解、生物传感和气体传感性能，与 PEC 性能测试的趋势相吻合，即安培时程和电化学阻抗谱测量结果。这归因于 MoS_2和 TiO_2-NTAs 之间的协同效应，引发了与 P 型掺杂效应相关的 E_F 偏移。NTRT-PL 光谱和 TRPL 光谱探测的特征支持了这一提议，并对异质结界面之间的电荷转移动力学过程进行了定性和定量分析，揭示了 MoS_2/TiO_2-NTAs Ⅱ型异质结纳米复合材料中光诱导 e^--h^+对的复合显著减缓和活性载流子的分离提升。因此，可以合理地认为 MoS_2/TiO_2-NTAs Ⅱ型异质结构不仅为高活性光催化剂提供了新的认识，还为生物传感和气体传感应用的半导体异质结器件的发展开辟了新的前景。

参考文献

[1] 吴欢文，张宁，钟金莲，等. P-N 复合半导体光催化剂研究进展 [J]. 化工进展，2007，26 (12)：1669-1674.

[2] 崔玉民. 负载贵金属的 TiO_2光催化剂的研究进展 [J]. 贵金属，2007，28 (3)：62-65.

[3] Brahimi R, Bessekhouad Y, Bouguelia A, et al. Improvement of Eosin Visible Light Degradation Using Pbs-Sensititized TiO_2 [J]. Netherlands, Journal of Photochemistry and Photobiology A: Chemistry, 2008, 194 (2/3): 173-180.

[4] Biswas S, Hossain M F, Takahashi T, et al. Influence of Cd/S Ratio on Photocatalytic Activity of High-Vacuum-Annealed Cds-TiO_2 Thin Film [J]. Germany, physica status solidi (a), 2008, 205 (8): 2028-2032.

[5] Zhang Y G, Ma L L, Li J L, et al. In Situ Fenton Reagent Generated from TiO_2/Cu_2O Composite Film: A New Way to Utilize TiO_2 under Visible Light Irradiation [J]. American, Environmental Science & Technology, 2007, 41 (17): 6264-6269.

[6] Kang I C, Zhang Q, Yin S, et al. Improvement in Photocatalytic Activity of TiO_2 under Visible Irradiation through Addition of N-TiO_2 [J]. American, Environmental Science & Technology, 2008, 42 (10): 3622-3626.

[7] Georgieva J, Armyanov S, Valova E, et al. Enhanced Photocatalytic Activity of Electrosynthesised Tungsten Trioxide-Titanium Dioxide Bi-Layer Coatings under Ultraviolet and Visible Light Illumination [J]. Netherlands, Electrochemistry Communications, 2007, 9 (3): 365-370.

[8] 尚静，谢绍东，刘建国. SnO_2/TiO_2 复合半导体纳米薄膜的研究进展 [J]. 北京：北京大学环境学院环境科学系，2005，17 (6)：1012-1018.

[9] Ye F X, Tsumura T, Nakata K, et al. Dependence of Photocatalytic Activity on the Compositions and Photo-Absorption of Functional TiO_2-Fe_3O_4 Coatings Deposited by Plasma Spray [J]. Netherlands, Materials Science and Engineering: B, 2008, 148 (1/3): 154-161.

[10] Xiao G, Wang X, Li D, et al. $InVO_4$-Sensitized TiO_2 Photocatalysts for Efficient Air Purification with Visible Light [J]. Netherlands, Journal of Photochemistry and Photobiology A: Chemistry, 2008, 193 (2/3): 213-221.

[11] Kumar S G, Devi L G. Review on Modified TiO_2 Photocatalysis under Uv/Visible Light: Selected Results and Related Mechanisms on Interfacial Charge Carrier Transfer Dynamics [J]. American, The Journal of Physical Chemistry A, 2011, 115 (46): 13211-13241.

[12] Sasikala R, Shirole A, Sudarsan V, et al. Highly Dispersed Phase of SnO_2 on TiO_2 Nanoparticles Synthesized by Polyol-Mediated Route: Photocatalytic Activity for Hydrogen Generation [J]. International Journal of Hydrogen Energy, 2009, 34 (9): 3621-3630.

[13] Grabstanowicz L R, Gao S, Li T, et al. Facile Oxidative Conversion of TiH_2 to High-Concentration Ti^{3+}-Self-Doped Rutile TiO_2 with Visible-Light Photoactivity [J]. Inorganic Chemistry, 2013, 52 (7): 3884-3890.

[14] Vijayan B, Dimitrijevic N M, Rajh T, et al. Effect of Calcination Temperature on the Photocatalytic Reduction and Oxidation Processes of Hydrothermally Synthesized Titania

Nanotubes [J]. The Journal of Physical Chemistry C, 2010, 114 (30): 12994-13002.

[15] Pan X, Yang M Q, Fu X, et al. Defective TiO_2 with Oxygen Vacancies: Synthesis, Properties and Photocatalytic Applications [J]. Nanoscale, 2013, 5 (9): 3601-3614.

[16] Liu H, Ma H T, Li X Z, et al. The Enhancement of TiO_2 Photocatalytic Activity by Hydrogen Thermal Treatment [J]. Chemosphere, 2003, 50 (1): 39-46.

[17] Asahi R, Morikawa T, Ohwaki T, et al. Visible-Light Photocatalysis in Nitrogen-Doped Titanium Oxides [J]. Science, 2001, 293 (5528): 269-271.

[18] Osorio-Vargas P A, Pulgarin C, Sienkiewicz A, et al. Low-Frequency Ultrasound Induces Oxygen Vacancies Formation and Visible Light Absorption in TiO_2 P-25 Nanoparticles [J]. Ultrasonics Sonochemistry, 2012, 19 (3): 383-386.

[19] Kong M, Li Y, Chen X, et al. Tuning the Relative Concentration Ratio of Bulk Defects to Surface Defects in TiO_2 Nanocrystals Leads to High Photocatalytic Efficiency [J]. Journal of the American Chemical Society, 2011, 133 (41): 16414-16417.

[20] Liu H M, Qian C, Wang T, et al. N-doping TiO_2 spheres with enriched oxygen vacancies for photocatalytic hydrogen evolution [J]. Inorganic Chemistry Communications, 2023, 156: 111212.

[21] Chen C H, Shieh J, Hsieh S M, et al. Architecture, Optical Absorption, and Photocurrent Response of Oxygen-Deficient Mixed-Phase Titania Nanostructures [J]. Acta Materialia, 2012, 60 (18): 6429-6439.

[22] Nagashima K, Yanagida T, Oka K, et al. Prominent Thermodynamical Interaction with Surroundings on Nanoscale Memristive Switching of Metal Oxides [J]. Nano Letters, 2012, 12 (11): 5684-5690.

[23] Hong D S, Chen Y S, Li Y, et al. Evolution of Conduction Channel and Its Effect on Resistance Switching for Au-WO_{3-x}-Au Devices [J]. Sci Rep, 2014, 4: 4058.

[24] He C, Shi Z, Zhang L, et al. Multilevel Resistive Switching in Planar Graphene/SiO_2 Nanogap Structures [J]. ACS Nano, 2012, 6 (5): 4214-4221.

[25] He C, Li J, Wu X, et al. Tunable Electroluminescence in Planar Graphene/SiO_2 Memristors [J]. Advanced Materials, 2013, 25 (39): 5593-5598.

[26] 杨振玲. 贵金属纳米颗粒对量子点及卟啉分子的荧光影响机理研究 [D]. 哈尔滨: 哈尔滨工业大学, 2011, 38-46.

[27] Qiu J, Yu W, Gao X, et al. Fabrication and characterization of TiO_2 nanotube arrays having nanopores in their walls by double-template-assisted solgel [J]. Nanotechnology, 2007, 18 (29): 295604.

[28] Wang Q, Zhao Y, Zhang Z, et al. Hydrothermal preparation of Sn_3O_4/TiO_2 nanotube arrays as effective photocatalysts for boosting photocatalytic dye degradation and hydrogen production [J]. Ceramics International, 2023, 49 (4): 5977-5985.

[29] Karakurt H, Kartal O E. Investigation of photocatalytic activity of TiO_2 nanotubes synthesized by hydrothermal method [J]. Chemical Engineering Communications, 2023, 210 (8): 1383-1403.

[30] Shao Z, Liu W, Zhang Y, et al. Insights on interfacial charge transfer across MoS_2/TiO_2-NTAs nanoheterostructures for enhanced photodegradation and biosensing & gas-sensing performance [J]. Journal of Molecular Structure, 2021, 1244: 131240.

[31] Shao Z, Cheng J, Zhang Y, et al. Comprehension of the synergistic effect between m&t-$BiVO_4/TiO_2$-NTAs nano-heterostructures and oxygen vacancy for elevated charge transfer and enhanced photoelectrochemical performances [J]. Nanomaterials, 2022, 12 (22): 4042.

[32] Huang W, Huang Y, Tang B, et al. Electrochemical oxidation of carbamazepine in water using enhanced blue TiO_2 nanotube arrays anode on porous titanium substrate [J]. Chemosphere, 2023, 322: 138193.

[33] Wang C, Zhang T, Yin L, et al. Enhanced perfluorooctane acid mineralization by electrochemical oxidation using Ti^{3+} self-doping TiO_2 nanotube arrays anode [J]. Chemosphere, 2022, 286: 131804.

[34] 陈环，王红，傅刚. TiO_2纳米管阵列制备及机理研究进展 [J]. 广州大学学报, 2007, 6 (5): 9-12.

[35] Martin C R. Nanomaterials: A Membrane-based Synthetic Approach [J]. Science, 1994, 266 (5193): 1961-1966.

[36] Murphy C J, Sau T K, Gole A M, et al. Anisotropic Metal Nanoparticles: Synthesis, Assembly, and Optical Applications [J]. The Journal of Physical Chemistry B, 2005, 109 (29): 13857-13870.

[37] Yu Y, Chang S S, Lee C L, et al. Gold Nanorods: Electrochemical Synthesis and Optical Properties [J]. The Journal of Physical Chemistry B, 1997, 101 (34): 6661-6664.

[38] Kim F, Song J H, Yang P. Photochemical Synthesis of Gold Nanorods [J]. Journal of the American Chemical Society, 2002, 124 (48): 14316-14317.

[39] Okitsu K, Ashokkumar M, Grieser F. Sonochemical Synthesis of Gold Nanoparticles: Effects of Ultrasound Frequency [J]. The Journal of Physical Chemistry B, 2005, 109 (44): 20673-20675.

[40] Kobayashi Y, Tomita A. Preparation of Aqueous Gold Colloid by Vapor Deposition Method [J]. Journal of Colloid and Interface Science, 1997, 185 (1): 285-286.

[41] 占美琼，谭天亚，贺洪波，等. 石英晶体监控膜厚仪的发展与应用 [J]. 激光与光电子学进展, 2005, 42 (2): 57-59.

[42] Catchpole K R, Polman A. Plasmonic Solar Cells [J]. Opt Express, 2008, 16 (26): 21793-21800.

[43] Li J, Zhou H, Qian S, et al. Plasmonic Gold Nanoparticles Modified Titania Nanotubes for Antibacterial Application [J]. American, Applied Physics Letters, 2014, 104 (26): 261110.

[44] Fujishima A, Honda K. Electrochemical Photolysis of Water at a Semiconductor Electrode [J]. Nature, 1972, 238: 37-38.

[45] Chiu Y H, Chang T F, Chen C Y, et al. Mechanistic Insights into Photodegradation of Organic Dyes Using Heterostructure Photocatalysts [J]. Catalysts, 2019, 9: 430.

[46] Hsieh P Y, Chiu Y H, Lai T H, et al. TiO_2 Nanowire-Supported Sulfide Hybrid Photocatalysts

for Durable Solar Hydrogen Production [J]. ACS Appl. Mater. Interfaces 2019, 11, 3006-3015.

[47] Chiu Y H, Lai T H, Chen C Y, et al. Fully Depleted Ti-Nb-Ta-Zr-O Nanotubes: Interfacial Charge Dynamics and Solar Hydrogen Production [J]. ACS Appl. Mater. Interfaces, 2018, 10: 22997-23008.

[48] Gao D, Wang Q, Chang Y, et al. Solvothermal ion exchange preparation of $Bi_{11}VO_{19}$ to sensitize TiO_2 NTs with high photoelectrochemical performances [J]. Sep. Purif. Technol. 2020, 233: 116011.

[49] Pu Y, Wang G, Chang K, et al. Au Nanostructure-Decorated TiO_2 Nanowires Exhibiting Photoactivity Across Entire UV-visible Region for Photoelectrochem-ical Water Splitting [J]. Nano Lett. 2013, 13: 3817-3823.

[50] Chiu Y H, Lai T H, Kuo M Y, et al. Photoelectrochemical cells for solar hydrogen production: Challenges and opportunities [J]. APL Mater. 2019, 7, No. 080901.

[51] Zhuang H, Liu X, Li F, et al. Constructionof CdSe @ TiO_2 core-shell nanorod arrays by electrochemical deposition for efficient visible light photoelectrochemical performance [J]. Int. J. Energy Res. 2019, 43: 7197-7205.

[52] Qu X, Liu M, Li L, et al. BiOBr flakes decoration and structural modification for CdTe/TiO_2 spheres: Towards water decontamination under simulated light irradiation [J]. Mater. Sci. Semicond. Process. 2019, 93, 331-338.

[53] Fang M J, Tsao C W, Hsu Y J. Semiconductor nano-heterostructures for photoconversion applications [J]. J. Phys. D: ApplPhys. 2020, 53: 143001.

[54] Chang Y S, Choi M, Baek M, et al. CdS/CdSe co-sensitized brookite H: TiO_2 nanostructures: Charge carrier dynamics and photoelectrochemical hydrogen generation [J]. Appl. Catal., B 2018, 225: 379-385.

[55] Ma S, Li K, Xu H, et al. Lattice-Mismatched PbTe/ZnTe Heterostructure with High-Speed Midinfrared Photo responses [J]. ACS Appl. Mater. Interfaces 2019, 11: 39342-39350.

[56] Wu Z, Fei H, Wang D. MoS_2/Cu_2O nanohybrid as a highly efficient catalyst for the photoelectrocatalytic hydrogen generation [J]. Mater. Lett. 2019, 256: 126622.

[57] Pu Y C, Chou H Y, Kuo W S, et al. Interfacial charge carrier dynamics of cuprous oxide-reduced graphene oxide (Cu_2O-rGO) nanoheterostructures and their related visible-light-driven photocatalysis [J]. Appl. Catal. B 2017, 204: 21-32.

[58] Zhou S, Chen M, Lu Q, et al. Design of hollow dodecahedral Cu_2O nanocages for ethanol gas sensing. Mater [J]. Lett. 2019, 247: 15-18.

[59] Li J M, Cheng H Y, Chiu Y H, et al. ZnO-Au-SnO_2 Z-scheme photoanodes for remarkable photoelectrochemical water splitting [J]. Nanoscale 2016, 8: 15720-15729.

[60] Pu Y C, Lin W H, Hsu Y J. Modulation of charge carrier dynamics of $Na_xH_{2-x}Ti_3O_7$-Au-Cu_2O Z-scheme nanoheterostructures through size effect [J]. Appl. Catal., B 2015, 163: 343-351.

[61] Lu Y, Chu Y, Zheng W, et al. Significant tetracycline hydrochloride degradation and electricity generation in a visible-light-driven dual photoelectrode photocatalytic fuel cell using $BiVO_4$/TiO_2 NT photoanode and Cu_2O/TiO_2 NT photocathode. Electrochim [J]. Acta 2019, 320: 134617.

[62] Meng A, Zhang L Cheng B, et al. Dual Cocatalysts in TiO_2 Photocatalysis [J]. Adv. Mater., 2019, 31: 1807660.

[63] Trang T N Q, Tu L T N, Man T V, et al. A high-efficiency photoelectrochemistry of Cu_2O/TiO_2 nanotubes based composite for hydrogen evolution under sunlight [J]. Composites Part B, 2019, 174: 106969.

[64] Li J M, Wang Y T, Hsu Y J. A more accurate, reliable method to evaluate the photoelectrochemical performance of semiconductor electrode without under/over estimation [J]. Electrochim. Acta 2018, 267: 141-149.

[65] Chiu Y H, Chang K D, Hsu Y J. Plasmon-mediated charge dynamics and photoactivity enhancement for Au-decorated ZnO nanocrystals [J]. J. Mater. Chem. A, 2018, 6: 4286-4296.

[66] Lin W H, Chiu Y H, Shao P W, et al. Metal-Particle-Decorated ZnO Nanocrystals: Photocatalysis and Charge Dynamics. ACS Appl. Mater [J]. Interfaces, 2016, 8: 32754-32763.

[67] Seemala B, Therrien A J, Lou M, et al. Plasmon-Mediated Catalytic O_2 Dissociation on Ag Nanostructures: Hot Electrons or Near Fields [J]. ACS Energy Lett., 2019, 4: 1803-1809.

[68] Aguirre M E, Zhou R, Eugene A J, et al. Cu_2O/TiO_2 heterostructures for CO_2 reduction through a direct Z-scheme: Protecting Cu_2O from photocorrosion [J]. Appl. Catal. B, 2017, 217: 485-493.

[69] Li J M, Tsao C W, Fang M, J, et al. TiO_2-Au-Cu_2O Photocathodes: Au-Mediated Z-Scheme Charge Transfer for Efficient Solar-Driven Photoelectrochemical Reduction. ACS Appl [J]. Nano Mater. 2018, 1: 6843-6853.

[70] Colombo D P, Bowman R M. Does Interfacial Charge Transfer Compete with Charge Carrier Recombination? A Femto-second Diffuse Reflectance Investigation of TiO_2 Nanoparticles [J]. J. Phys. Chem. 1996, 100: 18445-18449.

[71] Serpone N, Lawless D, Khairutdinov R, et al. Subnanosecond Relaxation Dynamics in TiO_2 Colloidal Sols (Particle Sizes R_p = 1.0~13.4 nm). Relevance to Heterogeneous Photocatalysis [J]. J. Phys. Chem. 1995, 99: 16655-16661.

[72] Choudhury B, Choudhury A. Oxygen Vacancy and Dopant Concentration Dependent Magnetic Properties of Mn Doped TiO_2 Nanoparticle [J]. Current Applied Physics, 2013, 13 (6): 1025-1031.

[73] Gordon T R, Cargnello M, Paik T, et al. Nonaqueous Synthesis of TiO_2 Nanocrystals Using Tif_4 to Engineer Morphology, Oxygen Vacancy Concentration, and Photocatalytic Activity [J]. Journal of the American Chemical Society, 2012, 134 (15): 6751-6761.

[74] Pan X, Zhang N, Fu X, et al. Selective Oxidation of Benzyl Alcohol over TiO_2 Nanosheets with Exposed {0 0 1} Facets: Catalyst Deactivation and Regeneration [J]. Applied Catalysis A: General, 2013, 453: 181-187.

[75] Chen P, Zhang X. Fabrication of Pt/TiO_2 Nanocomposites in Alginate and Their Applications to the Degradation of Phenol and Methylene Blue in Aqueous Solutions [J]. CLEAN-Soil, Air, Water, 2008, 36 (5/6): 507-511.

[76] Li Q, Wang K, Zhang S, et al. Effect of Photocatalytic Activity of Co Oxidation on Pt/TiO_2 by

Strong Interaction between Pt and TiO_2 under Oxidizing Atmosphere [J]. Journal of Molecular Catalysis A: Chemical, 2006, 258 (1/2): 83-88.

[77] Du Z, Feng C, Li Q, et al. Photodegradation of Npe-10 Surfactant by Au-Doped Nano-TiO_2 [J]. Colloids and Surfaces A: Physicochemical and Engineering Aspects, 2008, 315 (1/2/3): 254-258.

[78] Cao Y, Tan H, Shi T, et al. Preparation of Ag-Doped TiO_2 Nanoparticles for Photocatalytic Degradation of Acetamiprid in Water [J]. Journal of Chemical Technology & Biotechnology, 2008, 83 (4): 546-552.

[79] Wang C, Zhao Y, Xu H, et al. Efficient Z-scheme photocatalysts of ultrathin g-C_3N_4-wrapped Au/TiO_2-nanocrystals for enhanced visible-light-driven conversion of CO_2 with H_2O [J]. Appl. Catal. B, 2020, 263: 118314.

[80] Zhen W, Jiao W, Wu Y, et al. The role of ametallic copper interlayer during visible photocatalytic hydrogen generation over a Cu/Cu_2O/Cu/TiO_2 catalyst [J]. Catal. Sci. Technol., 2017, 7: 5028-5037.

[81] Ibrahim M M, Mezni A, El-Sheshtawy H S, et al. Direct Z-scheme of Cu_2O/TiO_2 enhanced self-cleaning, antibacterial activity, and UV protection of cotton fiber under sunlight [J]. Appl. Surf. Sci., 2019, 479: 953-962.

[82] Mezni A, Ibrahim M M, El-Kemary M, et al. Cathodically activated Au/TiO_2 nanocomposite synthesized by a new facile solvothermal method: An efficient electrocatalyst with Pt-like activity for hydrogen generation [J]. Electrochim. Acta, 2018, 290: 404-418.

[83] Wang X, Dong H, Hu Z, et al. Fabrication of a Cu_2O/Au/TiO_2 composite film for efficient photocatalytic hydrogen production from aqueous solution of methanol and glucose [J]. Mater. Sci. Eng. B, 2017, 219: 10-19.

[84] Rekeb L, Hamadou L, Kadri A, et al. Highly broadband plasmonic Cu film modified Cu_2O/TiO_2 nanotube 0 arrays for efficient photocatalytic performance [J]. Int. J. Hydrogen Energy, 2019, 44: 10541-10553.

[85] Huang H, Hou X, Xiao J, et al. Effect of annealing atmosphere on the performance of TiO_2 nanorod arrays in photoelectrochemical water splitting [J]. Catal. Today, 2019, 330: 189-194.

[86] Wongratanaphisan D, Kaewyai K, Choopun S, et al. CuO-Cu_2O nanocomposite layer for light-harvesting enhancement in ZnO dye-sensitized solar cells [J]. Appl. Surf. Sci., 2019, 474: 85-90.

[87] Fu X, Li G G, Villarreal E, et al. Hot carriers in action: multimodal photocatalysis on Au@ SnO_2 core-shell nanoparticles [J]. Nanoscale, 2019, 11: 7324-7334.

[88] Zhou X, Jia K, He X, et al. Assembly of carboxylated zinc phthalocyanine with gold nanoparticle for colorimetric detection of calcium ion [J]. J. Mater. Sci.: Mater. Electron., 2018, 29: 8380-8389.

[89] Shao Z, Tian Z, Pang J, et al. Optically modulated charge transfer in TiO_2-Au nano-complexes [J]. Mater. Res. Express, 2014, 1, No. 045033.

[90] Pham V V, Bui D P, Tran H H, et al. Photoreduction route for Cu_2O/TiO_2 nanotubes junction

for enhanced photocatalytic activity [J]. RSC Adv., 2018, 8: 12420-12427.

[91] Ma Q, Zhang H, Cui Y, et al. Fabrication of Cu_2O/TiO_2 nano-tube arrays photoelectrode and its enhanced photoelectrocatalytic performance for degradation of 2, 4, 6-trichlorophenol [J]. J. Ind. Eng. Chem., 2018, 57: 181-187.

[92] Yang L, Wang W, Zhang H, et al. Electrodeposited Cu_2O on the {101} facets of TiO_2 nanosheet arrays and their enhanced photoelectrochemical performance [J]. Sol. Energy Mater. Sol. Cells, 2017, 165: 27-35.

[93] El-Shaer A, Ismail W, Abdelfatah M. Towards low cost fabrication of inorganic white light emitting diode based on electrodeposited Cu_2O thin film/TiO_2 nanorods heterojunction [J]. Mater. Res. Bull., 2019, 116: 111-116.

[94] Thompson T L, Yates J T. Surface Science Studies of the Photoactivation of TiO_2 New Photochemical Processes [J]. Chem. Rev., 2006, 106: 4428-4453.

[95] Wang Y, Zhang F, Yang M, et al. Synthesis of porous $MoS_2/CdSe/TiO_2$ photoanodes for photoelectrochemical water splitting [J]. Microporous Mesoporous Mater., 2019, 284: 403-409.

[96] Bai X, Ma L, Dai Z, et al. Electrochemical synthesis of p-Cu_2O/n-TiO_2 heterojunction electrode with enhanced photoelec-trocatalytic activity [J]. Mater. Sci. Semicond. Process., 2018, 74: 319-328.

[97] Meng X B, Sheng J L, Tang H L, et al. Metal-organic framework as nanoreactors to coincorporate carbon nanodots and CdS quantum dots into the pores for improved H_2 evolution without noble-metal cocatalyst [J]. Appl. Catal. B, 2019, 244: 340-346.

[98] Hosseini-Sarvari M, Jafari F, Mohajeri A, et al. Cu_2O/TiO_2 nanoparticles as visible light photocatalysts concerning C (sp^2) -P bond formation. Catal [J]. Sci. Technol., 2018, 8: 4044-4051.

[99] Chen B, Zhou L, Tian Y, et al. Z-scheme inverse opal CN/BiOBr photocatalysts for highly efficient degradation of antibiotics [J]. Phys. Chem. Chem. Phys., 2019, 21: 12818-12825.

[100] Wang P, Chen J, Bai Y, et al. Preparation of a novel Z-scheme AgI/Ag/$Bi_{24}O_{31}Cl_{10}$ catalyst with enhanced photocatalytic performance via an Ag_0 electron transfer intermediate [J]. J. Mater. Sci.: Mater. Electron., 2019, 30: 10606-10618.

[101] Kaviyarasan K, Vinoth V, Sivasankar T, et al. Photocatalytic and photoelectrocatalytic performance of sonochemically synthesized Cu_2O@TiO_2 heterojunction nano-composites [J]. Ultrason. Sonochem., 2019, 51: 223-229.

[102] Low J, Yu J, Jaroniec M, et al. Heterojunction Photocatalysts [J]. Adv. Mater., 2017, 29: 1601694.

[103] Chen N N, Jin G, Wang L J, et al. Highly Efficient Aqueous-Processed Hybrid Solar Cells: Control Depletion Region and Improve Carrier Extraction [J]. Adv. Energy Mater., 2019, 9: 1803849.

[104] Shao Z F, Yang Y Q, Liu S T, et al. Transient competition between photocatalysis and carrier recombination in TiO_2 nanotube film loaded with Au nanoparticles [J]. Chin. Phys. B, 2014,

23: 096102-096109.

[105] Subramanian V, Wolf E E, Kamat P V. Catalysis with TiO_2/Gold Nanocomposites. Effect of Metal Particle Size on the Fermi Level Equilibration [J]. J. Am. Chem. Soc., 2004, 126: 4943-4950.

[106] Meng Q, Lv H, Yuan M, et al. In Situ Hydrothermal Construction of Direct Solid-State Nano-Z-Scheme $BiVO_4$/Pyridine-Doped g-C_3N_4 Photocatalyst with Efficient Visible-Light-Induced Photocatalytic Degradation of Phenol and Dyes [J]. ACS Omega, 2017, 2: 2728-2739.

[107] Chiu Y H, Hsu Y J. Au@ Cu_7S_4 yolk@ shell nanocrystal-decorated TiO_2 nanowires as an all-day-active photocatalyst for environmental purification [J]. Nano Energy, 2017, 31: 286-295.

[108] Govorov A O, Zhang H, Demir H V, et al. Photogeneration of hot plasmonic electrons with metal nanocrystals: Quantum description and potential applications [J]. Nano Today, 2014, 9: 85-101.

[109] Tian B, Lei Q, Tian B, et al. UV-driven overall water splitting using unsupported gold nanoparticles as photocatalysts [J]. Chem. Commun., 2018, 54: 1845-1848.

[110] Dunklin J R, Rose A H, Zhang H, et al. Plasmonic Hot Hole Transfer in Gold Nanoparticle-Decorated Transition Metal Dichalcogenide Nanosheets [J]. ACS Photonics, 2020, 7: 197-202.

[111] Al-Zubeidi A, Hoener B S, Collins S S E, et al. Hot Holes Assist Plasmonic Nanoelectrode Dissolution [J]. Nano Lett., 2019, 19: 1301-1306.

[112] Furube A, Du L, Hara K, et al. Ultrafast Plasmon-Induced Electron Transfer from Gold Nanodots into TiO_2 Nanoparticles [J]. J. Am. Chem. Soc., 2007, 129: 14852-14853.

[113] Wu K, Rodríguez-Córdoba W E, Yang Y, et al. Plasmon-Induced Hot Electron Transfer from the Au Tip to CdS Rod in CdS-Au Nanoheterostructures [J]. Nano Lett., 2013, 13: 5255-5263.

[114] Xue J, Elbanna O, Kim S, et al. Defectstate-induced efficient hot electron transfer in Au nanoparticles/reduced TiO_2 mesocrystal photocatalysts [J]. Chem. Commun., 2018, 54: 6052-6055.

[115] El Mragui A, Zegaoui O, Daou I, et al. Preparation, characterization, and photocatalytic activity under UV and visible light of Co, Mn, and Ni mono-doped and (P, Mo) and (P, W) co-doped TiO_2 nanoparticles: A comparative study [J]. Environmental Science and Pollution Research, 2021, 28: 25130-25145.

[116] Charoenthai N, Yomma N. Effect of Annealing Temperature and Solvent on the Physical Properties and Photocatalytic activity of Zinc Oxide Powder Prepared by Green Synthesis Method [J]. Mater. Today: Proc., 2019, 17: 1386-1395.

[117] Masoumi Z, Tayebi M, Kolaei, M, et al. Unified surface modification by double heterojunction of MoS_2 nanosheets and $BiVO_4$ nanoparticles to enhance the photoelectrochemical water splitting of hematite photoanode [J]. J. Alloys Compd., 2022, 890: 161802.

[118] He Y, Chen K, Leung M K H, et al. Photocatalytic fuel cell—A review [J]. Chem. Eng. J., 2022, 428: 131074.

[119] Tudu B, Nalajala N, Saikia P, et al. Cu-Ni bimetal integrated TiO_2 thin film for enhanced solar hydrogen generation [J]. Solar RRL, 2020, 4: 1900557.

[120] Hot J, Frayret J, Sonois-Mazars V, et al. From hexafluorotitanate waste to TiO_2 powder: Characterization and evaluation of the influence of synthesis parameters by the experimental design method [J]. Adv. Powder Technol., 2022, 33: 103472.

[121] Han M, Zhang Z, Li B, et al. Combined heterostructures between Bi_2S_3 nanosheets and H^{2-} treated TiO_2 nanorods for enhanced photoelectrochemical water splitting [J]. Appl. Surf. Sci., 2022, 598: 153850.

[122] Wang Q, Hisatomi T, Katayama M, et al. Particulate photocatalyst sheets for Z-scheme water splitting: Advantages over powder suspension and photoelectrochemical systems and future challenges [J]. Faraday Discuss., 2017, 197: 491-504.

[123] Gopinath C S, Nalajala N. A scalable and thin film approach for solar hydrogen generation: A review on enhanced photocatalytic water splitting [J]. J. Mater. Chem. A, 2021, 9: 1353-1371.

[124] Fan L, Liang G, Zhang C, et al. Visible-light-driven photoelectrochemical sensing platform based on BiOI nanoflowers/TiO_2 nanotubes for detection of atrazine in environmental samples [J]. J. Hazard. Mater. 2021, 409: 124894.

[125] Fan L, Zhang C, Liang G, et al. Highly sensitive photoelectrochemical aptasensor based on MoS_2 quantum dots/TiO_2 nanotubes for detection of atrazine [J]. Sens. Actuators B Chem., 2021, 334: 129652.

[126] Sayahi H, Aghapoor K, Mohsenzadeh F, et al. TiO_2 nanorods integrated with titania nanoparticles: Large specific surface area 1D nanostructures for improved efficiency of dye-sensitized solar cells (DSSCs) [J]. Sol. Energy, 2021, 215: 311-320.

[127] Kong Y, Sun M, Hong X, et al. The co-modification of MoS_2 and CdS on TiO_2 nanotube array for improved photoelectrochemical properties [J]. Ionics, 2021, 27: 4371-4381.

[128] Arifin K, Yunus R M, Minggu L J, et al. Improvement of TiO_2 nanotubes for photoelectrochemical water splitting: Review [J]. Int. J. Hydrog. Energy, 2021, 46: 4998-5024.

[129] Xie X, Li L, Ye S, et al. Photocatalytic degradation of ethylene by TiO_2 nanotubes/ reduced graphene oxide prepared by gamma irradiation [J]. Radiat. Phys. Chem., 2020, 169: 108776.

[130] Basavarajappa P S, Patil S B, Ganganagappa N, et al. Recent progress in metal-doped TiO_2, non-metal doped/codoped TiO_2 and TiO_2 nanostructured hybrids for enhanced photocatalysis [J]. Int. J. Hydrog. Energy, 2019, 45: 7764-7778.

[131] Divyasri Y V, Reddy N L, Lee K, et al. Optimization of N doping in TiO_2 nanotubes for the enhanced solar light mediated photocatalytic H_2 production and dye degradation [J]. Environ. Pollut., 2021, 269: 116170.

[132] Solly M M, Ramasamy M, Poobalan R K, et al. Spin-Coated Bismuth Vanadate Thin Film as an Alternative Electron Transport Layer for Light-Emitting Diode Application [J]. Phys. Status

Solidi, 2021, 218: 2000735.

[133] Liu Y, Liu C, Shi C, et al. Carbon-based quantum dots (QDs) modified ms/tz-$BiVO_4$ heterojunction with enhanced photocatalytic performance for water purification [J]. J. Alloys Compd., 2021, 881: 160437.

[134] Zou Y, Lu M, Jiang Z, et al. Hydrothermal synthesis of Zn-doped $BiVO_4$ with mixed crystal phase for enhanced photocatalytic activity [J]. Opt. Mater., 2021, 119: 111398.

[135] Yang J W, Park I J, Lee S A, et al. Near-complete charge separation in tailored $BiVO_4$-based heterostructure photoanodes toward artificial leaf [J]. Appl. Catal. B Environ., 2021, 293: 120217.

[136] Bano K, Mittal S K, Singh P P, et al. Sunlight driven photocatalytic degradation of organic pollutants using $MnV_2O_6/BiVO_4$ heterojunction: Mechanistic perception and degradation pathways [J]. Nanoscale Adv., 2021, 3: 6446-6458.

[137] Meng Q, Zhang B, Yang H, et al. Remarkable synergy of borate and interfacial hole transporter on $BiVO_4$ photoanodes for photoelectrochemical water oxidation [J]. Mater. Adv., 2021, 2: 4323-4332.

[138] Wang J, Guo L, Xu L, et al. Z-scheme photocatalyst based on porphyrin derivative decorated few-layer $BiVO_4$ nanosheets for efficient visible-light-driven overall water splitting [J]. Nano Res., 2021, 14: 1294-1304.

[139] Zhan H, Zhou Q, Li M, et al. Photocatalytic O_2 activation and reactive oxygen species evolution by surface B-N bond for organic pollutants degradation [J]. Appl. Catal. B Environ., 2022, 310: 121329.

[140] Tian H, Wu H, Fang Y, et al. Hydrothermal synthesis of m-$BiVO_4$/t-$BiVO_4$ heterostructure for organic pollutants degradation: Insight into the photocatalytic mechanism of exposed facets from crystalline phase controlling [J]. J. Hazard. Mater., 2020, 399: 123159.

[141] Liu Y, Deng P, Wu R, et al. $BiVO_4/TiO_2$ heterojunction with rich oxygen vacancies for enhanced electrocatalytic nitrogen reduction reaction [J]. Front. Phys., 2021, 16: 53503.

[142] Fang M, Cai Q, Qin Q, et al. Mo-doping induced crystal orientation reconstruction and oxygen vacancy on $BiVO_4$ homojunction for enhanced solar-driven water splitting [J]. Chem. Eng. J., 2021, 421: 127796.

[143] Chen S, Huang D, Xu P, et al. Topological transformation of bismuth vanadate into bismuth oxychloride: Band-gap engineering of ultrathin nanosheets with oxygen vacancies for efficient molecular oxygen activation [J]. Chem. Eng. J., 2021, 420: 127573.

[144] Chen H, Li J, Yang W, et al. The Role of Surface States on Reduced TiO_2@$BiVO_4$ Photoanodes: Enhanced Water Oxidation Performance through Improved Charge Transfer [J]. ACS Catal., 2021, 11: 7637-7646.

[145] Kumar J V, Kavitha G, Arulmozhi R, et al. Cyan color-emitting nitrogen-functionalized carbon nanodots (NFCNDs) from Indigofera tinctoria and their catalytic reduction of organic dyes and fluorescent ink applications [J]. RSC Adv., 2021, 11: 27745-27756.

[146] Tayyebi A, Soltani T, Hong H, et al. Improved photocatalytic and photoelectrochemical

performance of monoclinic bismuth vanadate by surface defect states ($Bi_{1-x}VO_4$) [J]. J. Colloid Interface Sci., 2018, 514: 565-575.

[147] Kang Z, Lv X, Sun Z, et al. Borate and iron hydroxide co-modified $BiVO_4$ photoanodes for high-performance photoelectrochemical water oxidation [J]. Chem. Eng. J., 2021, 421: 129819.

[148] Lian X, Zhang J, Zhan Y, et al. Engineering $BiVO_4$@Bi_2S_3 heterojunction by cosharing bismuth atoms toward boosted photocatalytic Cr (Ⅵ) reduction [J]. J. Hazard. Mater., 2021, 406: 124705.

[149] Shao Z, Zhang Y, Yang X, et al. Au-Mediated Charge Transfer Process of Ternary Cu_2O/Au/TiO_2-NTAs Nanoheterostructures for Improved Photoelectrochemical Performance [J]. ACS Omega, 2020, 5: 7503-7518.

[150] Shao Z, Liu W, Zhang Y, et al. Insights on interfacial charge transfer across MoS_2/TiO_2-NTAs nanoheterostructures for enhanced photodegradation and biosensing&gas-sensing performance [J]. J. Mol. Struct., 2021, 1244: 131240.

[151] Fan L, Liang G, Yan W, et al. A highly sensitive photoelectrochemical aptasensor based on $BiVO_4$ nanoparticles-TiO_2 nanotubes for detection of PCB72 [J]. Talanta, 2021, 233: 122551.

[152] Perini J A L, Tavella F, Neto E P F, et al. Role of nanostructure in the behaviour of $BiVO_4$-TiO_2 nanotube photoanodes for solar water splitting in relation to operational conditions [J]. Sol. Energy Mater. Sol. Cells, 2021, 223: 110980.

[153] Hunge Y M, Uchida A, Tominaga Y, et al. Visible light-assisted photocatalysis using Spherical-Shaped $BiVO_4$ Photocatalyst [J]. Catalysts, 2021, 11: 460.

[154] Wang W, Han Q, Zhu Z, et al. Enhanced photocatalytic degradation performance of organic contaminants by heterojunction photocatalyst $BiVO_4$/TiO_2/RGO and its compatibility on four different tetracycline antibiotics [J]. Adv. Powder Technol., 2019, 30: 1882-1896.

[155] Noor M, Sharmin F, Al Mamun M, et al. Effect of Gd and Y co-doping in $BiVO_4$ photocatalyst for enhanced degradation of methylene blue dye [J]. J. Alloys Compd., 2022, 895: 162639.

[156] Wang A, Wu Q, Han C, et al. Significant influences of crystal structures on photocatalytic removal of NOx by TiO_2 [J]. J. Photochem. Photobiol. A Chem., 2021, 407: 113020.

[157] Fan P, Zhang S T, Xu J, et al. Relaxor/antiferroelectric composites: A solution to achieve high energy storage performance in lead-free dielectric ceramics [J]. J. Mater. Chem. C, 2020, 8: 5681-5691.

[158] Baral B, Reddy K H, Parida K M. Construction of m-$BiVO_4$/t-$BiVO_4$ isotype heterojunction for enhanced photocatalytic degradation of norfloxacine and oxygen evolution reaction [J]. J. Colloid Interface Sci., 2019, 554: 278-295.

[159] Cao X, Gu Y, Tian H, et al. Microemulsion synthesis of ms/tz-$BiVO_4$ composites: The effect of pH on crystal structure and photocatalytic performance [J]. Ceram. Int., 2020, 46: 20788-20797.

[160] Hajra P, Kundu S, Maity A, et al. Facile photoelectrochemical water oxidation on Co^{2+}-

adsorbed $BiVO_4$ thin films synthesized from aqueous solutions [J]. Chem. Eng. J., 2019, 374: 1221-1230.

[161] Zheng Y, Shi J, Xu H, et al. The bifunctional Lewis acid site improved reactive oxygen species production: A detailed study of surface acid site modulation of TiO_2 using ethanol and Br^- [J]. Catal. Sci. Technol., 2022, 12: 565-571.

[162] Akshay V, Arun B, Mukesh M, et al. Tailoring the NIR range optical absorption, band-gap narrowing and ferromagnetic response in defect modulated TiO_2 nanocrystals by varying the annealing conditions [J]. Vacuum, 2021, 184: 109955.

[163] Omrani N, Nezamzadeh-Ejhieh A. Photodegradation of sulfasalazine over Cu_2O-$BiVO_4$-WO_3 nano-composite: Characterization and experimental design [J]. Int. J. Hydrog. Energy, 2020, 45: 19144-19162.

[164] Razi R, Sheibani S. Photocatalytic activity enhancement by composition control of mechano-thermally synthesized $BiVO_4$-Cu_2O nanocomposite [J]. Ceram. Int., 2021, 47: 29795-29806.

[165] Zhao S, Chen C, Ding J, et al. One-pot hydrothermal fabrication of $BiVO_4/Fe_3O_4$/rGO composite photocatalyst for the simulated solar light-driven degradation of Rhodamine B [J]. Front. Environ. Sci. Eng., 2021, 16: 36.

[166] Wang L, Cheng B, Zhang L, et al. In situ irradiated XPS investigation on S-scheme TiO_2@$ZnIn_2S_4$ photocatalyst for efficient photocatalytic CO_2 reduction [J]. Small, 2021, 17: 2103447.

[167] Wang Q, Xiao L, Liu X, et al. Special Z-scheme Cu_3P/TiO_2 hetero-junction for efficient photocatalytic hydrogen evolution from water [J]. J. Alloys Compd. 2022, 894: 162331.

[168] Wu L, Guo C, Feng R, et al. Co-doping of P (Ⅴ) and Ti (Ⅲ) in leaf-architectured TiO_2 for enhanced visible light harvesting and solar photocatalysis [J]. J. Am. Ceram. Soc., 2021, 104: 5719-5732.

[169] Kim M, Yun T. G, Noh J, et al. Laser-Induced Surface Reconstruction of Nanoporous Au-Modified TiO_2 Nanowires for In Situ Performance Enhancement in Desorption and Ionization Mass Spectrometry [J]. Adv. Funct. Mater., 2021, 31: 2102475.

[170] Jiang Z, Qi R, Huang Z, et al. Impact of methanol photomediated surface defects on photocatalytic H_2 production over Pt/TiO_2 [J]. Energy Environ. Mater., 2020, 3: 202-208.

[171] Chen J, Fu Y, Sun F, et al. Oxygen vacancies and phasetuning of self-supported black TiO_{2-x} nanotube arrays for enhanced sodium storage [J]. Chem. Eng. J., 2020, 400: 125784.

[172] Zhao H, Zalfani M, Li C F, et al. Cascade electronic band structured zinc oxide/bismuth vanadate/three-dimensional ordered macroporous titanium dioxide ternary nanocomposites for enhanced visible light photocatalysis [J]. J. Colloid Interface Sci., 2019, 539: 585-597.

[173] Zhong H, Gao G, Wang X, et al. Ion irradiation inducing oxygen vacancy-rich $NiO/NiFe_2O_4$ Heterostructure for enhanced electrocatalytic water splitting [J]. Small, 2021, 17: 2103501.

[174] Zhao X, Wang D, Liu S, et al. Bi_2S_3 nanoparticles densely grown on electrospun-carbon-nanofibers as low-cost counter electrode for liquid-state solar cells [J]. Mater. Res. Bull., 2020, 125: 110800.

[175] Shaheer A M, Thangavel N, Rajan R, et al. Sonochemical assisted impregnation of Bi_2WO_6 on TiO_2 nanorod to form Z-scheme heterojunction for enhanced photocatalytic H_2 production [J]. Adv. Powder Technol., 2021, 32: 4734-4743.

[176] Jiang W, An Y, Wang Z, et al. Stress-induced $BiVO_4$ photoanode for enhanced photoelectrochemical performance [J]. Appl. Catal. B Environ., 2022, 304: 121012.

[177] Zhang Z, Huang J, Fang Y, et al. A Nonmetal Plasmonic Z-Scheme Photocatalyst with UV-to NIR-Driven Photocatalytic Protons Reduction [J]. Adv. Mater., 2017, 29: 1606688.

[178] Li L, Mao M, She X, et al. Direct Z-scheme photocatalyst for efficient water pollutant degradation: A case study of 2D g-C_3N_4/$BiVO_4$ [J]. Mater. Chem. Phys., 2020, 241: 122308.

[179] Shi L, Lu C, Chen L, et al. Piezocatalytic performance of $Na_{0.5}Bi_{0.5}TiO_3$ nanoparticles fordegradation of organic pollutants [J]. J. Alloys Compd., 2022, 895: 162591.

[180] Zhu Z, Hwang Y T, Liang H C, et al. Prepared Pd/MgO/$BiVO_4$ composite for photoreduction of CO_2 to CH_4 [J]. J. Chin. Chem. Soc., 2021, 68: 1897-1907.

[181] Soomro R A, Jawaid S, Kalawar N H, et al. In-situ engineered mxene-TiO_2/$BiVO_4$ hybrid as an efficient photoelectrochemical platform for sensitive detection of soluble CD44 proteins [J]. Biosens. Bioelectron., 2020, 166: 112439.

[182] Li Y, Mei Q, Liu Z, et al. Fluorine-doped iron oxyhydroxide cocatalyst: Promotion on the WO_3 photoanode conducted photoelectrochemical water splitting [J]. Appl. Catal. B Environ., 2022, 304: 120995.

[183] Tian Z, Zhang P, Qin P, et al. Novel black $BiVO_4$/TiO_{2-x} photoanodewith enhanced photon absorption and charge separation for efficient and stable solar water splitting [J]. Adv. Energy Mater., 2019, 9: 1901287.

[184] Liu J, Chen W, Sun Q, et al. Oxygen vacancies enhanced WO_3/$BiVO_4$ photoanodes modified by cobalt phosphate for efficient photoelectrochemical water splitting [J]. ACS Appl. Energy Mater., 2022, 4: 2864-2872.

[185] Liu Y, Xiao X, Liu X, et al. Aluminium vanadate with unsaturated coordinated V centers and oxygen vacancies: Surface migration and partial phase transformation mechanism in high performance zinc-ion batteries [J]. J. Mater. Chem. A, 2021, 10: 912-927.

[186] Kang H, Ko M, Choi H, et al. Surface hydrogeneration of vanadium dioxide nanobeam to manipulate insulator-to-metal transition using hydrogen plasma [J]. J. Asian Ceram. Soc., 2021, 9: 1310-1319.

[187] Bian B, Shi L, Katuri K P, et al. Efficient solar-to-acetate conversion from CO_2 through microbial electrosynthesis coupled with stable photoanode [J]. Appl. Energy, 2020, 278: 115684.

[188] Duan Z, Zhao X, Chen L. $BiVO_4$/$Cu_{0.4}V_2O_5$ composites as a novel Z-scheme photocatalyst for visible-light-driven CO_2 conversion [J]. J. Environ. Chem. Eng., 2021, 9: 104628.

[189] Wang L J, Bai J Y, Zhang Y J, et al. Controllable synthesis of conical $BiVO_4$ forphotocatalytic water oxidation [J]. J. Mater. Chem. A, 2020, 8: 2331-2335.

[190] Yang Z, Saeki D, Takagi R, et al. Improved anti-biofouling performance of polyamide reverse osmosis membranes modified with a polyampholyte with effective carboxyl anion and quaternary ammonium cation ratio [J]. J. Membr. Sci., 2021, 595: 117529.

[191] Li Y, Li X, Wang X T, et al. P-N Heterostructured design of decahedral NiS/$BiVO_4$ with efficient charge separation for enhanced photodegradation of organic dyes [J]. Colloids Surf. A Physicochem. Eng. Asp., 2021, 608: 125565.

[192] Qiao X, Xu Y, Yang K, et al. Laser-generated $BiVO_4$ colloidal particles with tailoring size and native oxygen defect for highly efficient gas sensing [J]. J. Hazard. Mater., 2020, 392: 122471.

[193] Zhou T, Wang J, Zhang Y, et al. Oxygen vacancy-abundant carbon quantum dots as superfast hole transport channel for vastly improving surface charge transfer efficiency of $BiVO_4$ photoanode [J]. Chem. Eng. J., 2022, 431: 133414.

[194] Li Y, Liu T, Cheng Z, et al. Facile synthesis of high crystallinity and oxygen vacancies rich bismuth oxybromide upconversion nanosheets by air-annealing for UV-Vis-NIR broad spectrum driven Bisphenol A degradation [J]. Chem. Eng. J., 2021, 421: 127868.

[195] Prathvi Bhandarkar, S. A, Kompa, A, Kekuda, D, Murari, M. S, Telenkov, M. P, Nagraja, K. K, Mohan Rao, K. Spectroscopic, structural and morphological properties of spin coated Zn: TiO_2 thin films [J]. Surf. Interfaces, 2021, 23: 100910.

[196] Ye S, Xu Y, Huang L, et al. MWCNT/$BiVO_4$ photocatalyst for inactivation performance and mechanism of Shigella flexneri HL, antibiotic-resistant pathogen [J]. Chem. Eng. J., 2021, 424: 130415.

[197] Liang M, Zhang J, Ramalingam K, et al. Stable and efficient self-sustained photoelectrochemical desalination based on CdS QDs/$BiVO_4$ heterostructure [J]. Chem. Eng. J., 2022, 429: 132168.

[198] Mansour S, Akkari R, Ben Chaabene S, et al. Effect of surface site defects on photocatalytic properties of $BiVO_4$/TiO_2 heterojunction for enhanced methylene blue degradation [J]. Adv. Mater. Sci. Eng., 2020, 2020: 6505301.

[199] Wang W, Strohbeen P J, Lee D, et al. The role of surface oxygen vacancies in $BiVO_4$ [J]. Chem. Mater., 2020, 32: 2899-2909.

[200] Xu X, Xu Y, Xu F, et al. Black $BiVO_4$: Size tailored synthesis, rich oxygen vacancies, and sodium storage performance [J]. J. Mater. Chem. A, 2020, 8: 1636-1645.

[201] Pan J, Wang B H, Wang J B, et al. Activity and stability boosting of oxygen-vacancy-rich $BiVO_4$ photoanode by NiFe-MOFs thin layer for water oxidation [J]. Angew. Chem. Int. Ed., 2021, 60: 1433-1440.

[202] Han Q, Wu C, Jiao H, et al. Rational design of high-concentration Ti^{3+} in porous carbon-doped TiO_2 nanosheets for efficient photocatalytic ammonia synthesis [J]. Adv. Mater., 2021, 33: 2008180.

[203] Chen Q, Wang H, Wang C, et al. Activation of molecular oxygen in selectively photocatalytic organic conversion upon defective TiO_2 nanosheets with boosted separation of charge carriers [J]. Appl. Catal. B Environ., 2020, 262: 118258.

[204] Tu L, Hou Y, Yuan G, et al. Bio-photoelectrochemcial system constructed with $BiVO_4$/RGO photocathode for 2, 4-dichlorophenol degradation: $BiVO_4$/RGO optimization, degradation performance and mechanism [J]. J. Hazard. Mater., 2020, 389: 121917.

[205] Gomes L E, Nogueira A C, da Silva M F, et al. Enhanced photocatalytic activity of $BiVO_4$/Pt/PtO_x photocatalyst: The role of Pt oxidation state [J]. Appl. Surf. Sci., 2021, 567: 150773.

[206] Tran-Phu T, Fusco Z, Di Bernardo I, et al. Understanding the Role of Vanadium Vacancies in $BiVO_4$ for Efficient Photoelectrochemical Water Oxidation [J]. Chem. Mater., 2021, 33: 3553-3565.

[207] Xu J, Bian Z, Xin X, et al. Size dependence of nanosheet $BiVO_4$ with oxygen vacancies and exposed {0 0 1} facets on the photodegradation of oxytetracycline [J]. Chem. Eng. J., 2018, 337: 684-696.

[208] Hafeez H Y, Lakhera S K, Ashokkumar M, et al. Ultrasound assisted synthesis of reduced graphene oxide (rGO) supported $InVO_4$-TiO_2 nanocomposite for efficient hydrogen production [J]. Ultrason. Sonochem., 2019, 53: 1-10.

[209] Shao Z F, Yang Y Q, Liu S T, et al. Transient competition between photocatalysis and carrier recombination in TiO_2 nanotube film loaded with Au nanoparticles [J]. Chin. Phys. B, 2014, 23: 096102.

[210] Lamers M, Fiechter S, Friedrich D, et al. Formation and suppression of defects during heat treatment of $BiVO_4$ photoanodes for solar water splitting [J]. J. Mater. Chem. A, 2018, 6: 18694-18700.

[211] Wang S, Wang X, Liu B, et al. Vacancy defect engineering of $BiVO_4$ photoanodes for photoelectrochemical water splitting [J]. Nanoscale, 2021, 13: 17989-18009.

[212] Che G, Wang D, Wang C, et al. Solution plasma boosts facet-dependent photoactivity of decahedral $BiVO_4$ [J]. Chem. Eng. J., 2020, 397: 125381.

[213] Arenas-Hernandez A, Zúñiga-Islas C, Torres-Jacome A, et al. Self-organized and self-assembled TiO_2 nanosheets and nanobowls on TiO_2 nanocavities by electrochemical anodization and their properties [J]. Nano Express, 2020, 1: 010054.

[214] Zhou C, Sanders-Bellis Z, Smart T J, et al. Interstitial Lithium Doping in $BiVO_4$ Thin Film Photoanode for Enhanced Solar Water Splitting Activity [J]. Chem. Mater., 2020, 32: 6401-6409.

[215] Peng Y, Du M, Zou X, et al. Suppressing photoinduced charge recombination at the $BiVO_4$/NiOOH junction by sandwiching an oxygen vacancy layer for efficient photoelectrochemical water oxidation [J]. J. Colloid Interface Sci., 2022, 608: 1116-1125.

[216] Lin X, Xia S, Zhang L, et al. Fabrication of flexible mesoporous black Nb_2O_5 nanofiber films for visible-light-driven photocatalytic CO_2 reduction into CH_4 [J]. Adv. Mater., 2022, 34: 2200756.

[217] Sun F, Qi H, Xie Y, et al. Self-standing Janus nanofiber heterostructure photocatalystwith hydrogen production and degradation of methylene blue [J]. J. Am. Ceram. Soc., 2022, 105: 1428-1441.

[218] Sadeghzadeh-Attar A. Boosting the photocatalytic ability of hybrid biVO_4-TiO_2 heterostructure nanocomposites for H_2 production by reduced graphene oxide (rGO) [J]. J. Taiwan Inst. Chem. Eng., 2020, 111: 325-336.

[219] Zheng X, Li Y, You W, et al. Construction of Fe-doped TiO_{2-x} ultrathin nanosheets with rich oxygen vacancies for highly efficient oxidation of H_2S [J]. Chem. Eng. J., 2022, 430: 132917.

[220] Ghobadi T G U, Ghobadi A, Soydan M, C, et al. Strong Light-Matter Interactions in Au Plasmonic Nanoantennas Coupled with Prussian Blue Catalyst on $BiVO_4$ for Photoelectrochemical Water Splitting [J]. ChemSusChem, 2020, 13: 2577-2588.

[221] Chen F Y, Zhang X, Tang Y B, et al. Facile and rapid synthesis of a novel spindle-like heterojunction $BiVO_4$ showing enhanced visible-light-driven photoactivity [J]. RSC Adv., 2020, 10: 5234-5240.

[222] Zhang W, Wang Y, Wang Y, et al. Highly efficient photocatalytic NO removal and in situ DRIFTS investigation on $SrSn(OH)_6$ [J]. Chin. Chem. Lett., 2022, 33: 1259-1262.

[223] Dai D, Liang X, Zhang B, et al. Strain Adjustment Realizes the Photocatalytic Overall Water Splitting on Tetragonal Zircon $BiVO_4$ [J]. Adv. Sci., 2022, 9: 2105299.

[224] Wang S, He T, Chen P, et al. In Situ Formation of Oxygen Vacancies Achieving Near-Complete Charge Separation in Planar $BiVO_4$ Photoanodes [J]. Adv. Mater., 2020, 32: 2001385.

[225] Zhao W, Zhang J, Zhu F, et al. Study the photocatalytic mechanism of the novel Ag/p-Ag_2O/n-$BiVO_4$ plasmonic photocatalyst for the simultaneous removal of BPA and chromium (Ⅵ) [J]. Chem. Eng. J., 2019, 361: 1352-1362.

[226] Wang S, Zhu J, Li T, et al. Oxygen vacancy-mediated CuCoFe/Tartrate-LDH catalyst directly activates oxygen to produce superoxide radicals: Transformation of active species and implication for nitrobenzene Degradation. Environ [J]. Sci. Technol., 2022, 56: 7924-7934.

[227] Prasad U, Young J L, Johnson J C, et al. Enhancing interfacial charge transfer in a WO_3/$BiVO_4$ photoanode heterojunction through gallium and tungsten co-doping and a sulfur modified Bi_2O_3 interfacial layer [J]. J. Mater. Chem. A, 2021, 9: 16137-16149.

[228] Zhu J, Liu Y, He B, et al. Efficient interface engineering of N, N-Dicyclohexylcarbodiimide for stable HTMs-free $CsPbBr_3$ perovskite solar cells with 10.16%-efficiency [J]. Chem. Eng. J., 2022, 428: 131950.

[229] Gaikwad M A, Suryawanshi U P, Ghorpade U V, et al. Emerging surface, bulk, and interface engineering strategies on $BiVO_4$ for photoelectrochemical water splitting [J]. Small, 2022, 18: 2105084.

[230] Xu M, Zhu Y, Yang J, et al. Enhanced interfacial electronic transfer of $BiVO_4$ coupled with 2D g-C_3N_4 for visible-light photocatalytic performance [J]. J. Am. Ceram. Soc., 2021, 104: 3004-3018.

[231] Vinothkumar K, Jyothi M S, Lavanya C, et al. Strongly co-ordinated MOF-PSF matrix for selective adsorption, separation and photodegradation of dyes [J]. Chem. Eng. J., 2022,

428: 132561.

[232] Zheng Y, Wang L, Zhang L, et al. One-pot hydrothermal synthesis of hierarchical porous manganese silicate microspheres as excellent Fenton-like catalysts for organic dyes degradation [J]. Nano Res., 2021, 15: 2977-2986.

[233] Feng S, Gong S, Zheng Z, et al. Smart dual-response probe reveals an increase of GSH level and viscosity in Cisplatin induced apoptosis and provides dual-channel imaging for tumor. Sens [J]. Actuators B Chem., 2022, 351: 130940.

[234] Chen M, Wu L, Ye H, et al. Biocompatible BSA-AuNP@ $ZnCo_2O_4$ nanosheets with oxidase-like activity: Colorimetric biosensing and antitumor activity [J]. Microchem. J., 2022, 175: 107208.

[235] Tang W, An Y, Chen J, et al. Multienzyme mimetic activities of holey CuPd@ H-C_3N_4 for visual colorimetric and ultrasensitive fluorometric discriminative detection of glutathione and glucose in physiological fluids [J]. Talanta, 2022, 241: 123221.

[236] Liu D, Bai X, Sun J, et al. Hollow In_2O_3/In_2S_3 nanocolumn-assisted molecularly imprinted photoelectrochemical sensor for glutathione detection [J]. Sens. Actuators B Chem., 2022, 359: 131542.

[237] Sohal N, Maity B, Basu S. Morphology Effect of One-Dimensional MnO_2 Nanostructures on Heteroatom-Doped Carbon Dot-based Biosensors for Selective Detection of Glutathione [J]. ACS Appl. Bio Mater., 2022, 5: 2355-2364.

[238] Wang M, Zhan Y, Wang H, et al. A photoelectrochemical sensor for glutathione based on Bi_2S_3-modifiedTiO_2 nanotube arrays [J]. New J. Chem., 2022, 46: 8162-8170.

[239] Cai L X, Miao G Y, Li G, et al. A temperature-modulated gas sensor based on CdO-decorated porous ZnO Nanobelts for the recognizable detection of ethanol, propanol, and isopropanol [J]. IEEE Sens. J., 2021, 21: 25590-25596.

[240] Zhao C, Liu Q, Cheung K N, et al. Andrews, Narrower nanoribbon biosensors fabricated by chemical lift-off lithography show higher sensitivity [J]. ACS Nano, 2021, 15: 904-915.

[241] Zhang S, Liu Z, Yan W, et al. Decorating non-noble metal plasmonic Al on a TiO_2/Cu_2O photoanode to boost performance in photoelectrochemical water splitting [J]. Chin. J. Catal., 2020, 41: 1884-1893.

[242] Azizi Toupkanloo H, Karimi Nazarabad M, Amini G R, et al. Immobi-lization of AgCl@ TiO_2 on the woven wire mesh: sunlight-responsive environmental photocatalyst with high durability [J]. Sol. Energy, 2020, 196: 653-662.

[243] Çakıro ğlu B, Özacar M. A photoelectrochemical biosensor fabricated using hierarchically structured gold nanoparticle and MoS_2 on tannic acid templated mesoporous TiO_2 [J]. Electroanalysis, 2020, 32: 166-177.

[244] Fu X C, Zhang J, Gan W, et al. A highly sensitive visible-light photoelectrochemical sensor for pentachlorophenol based on synergistic effect of 2D TiO_2 nanosheets and carbon dots [J]. J. Electrochem. Soc., 2020, 167: 046513.

[245] Hu H L, He C, Guo B G, et al. Ni hierarchical structures supported on titania nanowire arrays

as efficient nonenzy-matic glucose sensor [J]. J. Nanosci. Nanotechnol., 2020, 20: 3246-3251.

[246] Lu Y, Purwidyantri A, Liu H, et al. Photoelectrochemical detection of β-amyloid peptides by a TiO_2 nanobrush biosensor [J]. IEEE Sens. J., 2020, 20: 6248-6255.

[247] Xu W, Yang W, Guo H, et al. Constructing a TiO_2/PDA core/shell nanorod array electrode as a highly sensitive and stable photoelectrochemical glucose biosensor [J]. RSC Adv., 2020, 10: 10017-10022.

[248] Zheng X R, Lv S, Yuan Z T, et al. An efficient glucose biosensor based on TiO_2 hollow sphere prepared via a carbon-sphere template method [J]. Int. J. Electrochem. Sci., 2020, 15: 2145-2156.

[249] Wu Z, Zhao J, Yin Z, et al. Highly sensitive photoelectrochemical detection of glucose based on BiOBr/TiO_2 nanotube array P-N heterojunction nanocomposites [J]. Sens. Actuators B Chem., 2020, 312: 127978.

[250] Dong J, Huang J, Wang A, et al. Vertically-aligned Pt-decorated MoS_2 nanosheets coated on TiO_2 nanotube arrays enable high-efficiency solar-light energy utilization for photocatalysis and self-cleaning SERS devices [J]. Nano Energy, 2020, 71: 104579.

[251] Wang M, Ioccozia J, Sun L, et al. Inorganic-modified semiconductor TiO_2 nanotube arrays for photocatalysis [J]. Energy Environ. Sci., 2014, 7: 2182-2202.

[252] Sim L C, Koh K S, Leong K H, et al. In situ growth of g-C_3N_4 on TiO_2 nanotube arrays: construction of heterostructures for improved photocatalysis properties [J]. J. Environ. Chem. Eng., 2020, 8: 103611.

[253] Zhou D, Yu B, Chen Q, et al. Improved visible light photocatalytic activity on Z-scheme g-C_3N_4 decorated TiO_2 nanotube arrays by a simple impregnation method [J]. Mater. Res. Bull., 2020, 124: 110757.

[254] Zhang S, Liu Z, Chen D, et al. Oxygen vacancies engineering in TiO_2 homojunction/ZnFe-LDH for enhanced photoelectrochemical water oxidation [J]. Chem. Eng. J., 2020, 395: 125101.

[255] Du M, Chen Q, Wang Y, et al. Synchronous construction of oxygen vacancies and phase junction in TiO_2 hierarchical structure for enhancement of visible light photocatalytic activity [J]. J. Alloys Compd., 2020, 830: 154649.

[256] Cheng G, Liu X, Song X, et al. Visible-light-driven deep oxidation of NO over Fe doped TiO_2 catalyst: synergic effect of Fe and oxygen vacancies [J]. Appl. Catal. B Environ., 2020, 277: 119196.

[257] Cheng Q, Wang A, Song Z, et al. Enhancement and stabilization of isolated hydroxyl groups via the construction of coordinatively unsaturated sites on surface and subsurface of hydrogenated TiO_2 nanotube arrays for photocatalytic complete mineralization of toluene [J]. J. Environ. Chem. Eng., 2021, 9: 105080.

[258] Tada H. Photodeposition of metal sulfide quantum dots on titanium (Ⅳ) dioxide and its applications [J]. MRSproceedings, 2011, 1352: 11-17.

[259] Dan M, Xiang J, Wu F, et al. Rich active-edge-site MoS_2 anchored on reduction sites in metal sulfide heterostructure: Toward robust visible light photocatalytic hydrogen sulphide splitting [J]. Appl. Catal. B Environ., 2019, 256: 117870.

[260] Gali S M, A. Pershin, A. Lherbier, J. C. Charlier, D. Beljonne, Electronic and transport properties in defective MoS_2: impact of sulfur vacancies [J]. J. Phys. Chem. C, 2020, 124: 15076-15084.

[261] Qu Y, Song X, Chen X, et al. Tuning charge transfer process of MoS_2 photoanode for enhanced photoelectrochemical conversion of ammonia in water into gaseous nitrogen [J]. Chem. Eng. J., 2020, 382: 123048.

[262] Swain G, Sultana S, Parida K. Constructing a novel surfactant-free MoS_2 nanosheet modified $MgIn_2S_4$ marigold microflower: an efficient visible-light driven 2D-2D P-N heterojunction photocatalyst toward HER and pH regulated NRR [J]. ACS Sustain. Chem. Eng., 2020, 8: 4848-4862.

[263] Shu Y, Zhang L, Cai H, et al. Hierarchical Mo_2C@ MoS_2 nanorods as electrochemical sensors for highly sensitive detection of hydrogen peroxide and cancer cells [J]. Sens. Actuators B Chem., 2020, 311: 127863.

[264] Wang J, Deng H, Li X, et al. Visible-light photocatalysis enhanced room-temperature formaldehyde gas sensing by MoS_2/rGO hybrids [J]. Sens. Actuators B Chem., 2020, 304: 127317.

[265] Han J, Zhang S, Song Q, et al. The synergistic effect with S-vacancies and built-in electric field on a TiO_2/MoS_2 photoanode for enhanced photoelectrochemical performance [J]. Sustain. Energy Fuels, 2021, 5: 509-517.

[266] Ma C, Zhai N, Liu B, et al. Defected MoS_2: an efficient electrochemical nitrogen reduction catalyst under mild conditions [J]. Electrochim. Acta, 2021, 370: 137695.

[267] Li P, Hu H, Xu J, et al. New insights into the photo-enhanced electrocatalytic reduction of carbon dioxide on MoS_2-rods/TiO_2 NTs with unmatched energy band [J]. Appl. Catal. B Environ., 2014, 147: 912-919.

[268] Zheng L, Han S, Liu H, et al. Hierarchical MoS_2 nanosheet@ TiO_2 nanotube array composites with enhanced photocatalytic and photocurrent performances [J]. Small, 2016, 12: 1527-1536.

[269] Meng Z D, Peng M M, Zhu L, et al. Fullerene modification CdS/TiO_2 to enhancement surface area and modification of photocatalytic activity under visible light [J]. Appl. Catal. B Environ., 2012, 113/114: 141-149.

[270] Wang Y, Xie Y. Electroactive FeS_2-modified MoS_2 nanosheet for high performance supercapacitor [J]. J. Alloys Compd., 2020, 824: 153936.

[271] Thompson T L, Yates J T. Surface science studies of the photoactivation of TiO_2 new photochemical processes [J]. Chem. Rev., 2006, 106: 4428-4453.

[272] Zhang J, Zhou P, Liu J, et al. New understanding of the difference of photocatalytic activity among anatase, rutile and brookite TiO_2 [J]. Phys. Chem. Chem. Phys., 2014, 16:

20382-20386.

[273] Paul K K, Sreekanth N, Biroju R K, et al. Solar light driven photoelectrocatalytic hydrogen evolution and dye degradation by metal-free few-layer MoS_2 nanoflower/TiO_2 (B) nanobelts heterostructure [J]. Sol. Energy Mater. Sol. Cells, 2018, 185: 364-374.

[274] Zhou W, Yin Z, Du Y, et al. Synthesis of few-layer MoS_2 nanosheet-coated TiO_2 nanobelt heterostructures for enhanced photocatalytic activities [J]. Small, 2013, 9: 140-147.

[275] Wu W Y, Chang Y M, Ting J M. Room-temperature synthesis of single crystalline anatase TiO_2 nanowires [J]. Cryst. Growth Des., 2010, 10: 1646-1651.

[276] Ren X, Qi X, Shen Y, et al. 2D cocatalytic MoS_2 nanosheets embedded with 1D TiO_2 nanoparticles for enhancing photocatalytic activity [J]. J. Phys. D Appl. Phys., 2016, 49: 315304-315312.

[277] Zhang X, Ren G, Zhang C, et al. Photocatalytic reduction of CO_2 to CO over 3D Bi_2MoO_6 microspheres: simple synthesis, high efficiency and selectivity, reaction mechanism [J]. Catal. Lett., 2020, 150: 2510-2516.

[278] Jahdi M, Mishra S B, Nxumalo E N, et al. Synergistic effects of sodium fluoride (NaF) on the crystallinity and band gap of Fe-doped TiO_2 developed via microwave-assisted hydrothermal treatment [J]. Opt. Mater., 2020, 104: 109844.

[279] Zheng L, Teng F, Ye X, et al. Photo/electrochemical applications of metal sulfide/TiO_2 heterostructures [J]. Adv. Energy Mater., 2020, 10: 1902355.

[280] Liu C, Wang L, Tang Y, et al. Vertical single or few-layer MoS_2 nanosheets rooting into TiO_2 nanofibers for highly efficient photocatalytic hydrogen evolution [J]. Appl. Catal. B Environ., 2015, 164: 1-9.

[281] Agarwal V, Varghese N, Dasgupta S, et al. Engineering a 3D MoS_2 foam using keratin exfoliated nanosheets [J]. Chem. Eng. J., 2019, 374: 254-262.

[282] Li H, Wang Y, Chen G, et al. Few-layered MoS_2 nanosheets wrapped ultrafine TiO_2 nanobelts with enhanced photocatalytic property [J]. Nanoscale, 2016, 8: 6101-6109.

[283] Teng W, Wang Y, Huang H, et al. Enhanced photoelectrochemical performance of MoS_2 nanobelts-loaded TiO_2 nanotube arrays by photo-as-sisted electrodeposition [J]. Appl. Surf. Sci., 2017, 425: 507-517.

[284] Sharma M, Singh A, Singh R. Monolayer MoS_2 transferred on arbitrary sub-strates for potential use in flexible electronics [J]. ACS Appl. Nano Mater., 2020, 3: 4445-4453.

[285] Karmakar S, Sarkar R, Tiwary C S, et al. Synthesis of bilayer MoS_2 nanosheets by green chemistry approach and its application in triboelectric and catalytic energy harvesting [J]. J. Alloys Compd., 2020, 844: 155690.

[286] Zeng Y, Zeng X, Wang S, et al. Low-damaged p-type doping of MoS_2 using direct nitrogen plasma modulated by toroidal-magnetic-field [J]. Nanotechnology, 2019, 31: 015702.

[287] Kim M S, Roy S, Lee J, et al. Enhanced light emission from monolayer semiconductors by forming heterostructures with ZnO thin films [J]. ACS Appl. Mater. Interfaces, 2016, 8: 28809-28815.

[288] Mawlong L P L, Paul K K, Giri P K. Direct chemical vapor deposition growth of monolayer MoS_2 on TiO_2 nanorods and evidence for doping-induced strong photoluminescence enhancement [J]. J. Phys. Chem. C, 2018, 122: 15017-15025.

[289] Xu X, Wang L, Guo S, et al. Surface chemical study on the covalent attachment of hydroxypropyltrimethyl ammonium chloride chitosan to titanium surfaces [J]. Appl. Surf. Sci., 2011, 257: 10520-10528.

[290] Zhang B, Ma X, Ma J, et al. Fabrication of rGO and g-C_3N_4 co-modified TiO_2 nanotube arrays photoelectrodes with enhanced photocatalytic performance [J]. J. Colloid Interface Sci., 2020, 577: 75-85.

[291] Yu S, Han B, Lou Y, et al. Rational design and fabrication of TiO_2 nano heterostructure with multi-junctions for efficient photocatalysis [J]. Int. J. Hydrog. Energy, 2020, 45: 28640-28650.

[292] Velický M, Bissett M A, Woods C R, et al. Correction to photoelectrochemistry of pristinemono and few-Layer MoS_2 [J]. Nano Lett., 2016, 16: 8035.

[293] Nan F, Li P, Li J, et al. Experimental and theoretical evidence of enhanced visible light photoelectrochemical and photocatalytic properties in MoS_2/TiO_2 nanohole arrays [J]. J. Phys. Chem. C, 2018, 122: 15055-15062.

[294] Mostaed A, Bakaimi I, Hayden B, et al. Origin of improved tunability and loss in N_2 annealed barium strontium titanate films [J]. Phys. Rev. Mater., 2020, 4: 094410.

[295] Shao Z, Tian Z, Pang J, et al. Optically modulated charge transfer in TiO_2-Au nano-complexes [J]. Mater. Res. Express, 2014, 1: 045033.

[296] Ji J, Liu X, Jiang H, et al. Two-stage ultraviolet degradation of perovskite solar cells induced by the oxygen vacancy-Ti^{4+} States [J]. Science, 2020, 23: 101013.

[297] Zhang C, Liu G, Geng X, et al. Metal oxide semiconductors with highly concentrated oxygen vacancies for gas sensing materials: a review [J]. Sens. Actuators A Phys., 2020, 309: 112026.

[298] Yao S, Zhou S, Zhou X, et al. TiO_2-coated copper zinc tin sulfide photocatalyst for efficient photocatalytic decolourization of dye-containing wastewater [J]. Mater. Chem. Phys., 2020, 256: 123559.

[299] Zhang Q, Xia G, Li L, et al. High-performance Zinc-Tin-Oxide thin film transistors based on environment friendly solution process [J]. Curr. Appl. Phys., 2019, 19: 174-181.

[300] Tian H, Cheng R, Lin M, et al. Oxygen-vacancy-rich ultrathin BiOBr nonosheets for high-performance supercapacitor electrodes [J]. Inorg. Chem. Commun., 2020, 118: 108018.

[301] Ling C, Guo T, Shan M, et al. Oxygen vacancies enhanced photoresponsive performance of ZnO nanoparticles thin film/Si heterojunctions for ultraviolet/infrared photodetector [J]. J. Alloys. Compd., 2019, 797: 1224-1231.

[302] Cheng L, Li Y, Chen A, et al. Impacts on carbon dioxide electroreduction of cadmium sulfides via continuous surface sulfur vacancy engineering [J]. Chem. Commun., 2020, 56: 563-566.

[303] Williams A T, Donno R, Tirelli N, et al. Biofunctional few-layer metal dichalcogenides and

related heterostructures produced by direct aqueous exfoliation using phospholipids [J]. RSC Adv., 2019, 9: 37061-37066.

[304] Huang W M, Liao W S, Lai Y M, et al. Tuning the surface charge density of exfoliated thin molybdenum disulfide sheets via non-covalent functionalization for promoting hydrogen evolution reaction [J]. J. Mater. Chem. C, 2020, 8: 510-517.

[305] Liu J, Li D, Wang Y, et al. MoO_2 nanoparticles/carbon textiles cathode for high performance flexible LiO_2 battery [J]. J. Energy Chem., 2020, 47: 66-71.

[306] Ma X, Ma Z, Lu D, et al. Enhanced photoelectrochemical cathodic protection performance of MoS_2/TiO_2 nanocomposites for 304 stainless steel under visible light [J]. J. Mater. Sci. Technol., 2021, 64: 21-28.

[307] Feng X, Tian Y, Xiao L, et al. Fe-Mo_2C: a magnetically recoverable catalyst for hydrogenation of ethyl levulinate into γ-valerolactone [J]. Catal. Lett., 2020, 150: 2027-2037.

[308] Wu X, Zhang T, Wei J, et al. Facile synthesis of Co and Ce dual-doped Ni_3S_2 nanosheets on Ni foam for enhanced oxygen evolution reaction [J]. Nano Res., 2020, 13: 2130-2135.

[309] Yi J, Li M L, Zhou H X, et al. Enhanced tribological properties of Y/MoS_2 composite coatings prepared by chemical vapor deposition [J]. Ceram. Int., 2020, 46: 23813-23819.

[310] Wang L, Duan X, Liu X, et al. Atomically dispersed Mo supported on metallic Co_9S_8 nanoflakes as an advanced noble-metal-free bifunctional water splitting catalyst working in universal pH conditions [J]. Adv. Energy Mater., 2020, 10: 1903137.

[311] Zhang Y, Bai J, Wang J, et al. In-situ and synchronous generation of oxygen vacancies and FeO_x OECs on $BiVO_4$ for ultrafast electron transfer and excellent photoelectrochemical performance [J]. Chem. Eng. J., 2020, 401: 126134.

[312] Wang H, Xia Y, Li H, et al. Highly active deficient ternary sulfide photoanode for photoelectrochemical water splitting [J]. Nat Commun., 2020, 11: 3078.

[313] Galhenage R P, Yan H, Rawal T B, et al. MoS_2 nanoclusters grown on TiO_2: evidence for new adsorption sites at edges and sulfur vacancies [J]. J. Phys. Chem. C, 2019, 123: 7185-7201.

[314] Singh J, Sahu K, Singh R, et al. Thermal annealing induced strong photoluminescence enhancement in Ag-TiO_2 plasmonic nanocomposite thin films [J]. J. Alloys Compd., 2019, 786: 750-757.

[315] Alfaro Cruz M R, Sanchez-Martinez D, Torres-Martínez L M. TiO_2 nanorods grown by hydrothermal method and their photocatalytic activity for hydrogen production [J]. Mater. Lett. 2019, 237: 310-313.

[316] Muthee D K, Dejene B F. The effect of tetra isopropyl orthotitanate (TIP) concentration on structural, and luminescence properties of titanium dioxide nanoparticles prepared by sol-gel method [J]. Mater. Sci. Semicond. Process., 2020, 106: 104783.

[317] Haldar D, Ghosh A, Bose S, et al. Defect induced photoluminescence in MoS_2 quantum dots and effect of Eu^{3+}/Tb^{3+} co-doping towards efficient white light emission [J]. Opt. Mater., 2018, 79: 12-20.

[318] Xu L, Zhao L, Wang Y, et al. Analysis of photoluminescence behavior of high-quality single-

layer MoS_2 [J]. Nano Res., 2019, 12: 1619-1624.

[319] Akshay V R, Arun B, Dash S, et al. Defect mediated mechanism in undoped, Cu and Zn-doped TiO_2 nanocrystals for tailoring the band gap and magnetic properties [J]. RSC Adv., 2018, 8: 41994-42008.

[320] Singla A R, Dhiman R L, Singh V, et al. Photocatalytic study of Ni-N-codoped TiO_2 nanoparticles under visible light irradiation [J]. Nano Express, 2021, 2: 3002.

[321] Daneshvar e Asl S, Sadrnezhaad S K. Biphasic TiO_2 nanoleafed nanorod electrode for dye-sensitized solar cell [J]. Phys. E Low-Dimens. Syst. Nanostruct, 2020, 123: 114206.

[322] Fattah Alhosseini A, Keshavarz M K, Attarzadeh F. A study on the electrochemical responses of p -type bismuth telluride-based thermoelectric materials in a 0.1 M NaCl solution: comparing a nanocomposite with dispersed MoS_2 nanoparticles and a single-phase alloy [J]. J. Alloys Compd., 2020, 815: 152371.

[323] Habibi-Yangjeh H, Feizpoor S, Seifzadeh D, et al. Improving visible-light-induced photocatalytic ability of TiO_2 through coupling with Bi_3O_4Cl and carbon dot nanoparticles [J]. Sep. Purif. Technol., 2020, 238: 116404.

[324] Rong X, Chen H, Rong J, et al. An all-solid-state Z-scheme $TiO_2/ZnFe_2O_4$ photocatalytic system for the N_2 photofixation enhancement [J]. Chem. Eng. J., 2019, 371: 286-293.

[325] Kang Q, Cao J, Zhang Y, et al. Reduced TiO_2 nanotube arrays for photoelectrochemical water splitting [J]. J. Mater. Chem. A, 2013, 1: 5766-5774.

[326] Yang X, Guo Y, Lou Y, et al. O-$MoS_2/Mn_{0.5}Cd_{0.5}S$ composites with enhanced activity for visible-light-driven photocatalytic hydrogen evolution [J]. Catal. Sci. Technol., 2020, 10: 5298-5305.

[327] Li X, Xue F, Li N, et al. One-pot hydrothermal synthesis of $MoS_2/Zn_{0.5}Cd_{0.5}S$ heterojunction for enhanced photocatalytic H_2 production [J]. Front. Chem., 2020, 8: 1-10.

[328] Liang G, Waqas M, Yang B, et al. Enhanced photocatalytic hydrogen evolution under visible light irradiation by p-type MoS_2/n-type Ni_2P doped g-C_3N_4 [J]. Appl. Surf. Sci., 2020, 504: 144448.

[329] Yein W T, Wang Q, Liu Y, et al. Piezo-potential induced molecular oxygen activation of defect-rich MoS_2 ultrathin nanosheets for organic dye degradation in dark [J]. J. Environ. Chem. Eng. 2020, 8: 103626.

[330] Luo X, Ke Y, Yu L, et al. Tandem CdS/TiO_2 (B) nanosheet photocatalysts for enhanced H_2 evolution [J]. Appl. Surf. Sci., 2020, 515: 145970.

[331] Zhang J, Zhang G, Ji Q, et al. Carbon nanodot-modified FeOCl for photo-assisted Fenton reaction featuring synergistic in-situ H_2O_2 production and activation [J]. Appl. Catal. B Environ., 2020, 266: 118665.

[332] Guo M, Zhou Z, Yan S, et al. Bi_2WO_6-BiOCl heterostructure with enhanced photocatalytic activity for efficient degradation of oxytetracycline [J]. Sci. Rep., 2020, 10: 18401.

[333] Shao Z, Yang Y, Liu S, et al. Transient competition between photocatalysis and carrier recombination in TiO_2 nanotube film loaded with Au nanoparticles [J]. Chin. Phys. B, 2014,

23: 096102-096109.

[334] Chee S S, Seo D, Kim H, et al. Lowering the schottky barrier height by graphene/Ag electrodes for high-mobility MoS_2 field-effect transistors [J]. Adv. Mater., 2019, 31: 1804422.

[335] Zafar A, Nan H, Zafar Z, et al. Probing the intrinsicoptical quality of CVD grown MoS_2 [J]. Nano Res., 2017, 10: 1608-1617.

[336] Wang Y, He Z, Zhang J, et al. UV illumination enhanced desorption of oxygen molecules from monolayer MoS_2 surface [J]. Nano Res., 2020, 13: 358-365.

[337] Bhattacharjee S, Vatsyayan R, Ganapathi K L, et al. Hole injection and rectifying heterojunction photodiodes through vacancy engineering in MoS_2 [J]. Adv. Electron. Mater., 2019, 5: 1800863.

[338] Kumar S, Shakya J, Mohanty T. Probing interfacial charge transfer dynamics in MoS_2/TiO_2 nanocomposites using scanning Kelvin probe for improved photocatalytic response [J]. Surf. Sci., 2020, 693: 121530.

[339] Tsai K A, Hsieh P Y, Lai T H, et al. Nitrogen doped graphene quantum dots for remarkable solar hydrogen production [J]. ACS Appl. Energy Mater., 2020, 3: 5322-5332.

[340] Wang W, Zhu S, Cao Y, et al. Edge-enriched ultrathin MoS_2 embedded yolk-shell TiO_2 with boosted charge transfer for superior photocatalytic H_2 evolution [J]. Adv. Funct. Mater., 2019, 29: 1901958.

[341] Arakawa Y, Sakaki H, Nishioka M, et al. Recombination life time of carriers in GaAs-GaAlAs quantum wells near room temperature [J]. Appl. Phys. Lett., 1985, 46: 519-521.

[342] Hu W C, Chen Y A, Hsieh P Y, et al. Reduced graphene oxides-wrapped ZnO with notable photocatalytic property [J]. J. Taiwan Inst. Chem. Eng., 2020, 112: 337-344.

[343] Zhao S, Wen Y, Du C, et al. Introduction of vacancy capture mechanism into defective alumina microspheres for enhanced adsorption of organic dyes [J]. Chem. Eng. J., 2020, 402: 126180.

[344] Jiao S, Yao Z, Xue F, et al. Defect-rich one-dimensional MoS_2 hierarchical architecture for efficient hydrogen evolution: coupling of multiple advantages into one catalyst [J]. Appl. Catal. B Environ., 2019, 258: 117964.

[345] Senasu T, Chankhanittha T, Hemavibool K, et al. Visible-light-responsive photocatalyst based on ZnO/CdS nanocomposite for photodegradation of reactive red azo dye and ofloxacin antibiotic [J]. Mater. Sci. Semicond. Process., 2021, 123: 105558.

[346] Sui M, Zhao Y, Ni Z, et al. Photoelectrochemical performance and biosensor application for glutathione (GSH) of W-doped $BiVO_4$ thin films [J]. J. Mater. Sci. Mater. Electron., 2018, 29: 10109-10116.

[347] Rajaram R, Kanagavalli P, Senthilkumar S, et al. Au nanoparticle decorated nanoporous PEDOT modified glassy carbon electrode: a new electrochemical sensing platform for the detection of glutathione [J]. Biotechnol. Bioprocess Eng., 2020, 25: 715-723.

[348] Cao N, Zhao F, Zeng B, A novel self-enhanced electrochemiluminescence sensor based on

PEI-CdS/Au@SiO_2@RuDS and molecularly imprinted polymer for the highly sensitive detection of creatinine [J]. Sens. Actuators B Chem., 2020, 306: 127591.

[349] Singh V R, Singh P K. A novel supramolecule-based fluorescence turn-on and ratiometric sensor for highly selective detection of glutathione over cysteine and homocystein [J]. Microchim. Acta, 2020, 187: 631.

[350] Zhu Y, Wu J, Wang K, et al. Facile and sensitive measurement of GSH/GSSG in cells by surface-enhanced Raman spectroscopy [J]. Talanta, 2021, 224: 121852.

[351] Song C, Ding W, Zhao W, et al. High peroxidase-like activity realized by facile synthesis of FeS_2 nanoparticles for sensitive colorimetric detection of H_2O_2 and glutathione [J]. Biosens. Bioelectron., 2020, 151: 111983.

[352] Li Y, Teng S, Wang M, et al. Molecular crowding-modulated fluorescence emission of gold nanoclusters: ligand-dependent behaviors and application in improved biosensing [J]. Sens. Actuators B Chem., 2021, 330: 129290.

[353] Pang H H, Ke Y C, Li N S, et al. A new lateral flow plasmonic biosensor based on gold-viral biomineralized nanozyme for on-site intracellular glutathione detection to evaluate drug-resistance level [J]. Biosens. Bioelectron., 2020, 165: 112325.

[354] Han C, Guo W. Fluorescent noble metal nanoclusters loaded protein hydrogel exhibiting anti-biofouling and self-healing properties for electrochemiluminescence biosensing applications [J]. Small, 2020, 16: 2002621.

[355] Hou N, Sun Q, Yang J, et al. Fabrication of oxygen-doped $MoSe_2$ hierarchical nanosheets for highly sensitive and selective detection of trace trimethylamine at room temperature in air [J]. Nano Res., 2020, 13: 1704-1712.

[356] Sharma S, Kumar A, Kaur D. Room temperature ammonia gas sensing properties of MoS_2 nanostructured thin film [C]//Proceedings of the AIP Conference Proceedings, 2018, 1953: 30261.